Krause/Krause
Klausurentraining Weiterbildung
Kosten- und Leistungsrechnung

kiehl DIGITAL

Freischaltcode für Ihre digitalen Zusatzinhalte:

FDOQYSAHJKBJBTVJBNBVZ

Krause/K., Kosten- und Leistungsrechnung

Ihr digitaler Mehrwert

Dieses Buch enthält zusätzlich folgende Inhalte, die Ihnen in Kiehl DIGITAL unter http://digital.kiehl.de zur Verfügung stehen.

Online-Buch

So einfach geht's:

1. Rufen Sie die Seite http://go.kiehl.de/freischaltcode auf oder scannen Sie den QR-Code.

2. Geben Sie Ihren Freischaltcode in Großbuchstaben ein und folgen Sie dem Anmeldedialog.

3. Fertig.

www.kiehl.de

Kosten- und Leistungsrechnung

107 klausurtypische Aufgaben und Lösungen

Von
Dipl.-Sozialwirt Günter Krause und
Dipl.-Soziologin Bärbel Krause

3., aktualisierte Auflage

kiehl

Bildnachweis Umschlag: © Andres Rodriguez - Fotolia.com

ISBN 978-3-470-**63453**-1 · 3., aktualisierte Auflage 2016

www.kiehl.de

Kiehl ist eine Marke des NWB Verlags

Satz: Röser MEDIA GmbH & Co. KG, Karlsruhe
Druck: medienHaus Plump GmbH, Rheinbreitbach

Klausurentraining Weiterbildung

für Betriebswirte, Fachwirte, Fachkaufleute und Meister

Unsere Reihe Klausurentraining ist aus der Überlegung entstanden, dass sich sehr viele Absolventen von IHK-Weiterbildungslehrgängen gezielt auf ein spezielles Prüfungsthema (Handlungsbereich) vorbereiten möchten, um dort ihre Fähigkeiten in der Wissensanwendung zu vervollständigen.

Betrachtet man die inhaltlichen Schwerpunkte der Klausuren in den IHK-Abschlussprüfungen, so ergibt sich eine große Schnittmenge der Anforderungen: Beispielsweise fehlt in keiner Abschlussklausur im Fachgebiet Kosten- und Leistungsrechnung die Kalkulation, die Break-even-Analyse sowie die Kritische-Werte-Rechnung.

Daher enthält jeder Band dieser Reihe klausurtypische Aufgaben zu dem betreffenden Fachgebiet, die dem Niveau der IHK-Prüfungen in Umfang und Schwierigkeitsgrad entsprechen. Dabei wurde die Aufgabensammlung fachspezifisch gegliedert und jede Aufgabe mit einer Überschrift gekennzeichnet. Dies soll das spätere Erkennen des Aufgabentyps in der Klausur unter Echtbedingungen erleichtern. Einige Themen, Aufgaben und Lösungen haben einen höheren Schwierigkeitsgrad. Sie sind gekennzeichnet (***) und richten sich vorrangig an angehende Betriebswirte und Bilanzbuchhalter.

Der Lösungsteil ist ausführlich und verständlich gestaltet, sodass sich der Leser/die Leserin selbstständig in der Umsetzung des erlernten Wissens trainieren und kontrollieren kann. Eine Sammlung von Formeln und Begriffen am Schluss des Buches unterstützt die Bearbeitung der Aufgaben. Das umfangreiche Stichwortverzeichnis ermöglicht das gezielte Auffinden von Begriffen und Zusammenhängen.

Diese Fachbuchreihe richtet sich an:

- Teilnehmer von IHK-Weiterbildungslehrgängen (angehende Betriebswirte, Fachwirte, Fachkaufleute, Bilanzbuchhalter und Meister)
- Studierende an Fachschulen und Fachhochschulen.

Charakteristische Merkmale für jeden Band dieser Fachbuchreihe sind:

- Mehr als 100 Prüfungsaufgaben orientiert am Niveau der IHK-Weiterbildungslehrgänge
- fachspezifische Gliederung der Aufgaben
- Aufgabenstellungen mit thematischen Überschriften
- ausführliche, verständliche Darstellung der Lösungen
- Zusammenstellung der Formeln und Begriffen
- umfangreiches Stichwortverzeichnis.

Neustrelitz, im Mai 2016

Diplom-Sozialwirt Günter Krause
Diplom- Soziologin Bärbel Krause

Vorwort

Der Kostendruck, dem die Unternehmen ausgesetzt sind, hat vor dem Hintergrund globalisierter Märkte nicht nachgelassen. Dies bedingt, dass die Aufgaben und Verfahren der Kosten- und Leistungsrechnung an Bedeutung weiterhin zugenommen haben.

Die Kosten- und Leistungsrechnung (KLR) hat traditionell folgende Ziele und Aufgaben:

- Sie dient der Ermittlung der Selbstkosten; diese werden für die einzelne Rechnungsperiode und für eine einzelne hergestellte Leistungseinheit ermittelt.
- Die Kosten- und Leistungsrechnung ist Basis für die Ermittlung der Angebotspreise (Kalkulation).
- Weiterhin dient die Kosten- und Leistungsrechnung der Berechnung der absoluten und relativen Deckungsbeiträge (einer einzelnen Periode oder des Einzelproduktes). Der Deckungsbeitrag ist die Differenz zwischen dem Verkaufspreis am Markt und den variablen Kosten. Dieser Wert dient der kurzfristigen Produktionsentscheidung und ist Orientierungsbasis für die kurzfristige Verkaufspreisuntergrenze.
- Daneben ermöglicht die Kosten- und Leistungsrechnung die Kontrolle der Wirtschaftlichkeit und der Rentabilität des Betriebes.
- Außerdem hilft sie bei der steuer- und handelsrechtlichen Bewertung von Vermögensteilen und Schulden in der Bilanz, d. h. sie unterstützt die Buchführung.

Gegenstand dieses Fachbuches ist die Kosten- und Leistungsrechnung als Grundlage für Managemententscheidungen. In mehr als 100 klausurtypischen Aufgabenstellungen und Lösungen wird die Kosten- und Leistungsrechnung als Steuerungsinstrument betrieblicher Entscheidungen behandelt.

Die 3. Auflage wurde gründlich durchgesehen, aktualisiert und an einigen Stellen ergänzt.

Wir wünschen unseren Leserinnen und Lesern viel Erfolg bei der Bearbeitung der Aufgaben und alles Gute für ihre Klausur.

Neustrelitz, im Mai 2016

Diplom-Sozialwirt Günter Krause
Diplom- Soziologin Bärbel Krause

10. Kostenmanagement

11. Betriebsstatistik

1. Grundlagen

Aufgabe 1: Aufgaben der Kosten- und Leistungsrechnung

Welche Aufgaben (Funktionen) erfüllt die Kosten- und Leistungsrechnung (KLR)?

Lösung s. Seite 69

Aufgabe 2: Abgrenzungsrechnung, Grundbegriffe

Welche Grundbegriffe der Kosten- und Leistungsrechnung muss man unterscheiden, um die Abgrenzungsrechnung vornehmen zu können?

Lösung s. Seite 70

Aufgabe 3: Auszahlungen, Ausgaben, Aufwendungen und Kosten

Welche Unterschiede und Gemeinsamkeiten gibt es zwischen Auszahlungen, Ausgaben, Aufwendungen und Kosten?

Geben Sie einen Überblick und ordnen Sie die Vorgänge 1 bis 6 entsprechend zu.

Vorgänge (1) bis (6):

(1) Tilgung einer Verbindlichkeit aus der Vorperiode

(2) Kauf von Rohstoffen, die in der Rechnungsperiode nicht verbraucht werden.

(3) Spenden

(4) Kauf von Gütern auf Ziel

(5) Abschreibung von Betriebsmitteln, die in der Vorperiode beschafft wurden.

(6) Zusatzkosten, z. B. kalkulatorischer Unternehmerlohn

Lösung s. Seite 74

Aufgabe 4: Einzahlungen, Einnahmen, Erträge und Leistungen

Welche Unterschiede und Gemeinsamkeiten gibt es zwischen Einzahlungen, Einnahmen, Erträgen und Leistungen?

Geben Sie einen Überblick und ordnen Sie die Vorgänge 1 bis 6 entsprechend zu.

Vorgänge (1) bis (6):

(1) Bezahlung einer Kundenrechnung aus der Vorperiode

(2) Verkauf von Produkten aus der Vorperiode zu Herstellungskosten

(3) Betriebsfremde Erträge, z. B. Mieterträge aus einem nicht betriebsnotwendige Gebäude

(4) Verkauf von Gütern auf Ziel

(5) Bestandserhöhung an Erzeugnissen

(6) Erhöhung des originären Firmenwertes

Lösung s. Seite 75

Aufgabe 5: Abgrenzungsrechnung

Beschreiben Sie, wie die Abgrenzungsrechnung vorzunehmen ist.

Lösung s. Seite 76

2. Kostenartenrechnung

Aufgabe 1: Kostenarten (1)

Ordnen Sie in der nachfolgenden Tabelle die richtige Kostenart zu (Ankreuzen; X).

Kostenart		**Einzel-kosten**	**Gemein-kosten**	**Sonder-einzel-kosten der Fertigung**	**Sonder-einzel-kosten des Vertriebs**
1	Mietkosten für ein Ladengeschäft				
2	Transportversicherung für den Auftrag 0118-66				
3	Lizenzgebühren für Bauteil 5518				
4	Honorar an den Steuerberater				
5	Monteurlohn für Auftrag 2955-67				
6	Abschreibungskosten für Maschine DN 4				
7	Betriebsstoffkosten für Mai 20..				
8	Rohstoffkosten für Mai 20..				
9	Hilfsstoffkosten für Mai 20..				
10	Lohnkosten für allgemeine Gewährleistungs-arbeiten				

Lösung s. Seite 77

Aufgabe 2: Kostenarten (2)

Die nachfolgende Tabelle enthält einige Kostenarten, die Erlöse und das Betriebsergebnis Ihres Unternehmens. Die Kostenverläufe sind linear.

Zeigen Sie, dass Sie die Kostenarten und -beziehungen beherrschen, indem Sie die leeren Felder der Tabelle ergänzen.

Zeile		**Abkürzung**		
1	Beschäftigungsgrad	BG	70 %	100 %
2	Menge (Stück)	x		
3	Kosten pro Stück	k		
4	fixe Stückkosten	k_f		
5	variable Stückkosten	k_v		**4 €/Stk.**
6	gesamte Fixkosten	K_f		
7	gesamte variable Kosten	K_v		**2.000.000 €**
8	Gesamtkosten	K		
9	Umsatzerlöse	U		**2.800.000 €**
10	Preis pro Stück	p		

Zeile		Abkürzung		
11	Deckungsbeitrag pro Stück	db		
12	Deckungsbeitrag, gesamt	DB		
13	Betriebsergebnis	BE		**400.000 €**

Lösung s. Seite 77

Aufgabe 3: Kostenarten (3)

Stellen Sie aus Aufgabe 2 die Erlöse, die Gesamtkosten und das Betriebsergebnis für den Beschäftigungsgrad von 100 % grafisch dar.

Lösung s. Seite 79

Aufgabe 4: Wagniskosten-Zuschlag

Aufgrund von Schwund, Diebstahl und anderen Ursachen ist bei den Lagervorräten in der Vergangenheit ein Ausfall von 35.000 € entstanden. Der Wareneinsatz betrug während dieser Zeit 2,5 Mio. €.

a) Berechnen Sie den Beständewagniskostenzuschlag.

b) Bescheiben Sie, welche Konsequenz dieses Ergebnis für die Kalkulation hat.

Lösung s. Seite 79

Aufgabe 5: Kostenstrukturkennzahlen

Stellen Sie anhand der nachfolgenden Angaben die Struktur der Materialkosten sowie das Verhältnis der Gemeinkosten zu den Einzelkosten dar.

Kostenart	€	Einzelkosten (EK)	Gemeinkosten (GK)
Materialkosten	80.000		
► Rohstoffe	70.000	X	
► Hilfsstoffe	8.000		X
► Betriebsstoffe	2.000		X

Lösung s. Seite 80

Aufgabe 6: Verfahren der Kostenrechnung (Vergleich)

Erläutern Sie in einer vergleichenden Darstellung folgende Verfahren der Kostenrechnung:

- Istkostenrechnung
- Normalkostenrechnung
- Plankostenrechnung
- Teilkostenrechnung.

Lösung s. Seite 81

3. Kostenstellenrechnung

Aufgabe 1: BAB, Kostenumlage, Zuschlagssätze, Selbstkosten

Der nachfolgende Betriebsabrechnungsbogen der Metallbau GmbH aus dem Monat Juni soll um die fehlenden Angaben ergänzt werden.

Erweiterter, mehrstufiger BAB			**Metallbau GmbH**				**Monat: Juni**	
Schlüssel 1	cbm		1.400	2.400	1.600	400	2.000	400
Schlüssel 2	Verhältnis			2	1			
Kostenstellen	**Summen**	**Allgem. Kostenstelle**	**Material**	**Fertigung I**	**Fertigung II**	**Fertig.-hilfsstelle**	**Verwaltung**	**Vertrieb**
vorläufige Werte	351.000	18.000	8.000	130.000	65.000	25.000	45.000	60.000
Umlageschlüssel 1								
Zwischensummen	351.000							
Umlageschlüssel 2								
Endsummen	351.000							
Zuschlagsgrundlagen			80.000	350.000	110.000			
Ist-Zuschlagssätze								

a) Legen Sie die Kosten der Allgemeinen Kostenstelle und der Fertigungshilfsstelle um.

b) Ermitteln Sie die Zuschlagssätze (keine Bestandsveränderungen, keine aktivierten Eigenleistungen).

c) Ermitteln Sie unter Verwendung der Zuschlagssätze aus Fragestellung b) die Selbstkosten für einen Auftrag, bei dem 300 € Materialeinzelkosten, 800 € Fertigungslöhne für Stufe I, 300 € Fertigungslöhne für Stufe II, 100 € Sondereinzelkosten der Fertigung sowie 85,15 € Sondereinzelkosten des Vertriebs anfallen.

Lösung s. Seite 83

Aufgabe 2: Innerbetriebliche Leistungsverrechnung***

Die Kostenstellen eines Fertigungsbereichs gliedern sich in die Hilfskostenstellen Arbeitsvorbereitung (H1) und Qualitätskontrolle (H2) sowie in die Hauptkostenstelle Endmontage (H3). Die nachfolgende Tabelle zeigt die Leistungsbeziehungen in Stunden und die primären Stellenkosten der Hilfskostenstellen (K_j) für den Monat Juni:

von ↓ an →	H1	H2	H3	Primäre Stellenkosten K_j	davon fix
Arbeitsvorbereitung H1	50 Std.	60 Std.	100 Std.	40.000 €	20.000 €
Qualitätskontrolle H2	80 Std.	20 Std.	100 Std.	40.200 €	10.200 €

Ermitteln Sie den innerbetrieblichen Verrechnungspreis für die Leistungen der Hilfskostenstellen

a) nach dem Gleichungsverfahren

b) nach dem Anbauverfahren auf Teilkostenbasis

c) nach dem Stufenleiterverfahren auf Teilkostenbasis.

Lösung s. Seite 84

Aufgabe 3: Variator

Für eine Kostenstelle liegen folgende Angaben vor:

Kostenart		Plankosten (€/Mon.)	fixe Plankosten (€/Mon.)
1	Fertigungslöhne	10.000	0
2	Hilfslöhne	1.500	900
3	Gehälter	2.500	2.000
4	Reinigungsmaterial	500	50
5	Treibstoffe	8.200	0
6	Werkzeuge	400	80
7	Raumkosten	1.000	1.000
8	Kalkulatorische Zinsen	2.400	2.400
9	Reparaturen	2.200	660
10	Summe	28.700	7.090

a) Stellen Sie dar, wie die Größe „Variator" berechnet wird und erläutern Sie die Aussagekraft dieser Kennzahl.

b) Berechnen Sie den Variatorwert für die Kostenarten 1, 6 und 8 und erläutern Sie das Ergebnis Ihrer Berechnung.

Lösung s. Seite 86

Aufgabe 4: Kostenauflösung, Reagibilitätsgrad

Die Beschäftigung wird von 1.000 auf 1.400 Stück erhöht (40 %); die Gesamtkosten steigen daraufhin von 40.000 auf 44.000 € (10 %):

Ermitteln Sie die Struktur der Gesamtkosten mithilfe der

a) buchtechnisch-statistischen Methode (Reagibilitätsgrad)

b) mathematischen Methode (Differenzenquotient).

Lösung s. Seite 87

Aufgabe 5: Einfacher BAB, Aufteilung der Gemeinkosten

In einer Rechnungsperiode liefert die KLR nachfolgende Gemeinkosten, die entsprechend den angegebenen Schlüsseln zu verteilen sind; es existieren vier Hauptkostenstellen: Material, Fertigung, Verwaltung und Vertrieb:

Gemeinkosten	Betrag in €	Verteilungsschlüssel
Gemeinkostenmaterial	9.600	3 : 6 : 2 : 1
Hilfslöhne	36.000	2 : 14 : 5 : 3
Sozialkosten	6.600	1 : 3 : 1,5 : 0,5
Steuern	23.100	1 : 3 : 5 : 2
Sonstige Kosten	7.000	2 : 4 : 5 : 3
Abschreibung (AfA)	8.400	2 : 12 : 6 : 1

Lösung s. Seite 88

Aufgabe 6: Mehrstufiger BAB, Aufteilung der Gemeinkosten

In einer Rechnungsperiode liefert die KLR nachfolgende Gemeinkosten, die entsprechend den angegebenen Schlüsseln zu verteilen sind; es existieren die Kostenstellen: Allgemeine Kostenstelle, Fertigungshilfsstelle, Materialstelle, Fertigungsstelle A und B, Verwaltungsstelle und Vertriebsstelle. Die Umlage der Allgemeinen Kostenstelle ist nach dem Schlüssel 6 : 15 : 10 : 8 : 6 : 5 durchzuführen; die Fertigungshilfskostenstelle ist auf die Fertigungsstellen A und B im Verhältnis 6 : 4 zu verteilen.

Gemeinkosten	in €	Verteilungsschlüssel
Gemeinkostenmaterial (GKM)	50.000	1 : 3 : 8 : 4 : 0 : 0 : 0
Gehälter	200.000	2 : 4 : 3 : 3 : 2 : 8 : 3
Sozialkosten	45.000	2 : 4 : 3 : 3 : 2 : 8 : 3
Steuern	60.000	1 : 2 : 3 : 2 : 1 : 2 : 1
Abschreibung (AfA)	160.000	2 : 4 : 6 : 7 : 2 : 3 : 1

Lösung s. Seite 88

Aufgabe 7: Kostenauflösung

In der Kostenstelle Fräserei fallen in den Monaten März und April folgende Gemeinkostenlöhne an:

Monate	Gemeinkostenlöhne (€/Monat)	Fertigungsstunden (h/Monat)
März	15.000	290
April	20.000	540

a) Ermitteln Sie rechnerisch die Fixkosten und die variablen Stückkosten.

b) Wie lautet die Sollkostenfunktion?

c) Stellen Sie die Lösung zu a) und b) grafisch dar.

Lösung s. Seite 89

4. Kostenträgerrechnung

4.1 Kostenträgerstückrechnung (Kalkulation)

4.1.1 Divisionskalkulation

Aufgabe 1: Veränderung der Selbstkosten

Die Herstellkosten betrugen im Juni d.J. 400.000 €, die Vertriebs- und Verwaltungskosten 100.000 €. Die produzierte und abgesetzte Menge war 50.000 Einheiten (E). Im Oktober d. J. trat eine Absatzschwäche auf, sodass – unter sonst gleichen Bedingungen – 30 % der Fertigung auf Lager genommen werden musste.

Zu ermitteln ist, um wie viel sich die Selbstkosten pro Einheit (E) verändert haben.

Lösung s. Seite 91

Aufgabe 2: Selbstkosten pro Stück

Ein Betrieb produziert im Monat Januar 1.200 Stück, von denen 1.000 verkauft werden. Die Herstellkosten betragen 240.000 €, die Vertriebs- und Verwaltungskosten 120.000 €. Ermitteln Sie die Selbstkosten pro Stück.

Lösung s. Seite 91

4.1.2 Äquivalenzziffernkalkulation

Aufgabe 1: Einstufige Äquivalenzziffernkalkulation, Betriebsergebnis

Die Metall GmbH stellt vier Sorten Bleche her. Die hergestellte und abgesetzte Menge sowie die Erlöse je Tonne betrugen im zurückliegenden Monat:

Blechsorte	Menge (t)	Erlöse (€/t)
ST 60–01	200	300
ST 60–08	150	1.400
ST 60–05	100	1.100
ST 60–02	120	550

Die Gesamtkosten pro Monat lagen bei 358.440 €. Es sind 71.688 € Verwaltungs- und Vertriebsgemeinkosten zu berücksichtigen. Die Fertigungszeiten für das Walzen der unterschiedlichen Blechstärken betragen

- bei ST 60–02 das 2-fache,
- bei ST 60–05 das 4-fache und
- bei ST 60–08 das 6-fache

der Zeit, die für das Walzen von Sorte ST 60–01 benötigt wird.

Ermitteln Sie das Betriebsergebnis insgesamt und je Tonne für jede Blechsorte.

Lösung s. Seite 91

Aufgabe 2: Einstufige Äquivalenzziffernkalkulation

In einer Ziegelei werden drei Sorten hergestellt. Die Gesamtkosten betragen in der Abrechnungsperiode 104.400 €. Die produzierten Mengen sind: 30.000, 15.000, 20.000 Stück. Das Verhältnis der Kosten beträgt 1 : 1,4 : 1,8.

Zu ermitteln sind die Stückkosten und die Gesamtkosten je Sorte.

Lösung s. Seite 92

Aufgabe 3: Mehrstufige Divisionskalkulation mit Äquivalenzziffern

Die Herstellkosten betragen bei einer Sortenfertigung in der ersten Produktionsstufe 999.900 € und in der zweiten Stufe 448.500 €. Weiterhin liegen folgende Daten vor:

Sorte	Äquivalenzziffer (ÄZ)		Produktionsmenge (Stück)
	Stufe I	Stufe II	
A	0,5	0,5	4.000
B	2,0	1,0	4.000
C	3,0	2,0	6.000
D	1,0	1,0	5.000

Ermitteln Sie die Herstellkosten pro Stück je Sorte.

Lösung s. Seite 93

4.1.3 Zuschlagskalkulation

Aufgabe 1: Zuschlagskalkulation mit Maschinenstundensatz (1)

Bei der Metallbau GmbH liegen aus der zurückliegenden Periode folgende Daten aus der Kosten- und Leistungsrechnung vor (Angaben in Euro):

Fertigungsmaterial	650.000		
Fertigungslohn	132.480	5.520	Lohnstunden
Fertigungsgemeinkosten	2.808.576		
davon: maschinenabhängige FGK	2.649.600	22.080	Maschinenstunden
Materialgemeinkosten	97.500		
Verwaltungsgemeinkosten	74.000		
Vertriebsgemeinkosten	185.000		
Bestandserhöhung/fertige Erzeugnisse	28.556		
Bestandsminderung/unfertige Erzeugnisse	40.000		

Für das Produkt ZK 3 gelten folgende Angaben:

Fertigungsmaterial	120 €
Vorgabezeit Mensch	1,20 h/Stk.
Ausführungszeit Maschine	2,50 h/Stk.

Gewinnzuschlag	15 %
Kundenskonto	2 %
Vertriebsprovision	3 %
Kundenrabatt	10 %

a) Berechnen Sie für die zurückliegende Periode alle Zuschlagssätze und die Stundensätze für Lohn und Maschine.

b) Ermitteln Sie den Angebotspreis für das Produkt ZK 3.

Lösung s. Seite 94

Aufgabe 2: Zuschlagskalkulation mit Maschinenstundensatz (2)

Auf einer NC-Maschine werden 25 Spezialwerkzeuge hergestellt. Die Bearbeitungsdauer beträgt 15 min/Stk.; für das Rüsten werden 2 Std. benötigt. Der Materialverbrauch liegt bei 160 €/Stk. Der anteilige Fertigungslohn für die Bearbeitung beträgt 200 €. Es sind Materialgemeinkosten von 30 % und Restgemeinkosten von 120 % zu berücksichtigen. Der Maschinenstundensatz liegt bei 180 €/Std. Zu kalkulieren sind die Herstellkosten der Fertigung pro Stück.

Lösung s. Seite 95

Aufgabe 3: Maschinenstundensatzberechnung

Für eine NC-Maschine existieren folgende Angaben:

- Anschaffungskosten der NC-Maschine: 200.000 €
- Wiederbeschaffungskosten der NC-Maschine: 240.000 €
- Nutzungsdauer der NC-Maschine: 10 Jahre
- kalkulatorische Abschreibung: linear
- kalkulatorische Zinsen: 6 % vom halben Anschaffungswert
- Instandhaltungskosten: 6.000 € p. a.
- Raumkosten: 4.000 € p. a.
- Energiekosten:
  - Energieentnahme der NC-Maschine: 11 kWh
  - Verbrauchskosten: 0,12 €/kWh
  - Jahresgrundgebühr: 220 €
- Werkzeugkosten: 10.000 € p. a., Festbetrag
- Laufzeit der NC-Maschine: 2.000 Std. p. a.

a) Ermitteln Sie den Maschinenstundensatz.

b) Für eine weitere neue Anlage wurde ein Maschinenstundensatz von 50 €/Std. ermittelt. Die Laufzeit der Anlage war mit 1.600 Std. pro Jahr und die Nutzungsdauer mit 10 Jahren geplant. Für die kalkulatorische AfA (Wiederbeschaffungswert: 300.000 €) ergab sich ein Stundensatz von 18,75 €/Std.

Um wie viel Prozent erhöht sich der Maschinenstundensatz, wenn aufgrund aktueller Erkenntnisse die Lebensdauer der Anlage auf 6 Jahre reduziert werden muss?

Lösung s. Seite 95

Aufgabe 4: Maschinenstundensatz, Nachkalkulation

a) Für die Nachkalkulation möchte die Geschäftsleitung wissen, mit welchem Maschinenstundensatz für die neue Montageanlage gerechnet werden muss.

Dazu liegen Ihnen folgende Angaben vor:

► Anschaffungskosten der Montageanlage:	2.400.000 €
► Wiederbeschaffungskosten der Montageanlage:	2.640.000 €
► Nutzungsdauer:	8 Jahre (Einschichtbetrieb)
► kalkulatorische Abschreibung:	linear entsprechend dem Werteverzehr
► kalkulatorische Zinsen:	8 %
► kalkulatorische Instandhaltungskosten:	6.000 pro Jahr bei Einschichtbetrieb
► Flächenbedarf:	100 m^2
► kalkulatorische Miete:	12 € pro m^2
► Energieentnahme der Montageanlage:	11 kWh
► Verbrauchskosten:	0,16 €/kWh
► Jahresgrundgebühr des Energieversorgers:	800 €

Es ist von einem Einschichtbetrieb auszugehen. Die Laufleistung der Maschine soll 1.920 h/Jahr betragen.

b) Weiterhin möchte die Geschäftsleitung wissen, um wie viel Prozent sich der Maschinenstundensatz bei einem 2-Schichtbetrieb verändert. Kommentieren Sie das Ergebnis Ihrer Berechnung.

Lösung s. Seite 97

Aufgabe 5: Kalkulation bei Kuppelproduktion

Ein Unternehmen stellt das Produkt TOP her. Als Nebenprodukt ergibt sich bei der Herstellung von TOP das Pulver T-PLUS, das für 100 € je Kilogramm am Markt angeboten wird. Im Monat Dezember werden 10.000 kg TOP und 1.000 kg T-PLUS hergestellt. Aus der Betriebsabrechnung liegen folgende Zahlen vor (in Euro):

► Rohstoffverbrauch:	400.000
► Materialgemeinkosten:	40.000
► Fertigungslöhne:	80.000
► Fertigungsgemeinkosten:	60.000
► Verwaltungskosten:	30.000
► Vertriebskosten:	20.000

a) Berechnen Sie die Herstellkosten sowie die Selbstkosten für 1 kg TOP (die hergestellte Menge konnte vollständig abgesetzt werden).

b) Berechnen Sie die Selbstkosten für 1 kg TOP, wenn im Monat Dezember nur 8.000 kg verkauft werden konnten.

Lösung s. Seite 98

4.2 Kostenträgerzeitrechnung (Kurzfristige Erfolgsrechnung)

Aufgabe 1: Ergebnisrechnung nach dem Gesamtkostenverfahren

a) Ermitteln Sie das Umsatzergebnis nach dem Gesamtkostenverfahren bei zwei Produkten und analysieren Sie das Ergebnis Ihrer Berechnung. Zu berücksichtigen sind Bestandsminderungen von 5.000 € je Produkt. Die Abrechnungsperiode hat bei Produkt 1 Nettoerlöse in Höhe von 310.000 € und bei Produkt 2 in Höhe von 140.000 € ergeben.

Sonstige Angaben:

	Produkt 1	**Produkt 2**
MEK	30.000	20.000
FEK	80.000	40.000
MGK, 50 %		
FGK, 120 %		
VwGK, 15 %		
VtrGK, 5 %		

b) Bearbeiten Sie die Fragestellung a) und berücksichtigen Sie dabei eine Kostenüberdeckung lt. BAB von 15.000 €.

Lösung s. Seite 99

Aufgabe 2: Kostenträgerblatt, Kostenüber-/-unterdeckung, Umsatzergebnis, Wirtschaftlichkeit

Aus dem Betriebsabrechnungsbogen des Monats Juli erhalten Sie folgende Angaben:

	Kostenstellen			
	Material	**Fertigung**	**Verwaltung**	**Vertrieb**
Ist-Gemeinkosten	222.000 €	1.400.000 €	140.000 €	390.000 €
Normalzuschlagssätze	11,00 %	250,00 %	4,00 %	8,00 %

	Kostenträger		
	Produkt 1	**Produkt 2**	**Produkt 3**
Fertigungsmaterial	950.000 €	320.000 €	400.000 €
Fertigungslohn	187.000 €	105.000 €	210.000 €
Nettoverkaufserlöse	1.400.000 €	1.540.000 €	1.920.000 €
Anfangsbestand/FE (€)	50.000	63.300	67.000
Endbestand/FE (€)	90.000	20.000	187.500

a) Berechnen Sie die Kostenüber- bzw. -unterdeckung der Kostenstellen und ermitteln Sie das Umsatzergebnis auf Normalkostenbasis.

b) Ermitteln Sie die Wirtschaftlichkeit je Kostenträger auf Normalkostenbasis (Nettoverkaufserlöse bezogen auf Selbstkosten).

c) Berechnen Sie die effektive Umsatzrendite (Betriebsergebnis bezogen auf Netto-Verkaufserlöse).

Lösung s. Seite 101

Aufgabe 3: Deckungsbeitragsrechnung als Periodenrechnung

Ein Unternehmen stellt zwei Produkte her.

Ermitteln Sie das Gesamtbetriebsergebnis nach folgenden Angaben:

2-Produkt-Unternehmen

DBR als Periodenrechnung					
Produkt 1			**Produkt 2**		
Erlöse	$x_1 \cdot p_1$	100.000	Erlöse	$x_2 \cdot p_2$	200.000
► variable Kosten	K_{v1}	- 40.000	► variable Kosten	K_{v2}	- 120.000
► Fixkosten, gesamt	K_f	- 70.000			

Lösung s. Seite 101

5. Plankostenrechnung

5.1 Starre Plankostenrechnung

Aufgabe 1: Starre Plankostenrechnung

Für die Kostenstelle 23031 betragen die Plankosten 50.000 € bei einer Planbeschäftigung von 5.000 Stunden. Die Istbeschäftigung lag bei 4.000 Stunden, bei Istkosten von 30.000 €.

Ermitteln Sie die Abweichung rechnerisch und grafisch.

Lösung s. Seite 103

5.2 Flexible Plankostenrechnung

Aufgabe 1: Flexible Plankostenrechnung (1)

Für die Kostenstelle 23031 existieren nach Ablauf einer Periode folgende Werte:

Kostenstelle: 23031		**Monat: ...**	
		Gesamt	**Fixe Kosten**
Plan	Plankosten (in Euro)	300.000	100.000
	Planbeschäftigung (in Std.)	10.000	
Ist	Istkosten (in Euro)	250.000	
	Istbeschäftigung (in Std.)	9.000	

Ermitteln Sie rechnerisch und grafisch die Beschäftigungsabweichung, die Verbrauchsabweichung sowie die Gesamtabweichung und analysieren Sie das Ergebnis.

Lösung s. Seite 104

Aufgabe 2: Flexible Plankostenrechnung (2)

Eine Kostenstelle weist für den Juni folgende Daten aus:

Plan	
Planfixkosten	25.000 €
Plankosten	60.000 €
Planbeschäftigung	1.000 Std.

Ist	
Istkosten	85.000 €
Istbeschäftigung	25 % über Plan

a) Ermitteln Sie rechnerisch bei flexibler Plankostenrechnung auf Vollkostenbasis die Beschäftigungsabweichung, die Verbrauchsabweichung sowie die Gesamtabweichung.

b) Kommentieren Sie das Ergebnis aus a).

c) Erläutern Sie, mit welchem Kostenrechnungssystem der Nachteil der flexiblen Plankostenrechnung vermieden werden kann.

Lösung s. Seite 106

Aufgabe 3: Abweichungsanalyse

Im Logistikzentrum der Drogeriekette Schlackmann KG wurde vor einem Jahr eine flexible Plankostenrechnung eingeführt. Für die laufende Abrechnungsperiode stehen einem Planumsatz von 30 Mio. € geplante Logistikkosten in Höhe von 2,5 Mio. € gegenüber (davon sind 1 Mio. € fixe Kosten). Am Ende der Planperiode ermittelt man einen Istumsatz von 25 Mio. € und Istkosten von 2,3 Mio. €.

Berechnen Sie die:

a) Sollkosten

b) verrechneten Plankosten

c) Beschäftigungsabweichung

d) Verbrauchsabweichung

e) Gesamtabweichung.

Lösung s. Seite 108

6. Teilkostenrechnung

6.1 Ein- und mehrstufige Deckungsbeitragsrechnung

Aufgabe 1: Deckungsbeitragssatz

Ermitteln Sie aus den Angaben den Deckungsbeitragssatz vor und nach der (marktbedingten) Preissenkung:

		Situation **vor** der Preissenkung	Situation **nach** der Preissenkung
Marktpreis	p	5,00 €	4,00 €
variable Stückkosten	k_v	2,20 €	2,20 €

Lösung s. Seite 111

Aufgabe 2: Sicherheitsgrad

Ermitteln Sie für die Produkte 1 bis 3 den Sicherheitsgrad, kommentieren Sie das Ergebnis Ihrer Rechnung und erläutern Sie allgemein die Aussagefähigkeit dieser Kennzahl.

Angaben in Euro

		Produkt 1	**Produkt 2**	**Produkt 3**
Fixkosten	K_f	20.000	40.000	80.000
variable Kosten	K_v	50.000	60.000	90.000
Umsatz	p • x	80.000	100.000	150.000

Lösung s. Seite 111

Aufgabe 3: Mehrstufige Deckungsbeitragsrechnung mit mehreren Produkten

Ein Unternehmen hat drei Erzeugnisgruppen. Aus der KLR liegen folgende Angaben in Euro vor:

Angaben in Euro

Bereiche	**Bereich I**				**Bereich II**	
Gruppen	**Erzeugnisgruppe 1**		**Erzeugnisgruppe 2**		**Erzeugnisgruppe 3**	
Produkte	**Produkt 1**	**Produkt 2**	**Produkt 3**	**Produkt 4**	**Produkt 5**	**Produkt 6**
Umsatzerlöse	30.000	28.000	8.000	31.000	64.000	52.000
variable Kosten	12.000	14.000	6.000	16.000	29.000	21.000
Erzeugnisfixkosten	8.000	9.000	4.000	11.000	21.000	10.000
Erzeugnisgruppenfixkosten	2.000		3.000		4.000	

Bereiche	Bereich I				Bereich II	
Gruppen	Erzeugnisgruppe 1		Erzeugnisgruppe 2		Erzeugnisgruppe 3	
Produkte	Produkt 1	Produkt 2	Produkt 3	Produkt 4	Produkt 5	Produkt 6
Bereichsfixkosten				2.000		4.000
Unternehmens-fixkosten						6.000

Ermitteln Sie das Betriebsergebnis (Deckungsbeitrag V) in Prozent der Umsatzerlöse und interpretieren Sie das Ergebnis Ihrer Rechnung.

Lösung s. Seite 112

Aufgabe 4: Betriebsergebnis im Wege der Vollkostenrechnung und der Teilkostenrechnung

Für die zurückliegende Periode weist die Kosten- und Leistungsrechnung folgende Daten aus:

Kostenart	Einheit	Produkt				
		1	2	3	4	5
Absatz	Stück	1.200	500	2.200	200	800
Einzelkosten	€/Stück	20,00	45,00	60,00	50,00	32,00
GK-Zuschlag	%	160	300	200	320	185
proportionale GK	€/Stück	20,00	40,00	25,00	40,00	12,00
Verkaufserlöse	€/Stück	80,00	170,00	185,00	80,00	125,00

a) Berechnen Sie das Betriebsergebnis je Produkt und insgesamt im Wege der Vollkostenrechnung pro Stück und pro Rechnungsperiode.

b) Bearbeiten Sie die Aufgabenstellung aus a) im Wege der Teilkostenrechnung.

c) Vergleichen Sie das Betriebsergebnis gesamt aus a) und b).

d) Stellen Sie in einem Kostenportfolio anhand Ihrer Rechnung gegenüber:

- variable Kosten und Fixkosten
- Einzelkosten und Gemeinkosten.

Lösung s. Seite 113

Aufgabe 5: Kostenträgerblatt, Vollkosten- und Teilkostenrechnung

Gegeben ist auszugsweise das Kostenträgerzeitblatt einer bestimmten Periode Ihres Unternehmens (Angaben in Euro). Der Absatz betrug 200 Stück.

		Kosten		
		gesamt	**fix**	**variabel**
	Fertigungsmaterial			300.000
+	Materialgemeinkosten		80.000	30.000
=	**Materialkosten**			
	Fertigungslöhne			700.000
+	Fertigungsgemeinkosten		2.500.000	400.000
+	Sondereinzelkosten der Fertigung			400.000
=	**Fertigungskosten**			
	Herstellkosten/Fertigung		2.580.000	1.830.000
-	Bestandserhöhung		- 50.000	- 60.000
+	Bestandsminderung		106.000	100.000
=	**Herstellkosten/Umsatz**			
+	Verwaltungs-/Vertriebskosten		900.000	150.000
=	**Selbstkosten/Umsatz**			
	Umsatzerlöse	7.056.000		

a) Ergänzen Sie das Kostenträgerblatt.

b) Ermitteln Sie den Deckungsbeitrag und den Gewinn – gesamt und pro Stück.

c) Berechnen Sie die Stückzahl im Break-even-Punkt.

d) Ermitteln Sie den Gewinn bei einem Beschäftigungsgrad von 75 % im Wege der Vollkostenrechnung und der Teilkostenrechnung und vergleichen Sie das Ergebnis Ihrer Rechnung.

Lösung s. Seite 114

6.2 Deckungsbeitragsrechnung als Entscheidungsinstrument

Aufgabe 1: Break-even-Punkt, Umsatzrendite

Die Metallbau GmbH fertigt hochwertige Elektronikkomponenten. In der laufenden Periode wurden 800 Stück bei 920.000 € Kosten und in der Vorperiode 1.000 Stück bei 1.000.000 € Kosten hergestellt. Die Gesamtkostenfunktion zeigt einen linearen

Verlauf. Die Kostenstruktur ist unverändert geblieben. Die Kapazitätsgrenze liegt bei 1.400 Stück. Der Nettoverkaufspreis pro Stück lag in beiden Perioden bei 1.400 €/Stück.

a) Ermitteln Sie die Menge, bei der ein Gewinn erzielt wird.

b) Die Geschäftsleitung fordert generell eine Umsatzrendite von 15 %. Berechnen Sie die Menge, bei der dieses Ziel realisiert ist.

c) Zeigen Sie in einer Kontrollrechnung, dass bei der in b) ermittelten Menge tatsächlich eine Umsatzrendite von 15 % erreicht wird.

Lösung s. Seite 116

Aufgabe 2: Deckungsbeitragsrechnung, Preispolitik

Ihr Betrieb plant die Errichtung einer Pkw-Waschanlage für seine Kunden und will damit eine Absatzförderung erreichen. An den umliegenden Tankstellen liegt der Preis für eine Pkw-Komfortwäsche bei durchschnittlich 6,50 €.

Die Investitionssumme beläuft sich auf 230.000 €. Die Abschreibung erfolgt linear mit 12,5 % pro Jahr. Für das Bedienungspersonal hat man monatliche Kosten von 9.000 € ermittelt. An Verwaltungsgemeinkosten werden monatlich 3.000 € umgelegt. An kalkulatorischen Zinsen erfolgt ein Ansatz von 10 % der Investitionssumme. Man rechnet mit variablen Kosten pro Waschvorgang von 0,70 €. Die Waschanlage soll an 280 Tagen im Jahr geöffnet sein.

a) Wie viele Pkw-Wäschen pro Tag müssen im Kostendeckungspunkt durchschnittlich durchgeführt werden, bei einem Preis von 4 € pro Wäsche?

b) Zeigen Sie das Ergebnis von Aufgabenstellung a) grafisch.

c) Wie hoch ist der Deckungsbeitrag pro Pkw-Wäsche im Break-even-Point?

Lösung s. Seite 117

Aufgabe 3: Bewertung des Produktionsprogramms auf Vollkosten- und Teilkostenbasis

INFO

Diese Fragestellung ist komplexer als eine tatsächlich zu erwartende Klausuraufgabe in der IHK-Prüfung. Das Fallbeispiel wurde zu Übungszwecken so umfangreich gestaltet, um bei der Entscheidung über ein Produktionsprogramm die Aussagefähigkeit der Vollkostenrechnung und der einstufigen sowie mehrstufigen Teilkostenrechnung zu zeigen.

Ein Unternehmen stellt drei Produkte her. In der zurückliegenden Periode wurden die dargestellten Werte ermittelt (Angaben in Euro):

	Produkt 1	Produkt 2	Produkt 3	Summe
Erlöse	200.000	320.000	300.000	
Stückzahl	1.000	100	1.000	
Selbstkosten	190.000	350.000	260.000	
variable Kosten	- 130.000	- 220.000	- 160.000	
fixe Kosten				290.000

a) Entscheiden Sie über das Produktionsprogramm auf Basis der Vollkostenrechnung.

b) Ermitteln Sie das Betriebsergebnis auf Vollkostenbasis bei Eliminierung von Produkt 2 und kommentieren Sie das Ergebnis.

c) Entscheiden Sie über das Produktionsprogramm (Produkt 1 bis 3; Fragestellung a) auf Basis der Teilkostenrechnung und kommentieren Sie das Ergebnis.

d) Ermitteln Sie das Betriebsergebnis auf Teilkostenbasis bei Eliminierung von Produkt 1 und kommentieren Sie das Ergebnis.

e) Entscheiden Sie über das Produktionsprogramm (Produkt 1 bis 3) mithilfe der mehrstufigen Deckungsbeitragsrechnung und kommentieren Sie das Ergebnis. Die fixen Kosten in Höhe von 290.000 € sollen folgendermaßen aufteilbar sein:

Struktur der Fixkosten	Produkt 1	Produkt 2	Produkt 3	Summe
erzeugnisfixe Kosten	- 20.000	- 90.000	- 60.000	- 170.000
erzeugnisgruppenfixe Kosten		- 40.000	-	- 40.000
unternehmensfixe Kosten				- 80.000

f) Bearbeiten Sie die Fragestellung e) bei Eliminierung von Produkt 2 und kommentieren Sie das Ergebnis.

g) Bearbeiten Sie die Fragestellung e) auf Basis des Stückdeckungsbeitrags db II und kommentieren Sie das Ergebnis.

Lösung s. Seite 119

Aufgabe 4: Zusatzauftrag bei Einproduktunternehmen ohne Kapazitätsbeschränkung

Das Unternehmen fertigt nur ein Produkt. Für die Entscheidung über einen Zusatzauftrag liegen Ihnen folgende Angaben vor:

	Fertigung ohne Zusatzauftrag (1.000 Stück)	Zusatzauftrag (200 Stück)
Umsatzerlöse (€/Stk.)	130	90
variable Kosten (€/Stk.)	50	50
Fixkosten, gesamt (€)	65.000	

Kapazitätsbeschränkungen: keine

Entscheiden Sie rechnerisch über den Zusatzauftrag und kommentieren Sie das Ergebnis Ihrer Berechnung.

Lösung s. Seite 124

Aufgabe 5: Produktionsprogrammplanung, Engpassrechnung für vier Produkte

In einem Chemiewerk werden vier Produkte mit einem bestimmten Granulat gefertigt. Für den kommenden Monat soll das Produktionsprogramm geplant werden. Dazu liegen folgende Daten vor:

	Produkt 1	Produkt 2	Produkt 3	Produkt 4
Verkaufspreis (€/Stk.)	35,00	40,00	28,00	16,00
variable Kosten (€/Stk.)	10,00	11,00	6,00	4,00
Verbrauch, Granulat (kg/Stk.)	7,00	5,00	12,50	4,00
Kapazität (Stk.)	600	600	400	1.000

Die Fixkosten pro Monat betragen 30.000 €. Wegen eines Lieferengpasses stehen für den Planungsmonat nur 10.000 kg Granulat zur Verfügung.

a) Ermitteln Sie das Produktionsprogramm auf der Basis des Stückdeckungsbeitrags.

b) Bestimmen Sie das Produktionsprogramm mithilfe des relativen Stückdeckungsbeitrags und ermitteln Sie das Betriebsergebnis im Vergleich zu Frage a).

Lösung s. Seite 124

Aufgabe 6: Produktionsprogrammplanung mithilfe der linearen Optimierung***

Die Produktionsbedingungen lauten: Zwei Produkte, mindestens zwei Fertigungsstufen je Produkt (oder mehrere). Engpässe: die Absatzmenge ist für beide Produkte größer als die jeweilige Produktionskapazität; die Beziehungen sind linear.

Es soll gelten:

Zielfunktion: $DB = x_1 \cdot db_1 + x_2 \cdot db_2$ ⟶ Maximum!

mit $p_1 = 10$

$p_2 = 12$

$k_1 = 7$

$k_2 = 7$

⟶ $db_1 = 3; db_2 = 5$

daraus folgt: $DB = 3x_1 + 5x_2$ ⟶ Maximum!

Nebenbedingungen:

(1) Produktionsfunktion 1 (F1): $5\,x_1 + 2\,x_2 \leq 200$

(2) Produktionsfunktion 2 (F2): $3\,x_1 + 3\,x_2 \leq 240$

(3) $x_1, x_2 \geq 0$ (Nichtnegativitätsbedingung)

Ermitteln Sie mithilfe der linearen Optimierung grafisch und rechnerisch die optimalen Produktionswerte für x_1 und x_2.

Lösung s. Seite 125

Aufgabe 7: Wahl des Fertigungsverfahrens

Für einen Auftrag stehen zwei Maschinen (Verfahren) mit folgenden Daten zur Verfügung:

Kostenart		**Verfahren 1**	**Verfahren 2**
		CNC-Maschine	Bearbeitungsautomat
K_f	Rüstkosten	50 €	300 €
k_v	Materialkosten	3 €/Stk.	3 €/Stk.
	Fertigungslohn	7 €/Stk.	2 €/Stk.

Ermitteln Sie

a) rechnerisch

b) grafisch

die kritische Menge für beide Verfahren.

Lösung s. Seite 127

Aufgabe 8: Eigen- oder Fremdfertigung (langfristige Betrachtung)

Für die Fertigung werden Blechgehäuse Typ T2706 seit längerer Zeit fremd zugekauft. Der Lieferant hat zu Jahresbeginn seine Konditionen angehoben und bietet Ihnen jetzt folgende Bedingungen an: Listeneinkaufspreis 100 € je Stück, 10 % Rabatt und 3 % Skonto innerhalb von 10 Tagen oder 30 Tage ohne Abzug. Die Bezugskosten betragen 2,70 € pro Stück. Aufgrund der Preisanhebung soll geprüft werden, ob die Eigenfertigung des Blechgehäuses unter Kostengesichtspunkten vertretbar ist. Der Jahresbedarf wird bei rd. 1.800 Stück liegen.

Für die Eigenfertigung wurden folgende Plandaten ermittelt: Anschaffung einer Fertigungslinie (Stanzen, Pressen, Lackieren) zum Preis von 400.000 €; die Anlage soll auf zehn Jahre linear abgeschrieben werden mit einem Restwert von 50.000 €. Der Zinssatz für die kalkulatorische Abschreibung wird mit 8 % angenommen (Eigenfinanzierung). Sonstige Fixkosten p.a. in Höhe von 9.000 € sind zu berücksichtigen. Der Fertigungslohn beträgt 25 € je Stück, die Materialkosten 15 € je Stück.

Zu ermitteln ist rechnerisch und grafisch, bei welcher Stückzahl die kritische Menge liegt und welche Kostendifferenz sich bei dem geplanten Jahresbedarf ergibt.

Lösung s. Seite 128

Aufgabe 9: Direct Costing (1)

Ein Großhandelsunternehmen hat Spinnereimaschinen im Sortiment: Maschine A kostet 2.500.000 € und Maschine B kostet 4.657.640 €. Sein Kunde verlangt einen Rabatt von 16 % für Maschine A und einen Rabatt von 17 % für Maschine B (Kundenskonto 1 %; variable Kosten 1.875.000 € bei Maschine A und bei Maschine B 3.493.230 €; fixe Kosten bei Maschine A 184.027,78 € und bei Maschine B 342.854,06 €). Kundenskonto bei Maschine A und B beträgt 1 %.

Welche Maschine erwirtschaftet den größten Gewinn?

Lösung s. Seite 130

Aufgabe 10: Preisuntergrenze, Direct Costing (2)

Der Großhändler aus der vorhergehenden Aufgabe 9 will nun die Preisuntergrenze für seine Spinnereimaschinen ermitteln, denn er möchte demnächst kurzfristig seine Preise senken, um neue Kunden auf sich aufmerksam zu machen. Er wählt diese zwei Maschinen aus:

	Maschine A	**Maschine B**
variable Kosten	1.875.000,00 €	3.493.230,00 €
Zielverkaufspreis	1.893.939,39 €	3.528.515,15 €

Wie hoch ist die absolute Preissenkung bei Maschine A und bei Maschine B?

Lösung s. Seite 130

Aufgabe 11: Ergebnisplanung

Die Metallbau GmbH hat ein Spezialgussteil neu in ihre Produktpalette aufgenommen. Aufgrund einer Marktanalyse geht man von einem Nettoverkaufspreis von 450 € aus. Die variablen Stückkosten werden lt. Planung bei 250 € und die Fixkosten pro Monat bei 120.000 € liegen.

a) Das Unternehmen hat sich zum Ziel gesetzt, in diesem Geschäftsjahr mit dem neuen Produkt einen Gewinn vor Steuern in Höhe von 39.000 € zu realisieren.

   Ermitteln Sie die Stückzahl, die unter diesen Bedingungen monatlich verkauft werden muss.

b) Nach der Markteinführung soll das neue Produkt nachhaltig eine Umsatzrendite von 15 % erwirtschaften.

   Berechnen Sie die dafür erforderliche Stückzahl pro Monat.

Lösung s. Seite 131

Aufgabe 12: Kurzfristige Preisuntergrenze

Sie sind neben Ihrer Aufgabe als Produktmanager weiterhin für ein Profitcenter verantwortlich, das mit gebrauchten Spinnereimaschinen handelt.

a) Ihnen liegen zwei Kaufangebote vor:

Kunde A möchte eine Maschine zum Preis von 1.735.675 € kaufen, wenn ihm ein Rabatt in Höhe von 15,5 % gewährt wird. Kunde B möchte eine Maschine zum Preis von 2.567.312 € kaufen, wenn ihm 13 % Rabatt gewährt werden (jeweils 2 % Kundenskonto).

variable Kosten	Maschine für Kunde A Maschine für Kunde B	1.301.756,25 € 1.925.484,00 €
fixe Kosten	Maschine für Kunde A Maschine für Kunde B	127.764,97 € 188.982,69 €

Entscheiden Sie über beide Kaufangebote.

b) Um den Absatz der beiden Maschinentypen (vgl. Frage a)) zu verbessern, beabsichtigen Sie, Ihren Kunden eine befristete Preissenkungsaktion anzubieten.

Ermitteln Sie für beide Maschinen die kurzfristige Preisuntergrenze unter folgenden Bedingungen:

Maschine A	variable Kosten Zielverkaufspreis	1.301.756,25 € 1.328.054,36 €
Maschine B	variable Kosten Zielverkaufspreis	1.925.484,00 € 1.964.382,67 €

Lösung s. Seite 132

Aufgabe 13: Deckungsbeitrag pro Stück, Break-even-Punkt

Sie sind kommissarischer Leiter einer Niederlassung, die hochwertige Werkzeugsätze herstellt. Die Verhandlungen mit dem Kunden Huber stehen kurz vor dem Abschluss: Er möchte bei Ihnen laufend die Ausführung „MKX24" bestellen. Aus der Buchhaltung haben Sie folgende Zahlen erhalten:

- Materialkosten pro Stück: 100 €/Stk.
- Lohnkosten pro Stück: 200 €/Stk.
- Fixkosten pro Woche: 12.000 €
- vorläufiger Verkaufspreis pro Stück: 600 €/Stk.

a) Wie hoch ist der Deckungsbeitrag pro Stück?

b) Bei welcher Stückzahl pro Woche ist die Gewinnschwelle erreicht?

Lösung s. Seite 133

Aufgabe 14: Break-even-Analyse (1)

Für die Fertigung eines Getriebeteiles liegt Ihnen folgende Umsatz- und Kostensituation vor:

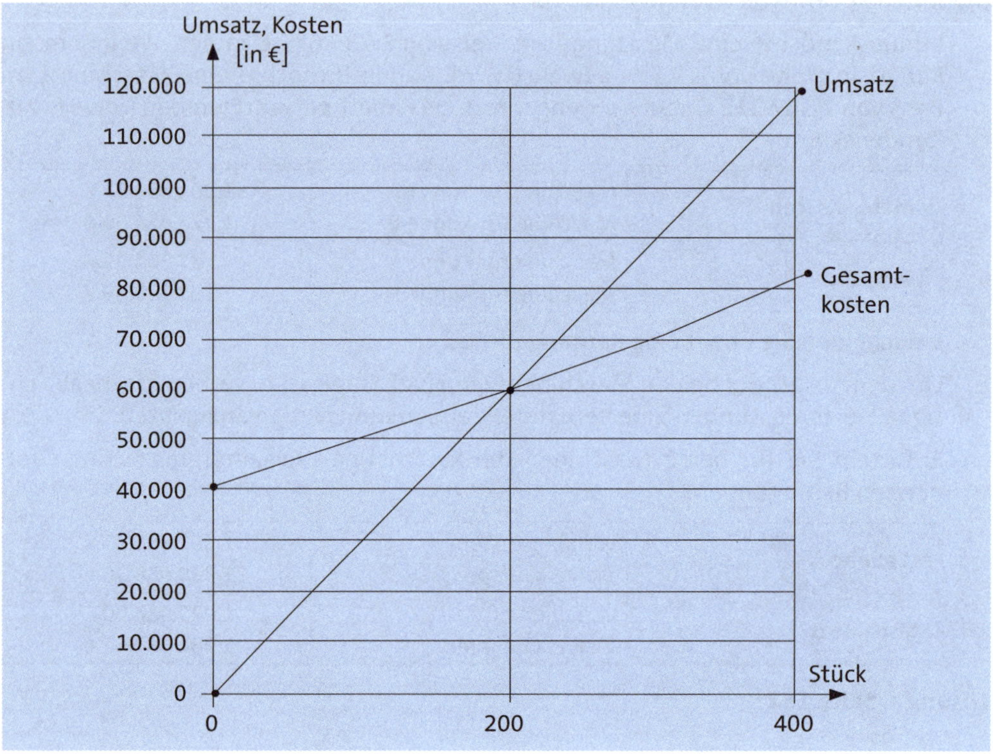

a) Ermitteln Sie im Break-even-Punkt
- den Umsatz U*
- die Stückzahl x*
- den Gewinn G*.

b) Ermitteln bzw. berechnen Sie
- die fixen Gesamtkosten K_f
- den Preis p pro Getriebeteil
- die variablen Gesamtkosten K_v
- die variablen Stückkosten k_v.

c) Berechnen Sie für einen Auftrag von 300 Stück
- den Umsatz U
- den Gewinn G
- den Deckungsbeitrag DB
- den Deckungsbeitrag pro Stück db.

d) Zeigen Sie mithilfe der Angaben aus dem Sachverhalt, dass im Break-even-Punkt gilt:

$$x^* = \frac{K_f}{db}$$

Lösung s. Seite 134

Aufgabe 15: Break-even-Analyse (2)

Ein Unternehmen verkauft in einer Abrechnungsperiode eine Menge x zu einem Preis von 50 € pro Stück bei fixen Gesamtkosten von 1 Mio. € und variablen Stückkosten von 25 €. Die Kapazitätsgrenze liegt bei 100.000 Stück.

a) Ermitteln Sie die Gewinnschwelle.

b) Wie viel Stück müssen abgesetzt werden, wenn das Unternehmen einen Gewinn von 500.000 € plant?

c) Stellen Sie die Lösungen zu a) grafisch dar. Kommentieren Sie die grafische Ermittlung des Break-even-Punktes.

Lösung s. Seite 136

Aufgabe 16: Break-even-Analyse und Preisuntergrenze

In einem Einproduktunternehmen entstehen

► variable Kosten von	K_v	=	7.500 €	im Break-even-Punkt
► fixe Kosten von	K_f	=	30.000 €	
► ein Deckungsbeitrag von	DB	=	30.000 €	für 2.500 Stück.

Es soll ein Gewinn von 15.000 € erreicht werden.

a) Ermitteln Sie die Stückzahl, bei der die Gewinnschwelle erreicht wird.

b) Ermitteln Sie den Verkaufspreis im Break-even-Punkt.

c) Ermitteln Sie die Stückzahl, um den geplanten Gewinn zu realisieren.

d) Ein Kunde garantiert die Abnahme von 4.000 Stück. Ermitteln Sie die Preisuntergrenze pro Stück (ohne MwSt.) unter der Annahme, dass der geplante Gewinn von 15.000 € trotzdem realisiert werden kann.

Lösung s. Seite 137

Aufgabe 17: Break-even-Analyse (3)

Die Verkaufspreise eines Handelsbetriebes enthalten 60 % variable Kosten bei 400.000 fixen Kosten.

a) Ermitteln Sie, bei welcher Menge der Break-even-Punkt liegt.

b) Ermitteln Sie die Menge im Break-even-Punkt, wenn das Unternehmen den Preis um 10 % senken muss.

c) Ermitteln Sie die Menge, bei dem sich erstmalig ein Gewinn erzielen lässt, wenn sich eine Preiserhöhung von 6 % durchsetzen lässt.

Lösung s. Seite 139

Aufgabe 18: Break-even im Handelsbetrieb

In einem Handelsbetrieb existiert folgende Kostensituation:

	Warengruppe		
	A	**B**	**C**
fixe Kosten	120.000 €	190.000 €	250.000 €
variable Kosten je 1,00 € Umsatz	0,75	0,66	0,60

a) Berechnen Sie die Nutzenschwelle für jede Warengruppe.

b) Berechnen Sie die Nutzenschwellen, ab denen B gegenüber A sowie C gegenüber B bzw. C gegenüber A das bessere Ergebnis erbringt.

Lösung s. Seite 139

6.3 Fixkostendeckungsrechnung

Aufgabe 1: Fixkostendeckungsrechnung (1)

Aus der Periode I liegen aus der Kosten- und Leistungsrechnung für die Produkte 1 bis 4 folgende Zahlenwerte vor:

Periode I			Produkt 1	Produkt 2	Produkt 3	Produkt 4
Nettoverkaufspreis	p	€	5,00	7,00	3,00	6,50
Absatzmenge	x	Stk.	800	1.200	400	600
variable Stückkosten	k_v	€/Stück	3,50	3,00	1,50	3,50
Selbstkosten pro Stück	SK/Stk.	€/Stück	6,00	4,50	2,50	5,00

a) Ermitteln Sie für die Periode I das Betriebsergebnis der Produktgruppe 1 bis 4 in Prozent der Umsatzerlöse und interpretieren Sie das Ergebnis.

b) Das Betriebsergebnis von Produkt 1 ist negativ. Für die Periode II ist eine Ausweitung der Produktion (= abgesetzte Menge) um 10 % geplant. Prüfen Sie, welche Auswirkung diese Planung auf die Umsatzrentabilität hat und kommentieren Sie Ihr Ergebnis. Eine Veränderung der variablen Stückkosten sowie der Fixkosten gegenüber der Periode I wird nicht erwartet.

c) Erläutern Sie für den vorliegenden Fall, wie die Deckungsbeitragsrechnung gestaltet werden könnte, um eine differenzierte Betrachtung der Fixkosten zu ermöglichen.

Lösung s. Seite 140

Aufgabe 2: Fixkostendeckungsrechnung (2)

Ein Unternehmen hat zwei Produktbereiche A und B. Aus der Kosten- und Leistungsrechnung liegen folgende Zahlenwerte (in Euro) vor:

	Produktbereich A		Produktbereich B	
	Typ A1	Typ A2	Typ B1	Typ B2
Erlöse	200.000	210.000	120.000	280.000
variable Kosten	70.000	40.000	80.000	120.000
Produktfixkosten	18.000	35.000	45.000	15.000
Produktbereichsfixkosten	45.000		80.000	
Unternehmensfixkosten	40.000			

a) Ermitteln Sie das Unternehmensergebnis (Deckungsbeitrag V) im Wege der mehrstufigen Deckungsbeitragsrechnung.

b) Empfehlen Sie je Produktbereich und je Produkttyp eine Strategie.

Lösung s. Seite 141

7. Handelskalkulation

7.1 Handelskalkulation auf Vollkostenbasis

Aufgabe 1: Vorwärts-, Rückwärts- und Differenzkalkulation im Handel, Handelsspanne, Kalkulationszuschlag, Kalkulationsfaktor

a) Der Großhändler Huber & Söhne kauft Blusen für 100 € je Stück ein. Er erhält aufgrund der Menge 20 % Rabatt und 3 % Skonto. Die Bezugskosten je Stück betragen 2,50 €. Der Händler kalkuliert mit 30 % Handlungskosten, 15 % Gewinn und gewährt 2 % Skonto sowie 5 % Rabatt.

Zu ermitteln ist der Listenverkaufspreis je Stück, die Handelsspanne, der Kalkulationszuschlag und der Kalkulationsfaktor.

b) Aufgrund der Marktsituation ist der Großhändler Huber & Söhne gezwungen, den Listenverkaufspreis auf 120 € je Stück zu senken.

Zu ermitteln ist der Gewinn in Euro und Prozent.

c) Der Großhändler überlegt, ob er einen Artikel, den er zu einem Listenverkaufspreis von 110 € veräußern kann, in sein Programm aufnimmt.

Zu ermitteln ist der Listeneinkaufspreis – es gelten die Angaben aus a).

Lösung s. Seite 142

Aufgabe 2: Handelsspanne

Der Großhändler Huber kalkuliert mit einer Handelsspanne von 60 % bei der Warengruppe X. Im März d. J. muss er eine Erhöhung des Einstandspreises um 10 % hinnehmen.

Ermitteln Sie die neue Handelsspanne

a) bei unverändertem Angebotspreis

b) bei einer Erhöhung des Angebotspreises um 5 %.

Lösung s. Seite 143

Aufgabe 3: Vollkostenrechnung (Handel)

Das Handelsunternehmen „Profitex“ kauft Textilien im Wert von 70.000 € ein. Es wird Liefererrabatt von 10 % und Skonto von 2 % gewährt. Für „Profitex“ fallen 5.000 € Frachtkosten an. Aus dem Betriebsabrechnungsbogen sind folgende Angaben bekannt: 30 % Handlungskostenzuschlag, Gewinn in Höhe von 7 %, 2 % Kundenskonto und 10 % Kundenrabatt.

a) Ermitteln Sie die Selbstkosten.

b) Ermitteln Sie den Verkaufspreis netto.

Lösung s. Seite 144

Aufgabe 4: Bezugspreiskalkulation

Ein Sportwarenhändler kauft Badmintonschläger im Wert von 1.000 € ein. Er macht mit dem Hersteller einen Rabatt von 5 % aus; ihm werden 2 % Skonto gewährt. Für den Sportwarenhändler sind 5 € Porto angefallen, und er musste der Spedition 70 € Rollgeld zahlen.

Wie hoch ist der Einstandspreis?

Lösung s. Seite 145

Aufgabe 5: Rückwärtskalkulation (Handel)

Ein Händler hat nicht genügend Marktmacht und muss herausfinden, zu welchem Bezugspreis er beziehen darf, denn er muss seine Kosten decken und möchte dabei auch noch Gewinn machen. Der Listenpreis seiner Ware beträgt 159,08 €, und er muss 8 % Rabatt gewähren (Handlungskosten 15,5 %; Gewinn 10,45 %; Skonto 2 %).

Ermitteln Sie den Bezugspreis.

Lösung s. Seite 145

Aufgabe 6: Rückwärtskalkulation, Differenzkalkulation (Handel)

Einem Gemüsehändler liegt ein Angebot von 100 kg Kartoffeln zu 30 € (inklusive Rollgeld) vor.

a) Ermitteln Sie den Listenpreis per Angebotskalkulation (Rabatt 5 %, Skonto 2 %, Gewinn 10,12 %, HKZ 15,5 %).

b) Nehmen Sie einen Kundenrabatt in Höhe von 8 % an und ermitteln Sie den Bezugspreis per Rückwärtskalkulation (HKZ 15,5 %, Gewinn 10,12 %, Skonto 2 %).

   Hinweis: „Starten" Sie mit dem durch die Angebotskalkulation ermittelten Listenpreis.

c) Ermitteln Sie den Gewinn bei nur 6 % Rabatt und 2 % Skonto. Benutzen Sie die Differenzkalkulation.

d) Wie viel Prozent der Selbstkosten beträgt der Gewinn?

Lösung s. Seite 145

Aufgabe 7: Lieferantenkredit, Skonto

Der Metallbau GmbH liegt eine Eingangsrechnung über 45.000 € vor, zahlbar mit 3 % Skonto innerhalb von 10 Tagen oder in 30 Tagen netto Kasse.

a) Die Metallbau GmbH müsste für die Ausnutzung des Skontos den Kontokorrentkredit ihrer Bank mit 14 % in Anspruch nehmen. Zeigen Sie rechnerisch, welchen finanziellen Vorteil in Euro die Skontogewährung unter diesen Bedingungen ergibt.

b) Berechnen Sie die Zinstage, bei denen die Kontokorrentzinsen gleich dem Skontobetrag sind.

c) Nennen Sie jeweils zwei Vor- und Nachteile des Lieferantenkredits aus der Sicht des Lieferanten bzw. des Kunden.

d) Nennen Sie drei Argumente, warum Kunden die Skontogewährung nicht in Anspruch nehmen.

Lösung s. Seite 147

Aufgabe 8: Kalkulationsverfahren im Handel

Erläutern Sie die Zuschlagskalkulation und die Divisionskalkulation sowie ihre Anwendbarkeit im Handel.

Lösung s. Seite 148

7.2 Deckungsbeitragsrechnung im Handel

Aufgabe 1: Deckungsbeitragssatz (1)

Der Großhändler Kern überlegt, ob er sein Warensortiment um die Warengruppe X erweitern soll. In seiner Vorkalkulation geht er von folgenden Eckdaten aus:

- Fixkosten der Warengruppe X K_f = 85.000
- variable Kosten der Warengruppe X K_v = 50.000
- geplanter Netto-Umsatz der Warengruppe X U = 900.000
- Wareneinsatz (WE) der Warengruppe X = 70 % des Nettoumsatzes

Der angestrebte Gewinn der Warengruppe X soll mindestens 15 % vom Netto-Umsatz betragen. Geben Sie rechnerisch eine Empfehlung, ob der Großhändler unter diesen Bedingungen sein Warensortiment erweitern soll.

Lösung s. Seite 148

Aufgabe 2: Deckungsbeitragssatz (2)

Die Großhandelskette Schlackmann & Co. ist gezwungen, den Verkaufspreis eines Artikels um 20 % zu reduzieren. Sie erhalten folgende Angaben:

Verkaufspreis, alt	VP_{alt}	5,00 €
Absatz	x	1.000.000 Stück €
Stückkosten, variabel	k_v	2,20 €
Kosten, fix	K_f	400.000 €
Beschäftigungsgrad		70 %

a) Ermitteln Sie den Deckungsbeitrag sowie den Gewinn – vor und nach der Preissenkung (bei gleichem Absatz).

b) Berechnen Sie den Deckungsbeitragssatz – vor und nach der Preissenkung.

c) Ermitteln Sie Absatz, Umsatz und Beschäftigungsgrad im Break-even-Punkt – vor und nach der Preisreduzierung.

Lösung s. Seite 148

Aufgabe 3: Vergleich von Vollkostenrechnung zur Teilkostenrechnung

Beschreiben Sie, wie die Vollkostenrechnung im Vergleich zur Deckungsbeitragsrechnung zu falschen Entscheidungen in einem Handelsunternehmen führen kann.

Lösung s. Seite 149

8. Prozesskostenrechnung

Aufgabe 1: Prozesskostenrechnung (1)

Ermitteln Sie aufgrund der vorliegenden Datenbasis (in Auszügen; geschätzt für eine Periode) die Teilprozesskostensätze:

Teilprozesse		Kosten-treiber	lmi-Prozess-menge (Stück)	Teilprozesskosten (€)		
				gesamt	davon: lmi	davon: lmn
1	**Angebote einholen**	Anzahl der Angebote	300	5.000	4.000	1.000
2	**Material bestellen**	Anzahl der Bestellungen	500	9.500	7.500	2.000
3	**Abteilung Einkauf leiten**	-	-	40.000	-	40.000
4	**Auftrag fakturieren**	Anzahl der Rechnungen	900	10.800	10.800	-
Summe der Kosten				65.300	22.300	43.000

lmi: leistungsmengeninduziert; lmn: leistungsmengenneutral

Lösung s. Seite 151

Aufgabe 2: Prozesskostenrechnung (2)

Die Geschäftsleitung der Metallbau GmbH denkt über die Einführung der Prozesskostenrechnung nach.

a) Beschreiben Sie den konzeptionellen Ansatz der Prozesskostenrechnung.

b) Welche Bezugsgrößen wählt die Prozesskostenrechnung zur Verteilung der Gemeinkosten?

c) Beschreiben Sie eine Schwachstelle dieses Kostenrechnungssystems.

Lösung s. Seite 151

Aufgabe 3: Prozesskostenrechnung, Handel

In einem selbstständig disponierenden Zentrallager soll die Prozesskostenrechnung eingeführt werden. Für die Modellrechnung wurden drei Hauptprozesse ermittelt: Einkauf, Transport und Lager. Die Jahreskosten betragen je Hauptprozess 150.000 €, 180.000 € und 352.000 €. Als Cost-Driver wird folgendes Mengengerüst zu Grunde gelegt: Einkauf: 8.000 Arbeitsstunden, Transport: 120.000 km, Lager: 2.200 Arbeitsstunden.

Für einen Auftrag aus zwei Artikeln sollen die Selbstkosten ermittelt werden:

	Warenwert	anteilige Arbeitsstunden Einkauf	anteilige Transport-km	anteilige Arbeitsstunden Lager
Artikel 1	10.000 €	2	600	2
Artikel 2	80.000 €	1	120	4

In der Modellrechnung sind die kalkulatorischen Zinsen für das Lager sowie lmn-Kosten nicht zu berücksichtigen.

Lösung s. Seite 152

Aufgabe 4: Prozesskostenkalkulation und Zuschlagskalkulation im Vergleich

Ein häufig durchgeführter Auftrag soll mithilfe der Prozesskostenrechnung (PKR) überprüft werden, indem die Selbstkosten (auf Basis der PKR) mit dem Ergebnis der differenzierten Zuschlagskalkulation (= 8.700 € pro Auftrag) verglichen werden.

Führen Sie die Prozesskostenkalkulation durch und kommentieren Sie den Vergleich mit dem Ergebnis der Zuschlagskalkulation.

Die KLR liefert dazu folgende Angaben:

Einzelkosten:

- Material: 2.000 €
- Fertigung: 4.000 €
- Sonderkosten/Fertigung: 200 €
- Sonderkosten/Vertrieb: 100 €
- Maschinenstundensatz: 150 €
- Maschinenstunden: 3 Std.

Prozesskosten:

Prozess	Menge	Prozesskostensatz
Material	6	50 €
Fertigung	10	80 €
Vertrieb	5	20 €

Gemeinkostenzuschläge:

Bereich	Prozentsatz
Restgemeinkosten/Material	20 %
Restgemeinkosten/Fertigung	15 %
Restgemeinkosten/Vertrieb	6 %
Verwaltung	10 %

Lösung s. Seite 152

9. Zielkostenrechnung (Target Costing)

Aufgabe 1: Zielkostenrechnung (Target Costing), Industrie

Ermitteln Sie den möglichen Marktpreis auf der Basis folgender Angaben:

Zielkosten = Marktpreis - Gewinn

= p - 30 €

- Planabsatz: 500 Stück
- Gesamtkosten:

- Vertriebskosten	10.000 €
- Verwaltungskosten	9.600 €
- Konstruktion	20.000 €
- Arbeitsvorbereitung	4.000 €
- Werkzeuge	10.000 €
- Materialkosten	7.150 €
- Fertigungskosten	24.250 €

Lösung s. Seite 155

Aufgabe 2: Zielkostenrechnung (Target Costing), Handel

Ein Textilgroßhändler möchte seine Winterkollektion um einen hochwertigen Anorak erweitern. Der maximale Verkaufspreis darf bei 400 € inkl. MwSt liegen. Der Händler muss mit 20 % Handlungskosten und einem Mindestgewinn von 15 % kalkulieren.

Zu ermitteln ist der zulässige Einstandspreis.

Lösung s. Seite 156

10. Kostenmanagement

Aufgabe 1: Kostenkontrollrechnung, Über-/Unterdeckung

Ein Unternehmen kalkuliert mit Normalzuschlagssätzen auf Basis der Zuschlagsgrundlage; in der Abrechnungsperiode wurden folgende Istgemeinkosten sowie ein Minderbestand von 10.000 € ermittelt:

	Material	Fertigung	Verwaltung	Vertrieb
Normal-Zuschlagssätze	50 %	120 %	20 %	10 %
Einzelkosten (€)	50.000	140.000		
Istgemeinkosten (€)	30.000	154.000	84.480	46.080

Es ist die Kostenüber-/Kostenunterdeckung der Kostenstellen zu ermitteln und zu kommentieren.

Lösung s. Seite 157

Aufgabe 2: Kennzahlen für Steuerungszwecke (Umsatzrendite, Wirtschaftlichkeit)

Für die Produkte 1 bis 3 liegen die Selbstkosten und die Nettoumsatzerlöse vor (Angaben in Euro):

	Produkt 1	Produkt 2	Produkt 3
Selbstkosten	249.934,40	314.811,20	353.648,00
Nettoumsatzerlöse	302.000,00	278.000,00	385.600,00

Ermitteln Sie je Produkt die Wirtschaftlichkeit sowie die Umsatzrendite und kommentieren Sie das Ergebnis Ihrer Rechnung.

Lösung s. Seite 158

Aufgabe 3: Kennzahlen

In einem Handelsbetrieb stehen folgende Zahlen zur Verfügung:

	Jahr (in T€)		
	01	**02**	**03**
Gewinn	480	340	290
Wareneinsatz	3.200	2.800	2.600
Handlungskosten	1.300	1.200	1.250
Umsatz	5.200	4.500	3.800
Bilanzsumme	980	960	1.100
Anzahl der Mitarbeiter	80	60	50

a) Berechnen Sie für alle Jahre folgende Kennzahlen:
- Umsatzrentabilität
- Wirtschaftlichkeit
- Wareneinsatzquote
- Umschlagshäufigkeit des Gesamtkapitals.

b) Kommentieren Sie die Entwicklung der Kennzahlen.

c) Geben Sie zu jeder Kennzahl zwei Vorschläge zur Verbesserung.

Lösung s. Seite 159

Aufgabe 4: Grenzkosten, fixe und variable Kosten, Kostenverläufe

Die Fertigungskostenstelle „Anlasser" weist in zwei aufeinander folgenden Monaten folgende Kostenarten aus (Angaben in Euro):

Kostenart	Monat 1	Monat 2
K_1	13.500	21.000
K_2	13.500	16.500
K_3	26.000	39.500
K_4	4.000	4.000
K_5	6.000	6.000
K_6	12.000	18.000

Die Beschäftigung lag im ersten Monat bei 5.000 Stunden und im zweiten Monat bei 8.000 Stunden. Die Gesamtkostenfunktion ist linear.

a) Ermitteln Sie für jede Kostenart die Fixkosten und die variablen Stückkosten.

b) Leiten Sie aus den Ergebnissen zu a) die Kostenfunktion je Kostenart und die Gesamtkostenfunktion ab.

c) Tragen Sie in einem Koordinatensystem ein:
- die Gesamtkosten K
- die Stückkosten k
- die Grenzkosten K´
- die variablen Stückkosten k_v
- die fixen Stückkosten k_f
- die Beschäftigung B_1 (5.000 Std.)
- die Beschäftigung B_2 (8.000 Std.).

d) Beschreiben Sie die Kostenverläufe K, k, K´, k_v und k_f.

Lösung s. Seite 160

Aufgabe 5: Ermittlung der Kostenüber- bzw. -unterdeckung eines Auftrags

Das Unternehmen hat für ein Angebot Selbstkosten in Höhe von 358.397,50 € auf Basis der Normalkosten ermittelt.

Vorkalkulation	Normalkosten (€)	%
Materialeinzelkosten	90.000,00	
Materialgemeinkosten	5.400,00	6
Fertigungslohnkosten	80.500,00	
Fertigungsgemeinkosten	120.750,00	150
Herstellkosten der Fertigung	296.650,00	
Bestandsminderung	15.000,00	
Herstellkosten des Umsatzes	311.650,00	
Verwaltungs-/Vertriebsgemeinkosten	46.747,50	15
Selbstkosten	358.397,50	

Für die Nachkalkulation liegen folgende Angaben in Euro vor:

- Materialgemeinkosten: 8.300
- Fertigungsgemeinkosten: 117.830
- Bestandsminderung: 15.000
- Verwaltungs-/Vertriebsgemeinkosten: 71.700

Ermitteln Sie die Kostenüber- bzw. -unterdeckung und interpretieren Sie das Ergebnis Ihrer Rechnung.

Lösung s. Seite 164

Aufgabe 6: Produktivität, Rentabilität, ROI

Aufgrund der Angaben aus dem Rechnungswesen ermitteln Sie für die letzten beiden Monate u. a. folgende Kennzahlen:

Monat	Ausbringung (Stk.)	Arbeitsstunden	Gesamtkapitalrentabilität (%)
Mai	50.000	2.000	12,5
Juni	42.000	1.400	12,5

a) Berechnen Sie die Veränderung der Arbeitsproduktivität von Mai zu Juni in Prozent und nennen Sie zwei mögliche Ursachen für die Veränderung.

b) Erklären Sie anhand von drei Beispielen, warum sich bei einer Veränderung der Arbeitsproduktivität die Gesamtkapitalrentabilität des Unternehmens nicht zwangsläufig verändert.

c) Als Grundlage für Ihre Unternehmensplanung wird u. a. der Return on Investment (ROI) verwendet. Wie wird diese Kennzahl ermittelt?

d) Welcher Unterschied besteht zwischen dem ROI und der Rentabilität?

Lösung s. Seite 164

Aufgabe 7: Operative Instrumente (Kennzahlen, Controlling) und Budgetkontrolle

Aus der Buchhaltung liegen Ihnen folgende Zahlen des Produktes X vor:

Jahr	Umsatz (Euro)	Absatz (Stück)
01	40.400	450
02	45.200	460

Aus den Berichten über die Budgetgespräche wissen Sie, dass für das Jahr 02 ein Planumsatz von 48.000 € bei einem Planabsatz von 450 Stück – festgeschrieben war.

a) Führen Sie einen innerbetrieblichen Vergleich durch. Unterscheiden Sie dabei

   1. Ist-Ist-Vergleich,
   2. Soll-Ist-Vergleich

   und zeigen Sie jeweils die mengenmäßigen und wertmäßigen Veränderungen sowie die Veränderung der Erlöse pro Stück – ausgewiesen in Prozent – auf.

b) Präsentieren Sie die gewonnenen Ergebnisse der Geschäftsleitung in einer übersichtlichen Matrix bzw. einem Schaubild.

Lösung s. Seite 166

Aufgabe 8: Analyse einer Geschäftsentwicklung

Sie analysieren die Geschäftsentwicklung Ihres Profitcenters. Betrachtet wird das zurückliegende Geschäftsjahr.

Sie stellen fest:

- der Gewinn verzeichnet einen Rückgang um 1,5 %
- der Absatz ist dramatisch „eingebrochen“ (um 25 %)
- der Umsatz ist annähernd konstant geblieben.

Was ist passiert? Erläutern Sie zwei Ursache-Wirkungszusammenhänge.

Lösung s. Seite 168

Aufgabe 9: Kennzahlenanalyse

Für die zurückliegende Periode liegen Ihnen aus der Bilanz sowie der Gewinn- und Verlustrechnung folgende Zahlenwerte vor:

▸ Kapital:	600 T€
▸ Kosten:	1.900 T€
▸ Maschinenstunden:	46.000 Std.
▸ Arbeitsstunden:	30.000 Std.
▸ Leistungen:	2.000 T€
▸ Menge:	35.000 Einheiten (E)
▸ Gewinn:	60.000 €

a) Berechnen Sie folgende Kennzahlen:
   - Maschinenproduktivität
   - Arbeitsproduktivität
   - Kapitalrentabilität
   - Wirtschaftlichkeit.

b) Interpretieren Sie das Ergebnis Ihrer Rechnung für die Kennzahl Produktivität.

c) Erläutern Sie verbal und mithilfe eines Zahlenbeispiels folgende Behauptung: „Die Verbesserung der Wirtschaftlichkeit führt nicht zwangsläufig zu einer Verbesserung der Kapitalrendite!"

Lösung s. Seite 169

Aufgabe 10: Vor- und Nachkalkulation

Eine Sonderfertigung ist für einen Gewerbekunden nach folgenden Angaben (in Euro) zu kalkulieren:

MEK	1.000
MGK, 50 %	
FEK	2.000
FGK, 120 %	
VwGK, 15 %	
VtGK, 10 %	
Sondereinzelkosten des Vertriebs	625
Gewinn	1.600
Kundenskonto, 2 %	
Kundenrabatt, 10 %	

a) Kalkulieren Sie den Nettoverkaufspreis.

b) Nach Durchführung des Auftrags liegen aus der Kostenstellenrechnung die tatsächlichen Kosten des Auftrags vor. Es soll ein Vergleich der Normalkosten aus der Vorkalkulation mit den Istkosten durchgeführt werden:

	Vorkalkulation Normalkosten in €	**Nachkalkulation Istkosten in €**
MEK	1.000	1.200
MGK	50 %	500
FEK	2.000	2.200
FGK	120 %	2.500
VwGK	15 %	880
VtGK	10 %	600
Sondereinzelkosten des Vertriebs	625	700
Gewinn	1.600	
Kundenskonto, 2 %	195,92	
Kundenrabatt, 10 %	1.088,44	

Ermitteln Sie die Kostenüber-/-unterdeckung je Kostenart, die tatsächliche Gewinnspanne in Prozent und analysieren Sie das Ergebnis Ihrer Rechnung. Der in a) ermittelte Nettoverkaufspreis ist verbindlich.

Lösung s. Seite 170

Aufgabe 11: Analyse eines Kostenstellenreports

Im Vorjahr wurde nach längerer Vorbereitung ein innerbetriebliches Berichtswesen zur Verbesserung des Controlling aufgebaut. Vor Ihnen liegt der Kostenstellenreport vom Mai des laufenden Jahres (Angaben in Euro):

Kostenstellen-report	**Verdichter**			**Mai**
Kostenart	**aktuelles Jahr kumulierte Werte**	**Vorgabe/Soll**	**Abweichung absolut**	**Abweichung in %**
RHB-Stoffe	861.350	805.000	56.350	7,00
Personalaufwand	598.944	587.200	11.744	2,00
Raumkosten	14.400	14.400	0	0,00
Betriebssteuern	4.200	4.200	0	0,00
Versicherungen	3.816	3.600	216	6,00
Kfz-Kosten	7.938	8.100	- 162	- 2,00
Reisekosten	13.871	14.300	- 429	- 3,00
Abschreibungen	75.000	75.000	0	0,00
Instandhaltung	8.720	8.000	720	9,00
Energiekosten	35.840	32.000	3.840	12,00
Gesamtkosten	1.624.079	1.551.800	72.279	4,66

Der Meisterbereich war zu 100 % ausgelastet. Laut Anweisung der Geschäftsleitung sind Kostenüberschreitungen von mehr als 5 % schriftlich zu kommentieren (Darstellung konkreter Maßnahmen zur Kostenreduzierung).

Analysieren Sie ausführlich den Report und beschreiben Sie – soweit erforderlich – geeignete Maßnahmen zur Gegensteuerung. Beziehen Sie dabei Lösungsansätze und -möglichkeiten Ihrer Mitarbeiter mit ein. Berücksichtigen Sie bei Ihren Überlegungen, dass Sie in einem Kleinbetrieb arbeiten und damit unmittelbar einen Großteil der Gesamtkosten direkt mit beeinflussen können (es gibt also keine so genannte Konzernumlage). Beziehen Sie längerfristige, grundsätzliche Steuerungsmaßnahmen mit ein.

Lösung s. Seite 172

11. Betriebsstatistik

INFO

Die Betriebsstatistik ist nicht bei allen Betriebswirten, Fachwirten und Fachkaufleuten Gegenstand des Rahmenplans. Bitte prüfen Sie Ihren speziellen Fall.

Aufgabe 1: Umsatzentwicklung, Liniendiagramm

In den Jahren 01 und 02 wurden für die Metall GmbH folgende Monatsumsätze ermittelt (Angaben in Euro):

	Jan.	Feb.	März	April	Mai	Juni	Juli	Aug.	Sept.	Okt.	Nov.	Dez.
01	10.000	11.000	12.000	8.000	7.000	5.000	6.000	7.000	9.000	10.000	12.000	13.000
02	12.000	13.000	15.000	9.000	8.000	6.000	7.000	8.000	10.000	12.000	13.000	14.000

a) Stellen Sie die Umsatzentwicklung als Linien- und als Flächendiagramm dar.

b) Kommentieren Sie die Umsatzentwicklung.

c) Berechnen Sie den durchschnittlichen Umsatz der Jahre 01 und 02.

d) Um wie viel Prozent ist der durchschnittliche Umsatz von 01 auf 02 gestiegen?

Lösung s. Seite 175

Aufgabe 2: Umsätze und Gewinn pro Quartal, Säulendiagramm, Flächendiagramm

Für ein Unternehmen ist die Umsatz- und Gewinnentwicklung pro Quartal wiedergegeben:

	Umsatz (in €)	Gewinn (in €)
1. Quartal	120.000	18.000
2. Quartal	160.000	24.000
3. Quartal	60.000	9.000
4. Quartal	80.000	12.000

Stellen Sie die Umsatz- und Gewinnentwicklung pro Quartal als Säulen- und als Flächendiagramm dar. Kommentieren Sie die Aussagekraft beider Diagramme.

Lösung s. Seite 177

Aufgabe 3: Kosten pro Quartal, Balkendiagramm

Erstellen Sie ein Balkendiagramm (horizontale Darstellung) für die fixen und variablen Kosten (in Tsd. €) pro Quartal:

	Kosten fix (in T€)	Kosten variabel (in T€)
1. Quartal	4,3	2,4
2. Quartal	2,5	4,4
3. Quartal	3,5	1,8
4. Quartal	4,5	2,8

a) in Absolutdarstellung

b) auf 100 % normiert.

Lösung s. Seite 179

Aufgabe 4: Altersstruktur

Ihr Betrieb hat folgende Altersstruktur:

Altersklasse	Anzahl der Mitarbeiter
15 bis unter 20	8
20 bis unter 30	15
30 bis unter 40	28
40 bis unter 50	24
50 bis unter 60	12
60 bis unter 65	6

a) Ermitteln Sie, wie viele Mitarbeiter jünger als 50 Jahre sind.

b) Ermitteln Sie, wie viel Prozent der Mitarbeiter jünger als 60 Jahre sind.

Lösung s. Seite 181

Aufgabe 5: Arithmetisches Mittel, Modalwert, Standardabweichung

In einer Hochdruckdampfanlage soll der Wirkungsgrad der Kessel untersucht werden. Die Stichprobe vom Umfang n = 8 führte zu folgendem Ergebnis (x_i in Prozent):

x_i	90,3	91,6	90,9	90,4	90,3	91,0	87,9	89,4

Ermitteln Sie folgende Werte der Stichprobe:

a) den durchschnittlichen Wirkungsgrad.

b) die Standardabweichung.

c) den häufigsten Wert.

d) den absolut größten Fehler.

Lösung s. Seite 181

Aufgabe 6: Spannweite

Für die Stichprobe aus Aufgabe 5 soll die Spannweite ermittelt werden.

a) Berechnen Sie die Spannweite.

b) Welche Vor- und Nachteile hat der Parameter „Spannweite“?

Lösung s. Seite 183

Aufgabe 7: Anteile, Kreisdiagramm

Bei einer Kraftmaschine wird die zugeführte Energie in folgenden Anteilen genutzt:

- Kühlwasserbeheizung 14 %
- ungenutzte Energie in Form von Reibung usw. 18 %
- Abgaswärme 28 %
- Bewegungsenergie 40 %.

Zeichnen Sie ein Kreisdiagramm zur grafischen Darstellung der Energienutzung (Segmente in „explodierender Darstellung“).

Lösung s. Seite 183

Aufgabe 8: ABC-Analyse (1)

Sie sind in der Materialwirtschaft der Durchlauf KG tätig. Zur Sicherung des Unternehmens und zur Kompensation des enormen Kostendrucks, sind Optimierungspotenziale in allen Unternehmensbereichen zu ermitteln und geeignete Maßnahmen einzuleiten. Im Bereich Materialwirtschaft scheint hierbei eine Analyse der Jahresverbrauchswerte der Lagermaterialien erforderlich.

Aus der Lagerbuchhaltung liegen folgende Angaben vor:

Artikelnummer	Verbrauch/Monat in Einheiten	Preis je Einheit in €
9004	30.000	0,30
9790	15.000	0,10
10576	200	3,00
11362	5.000	0,08
12148	8.000	0,04
12934	500	0,50
13720	720	0,25
18990	6.000	0,02
19416	10.000	0,07
19842	9.000	5,00
20268	250	1,40
20694	6.000	0,01
21120	4.000	0,07

Artikelnummer	Verbrauch/Monat in Einheiten	Preis je Einheit in €
21546	1.200	5,00
21972	1.500	0,90
22398	600	0,05
22824	800	3,75
45425	10	15,00
47424	315	0,73
49423	200	125,00
51422	4.000	0,05
53421	715	0,70
55420	15.000	0,02
57419	2.000	0,19
59418	5.000	1,00

Errechnen Sie den Verbrauchswert je Position. Ordnen Sie die Artikel nach fallenden Verbrauchswerten und teilen Sie sie in die Gruppen A, B und C ein.

Lösung s. Seite 184

Aufgabe 9: ABC-Analyse (2)

Zur Vorbereitung von Rationalisierungsmaßnahmen soll das Zwischenlager der Fertigung mithilfe einer ABC-Analyse überprüft werden. Aus der Buchhaltung liegen Ihnen die folgenden durchschnittlichen Verbrauchswerte je Monat je Artikelgruppe vor:

Artikel-Gruppe	Verbrauch je Monat in Einheiten (E)	Preis je Einheit in €
900	1.000	0,70
979	4.000	0,20
105	3.000	3,80
113	6.000	1,00
121	1.000	7,00
129	16.000	0,50
137	9.000	0,10
189	400	3,00
194	600	2,00
215	4.000	0,20

a) Erstellen Sie die ABC-Analyse für das vorliegende Datenmaterial und beschreiben Sie kurz die einzelnen Arbeitsschritte. Berechnen Sie dabei die Anteilswerte auf zwei Stellen nach dem Komma.

b) Klassifizieren Sie die Artikelgruppen nach A-, B- und C-Gruppen.

c) Stellen Sie die Verteilung grafisch dar (Konzentrationskurve).

Lösung s. Seite 185

Aufgabe 10: Stichproben-Analyse, grafische Darstellung

Im Fertigungsbereich II gab es seit längerem Qualitätsprobleme. Das nachfolgende Diagramm zeigt das repräsentative Ergebnis einer Stichprobe („alt") mit n = 60 vor drei Monaten:

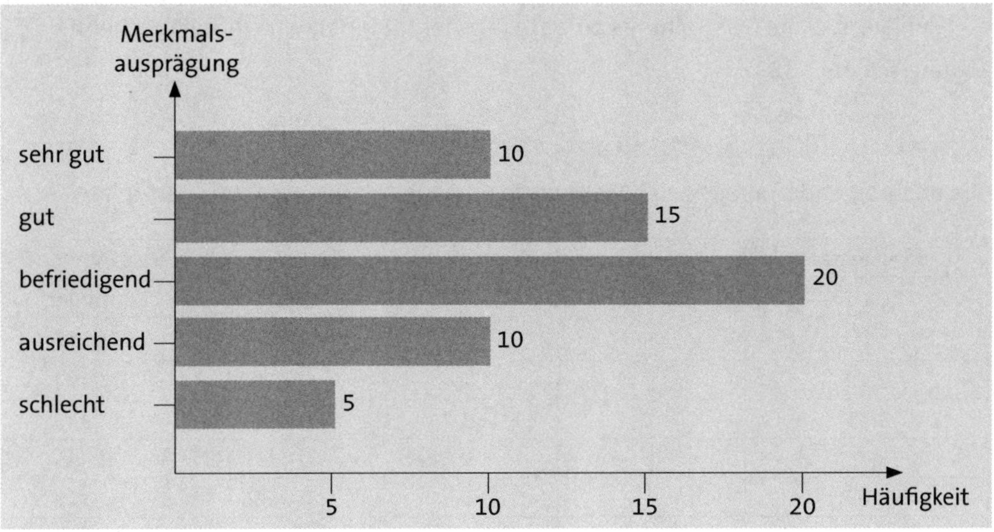

Aufgrund einer Analyse der GK-Consulting GmbH, Neustrelitz, wurden eine Reihe von Maßnahmen zur Qualitätssicherung durchgeführt. Die neuerliche Stichprobe („neu") vom Umfang n = 80 führte zu folgendem Ergebnis:

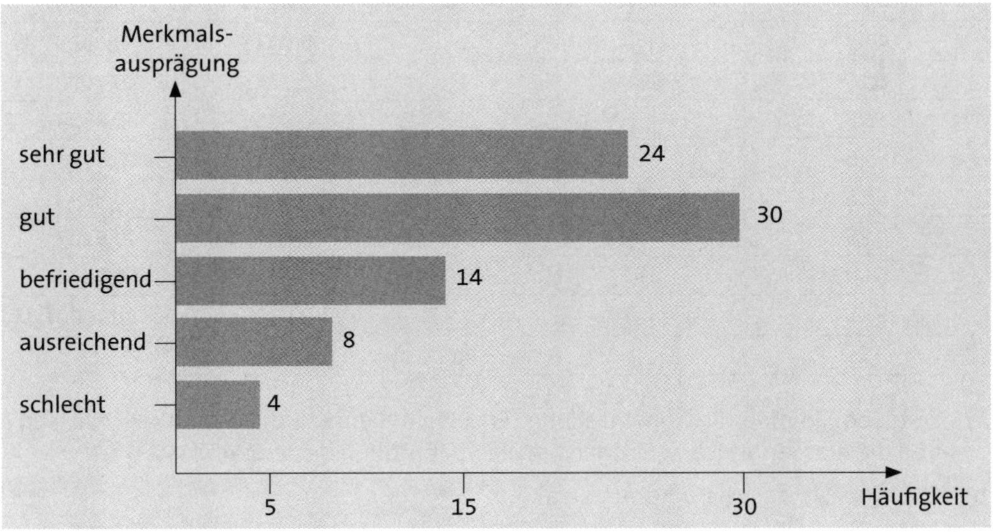

Da Sie Mitglied im Team Qualitätssicherung sind, erhalten Sie die Aufgabe, in einer Präsentation darzulegen, ob die durchgeführten Maßnahmen zu einer Qualitätsverbesserung geführt haben.

a) Stellen Sie das Ergebnis Ihrer Analyse in einem geeigneten Diagramm dar.

b) Zeigen Sie alternativ eine andere, ebenfalls geeignete Diagrammform und begründen Sie, welche Darstellungsvariante (a) oder (b) Ihnen wirksamer erscheint.

Lösung s. Seite 188

Aufgabe 11: Klasseneinteilung, Histogramm

Die nachfolgende Tabelle zeigt Messwerte absolut, relativ und kumuliert relativ:

Messwerte	**Häufigkeit (absolut)**		**Häufigkeit (relativ)**	
x_j			**einfach**	**kumuliert**
3,00	|	1	0,0333	0,0333
3,15	||	2	0,0666	0,0999
3,45	|	1	0,0333	0,1332
3,75	|	1	0,0333	0,1665
4,05	||	2	0,0666	0,2331
4,20	||	2	0,0666	0,2997
4,35	|	1	0,0333	0,3330
4,50	|||	3	0,1000	0,4330
4,65	|||	3	0,1000	0,5330
4,80	||	2	0,0666	0,5996
4,95	|	1	0,0333	0,6329
5,10	||||	4	0,1333	0,7662
5,25	||	2	0,0666	0,8328
5,40	|	1	0,0333	0,8661
5,55	|	1	0,0333	0,8994
5,85	|	1	0,0333	0,9327
6,00	|	1	0,0333	0,9660
6,45	|	1	0,0333	1,0000[1]
$\sum$		**30**	**1,0000**	

a) Erstellen Sie eine Klasseneinteilung: Ermitteln Sie dazu die Anzahl der Klassen k und die Klassenbreite w. Ordnen Sie die Stichprobenwerte den Klassen zu.

b) Zeichnen Sie das Histogramm zu a).

Lösung s. Seite 190

1 Rundungsdifferenzen

Aufgabe 12: Mittelwerte, Streuungsmaße

Es liegt folgende Messwertreihe vor (Grundgesamtheit):

4,35	4,80	3,75	4,95	4,20	5,10	4,65	6,00	4,05	5,25
5,10	4,50	3,15	5,25	4,65	3,45	5,85	4,50	5,55	4,80
6,45	4,05	3,00	4,20	5,10	3,15	5,40	4,65	5,10	4,50

Zu berechnen sind folgende Parameter der Messreihe (Grundgesamtheit):

a) das arithmetische Mittel, ungewogen

b) der Median

c) der Modalwert

d) die Spannweite

e) die Varianz

f) die Standardabweichung.

Lösung s. Seite 192

Aufgabe 13: Mittelwerte, Streuungsmaße einer Stichprobe

Beschreiben Sie, wie Maßzahlen einer Stichprobe berechnet werden – im Gegensatz zu Maßzahlen einer Grundgesamtheit.

Lösung s. Seite 195

Aufgabe 14: Trendermittlung***

Es wird angenommen, dass für die Jahre t_1 bis t_5 folgende Absatzzahlen vorliegen:

t_1	t_2	t_3	t_4	t_5
300	360	340	380	400

a) Ermitteln Sie als Planwert für die Periode t_6 den Mittelwert μ der Perioden t_1 bis t_5 (so genannter gleitender 5er-Durchschnitt).

Tatsächlich ergibt die 6. Periode einen Absatzwert von 420. Berechnen Sie den Planwert für die Periode 7 aus den Absatzwerte von t_2 bis t_6.

Für die 7. Periode ergibt sich tatsächlich ein Absatzwert von 480 Einheiten. Berechnen Sie den Planwert für die Periode 8 aus den Absatzwerte von t_3 bis t_7.

b) Ermitteln Sie zur Ausgangslage in a) die Trendwerte für Perioden 6,7 und 8 als gewogenen gleitenden 5er-Durchschnitt. Erläutern Sie die Berechnungsweise.

c) Es wird von folgender Zeitreihe ausgegangen; dabei ist der Prognosewert der Periode 1 vorgegeben mit 310. Ermitteln Sie die Prognosewerte für die Perioden 2 bis 7 mithilfe der exponentiellen Glättung 1. Ordnung. Es wird ein Glättungsfaktor von $\alpha = 0{,}5$ gewählt. Erläutern Sie die Methode der exponentiellen Glättung 1. Ordnung.

Periode	t_1	t_2	t_3	t_4	t_5	t_6	t_7
Istwert	300	360	340	380	400	420	480
Prognosewert	*310,0*	*305,0*	*332,5*	*341,25*	*360,63*	*380,32*	*400,16*

d) Ermitteln Sie die Regressionsgerade und erläutern Sie die Methode der kleinsten Quadrate.

e) Stellen Sie die Ausgangswerte und die Ergebnisse von c) und d) grafisch dar.

f) Vergleichen Sie die Verfahren der Trendberechnung bezüglich ihrer Eignung bezogen auf das vorliegende Datenmaterial.

Lösung s. Seite 196

Aufgabe 15: Trendermittlung, 3er-Durchschnitte

Es liegen folgende Reihenwerte vor:

Jahr	Reihenwerte
1	10
2	8
3	12
4	12
5	10
6	14
7	14
8	12
9	16

a) Ermitteln Sie den Trend mithilfe der 3er-Oberdurchschnitte.

b) Ermitteln Sie den Trend mithilfe der gleitenden 3er-Oberdurchschnitte.

c) Stellen Sie die Ausgangswerte und die Trendwerte von a) und b) grafisch dar.

d) Beurteilen Sie die angenäherte Trendermittlung mithilfe der Methode der gleitenden Durchschnitte k-ter Ordnung.

Lösung s. Seite 200

Aufgabe 16: Messziffer (1)

Es liegen die nachfolgenden Absatzzahlen vor:

Monat	Absatzzahlen in Einheiten
Januar	8.400
Februar	8.600
März	8.500
April	8.759
Mai	8.256
Juni	8.467

Berechnen Sie die Entwicklung der Absatzzahlen gegenüber dem Monat Januar.

Lösung s. Seite 202

Aufgabe 17: Messziffer (2)

a) Beschreiben Sie, was man unter einer Messziffer versteht.

b) Nachfolgend sind die Umsatzzahlen der Jahre 01 bis 06 dargestellt. Ermitteln Sie, wie sich der Umsatz in Messziffern darstellt und geben Sie eine Erläuterung.

Jahre	01	02	03	04	05	06
Umsatz in Mio. €	80	96	110	120	130	135

Lösung s. Seite 202

Aufgabe 18: Indices nach Laspeyres und Paasche***

In den Jahren 01 und 02 wurden von einem Produkt folgende Typen verkauft:

Produkt	i	Preise (in €), p_{oi}		Abgesetzte Menge (in Mio. Stück), x_{oi}	
		Jahr 01	Jahr 02	Jahr 01	Jahr 02
Typ A	1	11,00	13,00	0,8	1,8
Typ B	2	11,00	12,00	2,5	0,8
Typ C	3	10,00	11,00	1,8	2,0

Berechnen Sie den Preisanstieg der Produkte im Jahr 02 im Vergleich zum Jahr 01 nach Paasche und Laspeyres.

Lösung s. Seite 203

Aufgabe 19: Gliederungszahlen, Beziehungszahlen

a) Von den 12.567 Produkten im Warenangebot wurden 987 Produkte in der Region Mecklenburg-Vorpommern abgesetzt. Wie hoch ist deren Anteil?

b) Erläutern Sie den Unterschied zwischen Gliederungszahlen und Beziehungszahlen.

c) Dem Jahresabschluss sind zu entnehmen:

► Gewinn	100.000 €
► Fremdkapitalzinsen	60.000 €
► Eigenkapital	650.000 €
► Fremdkapital	1.300.000 €

Berechnen Sie die Rentabilität des Gesamtkapitals.

Lösung s. Seite 204

1. Grundlagen

Lösung zu Aufgabe 1: Aufgaben der Kosten- und Leistungsrechnung

Aufgaben (Funktionen) der Kosten- und Leistungsrechnung	
Ermittlungs- und Informationsfunktion **auch: Dokumentationsfunktion**	Die Kosten- und Leistungsrechnung hat die Aufgabe, die Kosten und Leistungen zu erfassen, internen Berechtigten zur Verfügung zu stellen und zu dokumentieren (z. B. bei öffentlichen Aufträgen; Nachweis der Kalkulation).
Planungs-, Vorgabe- und Entscheidungsfunktion	Auf der Grundlage der Informationen erfolgt die Planung von Prozessen in bestimmten Zeitabschnitten: Hierbei werden Kosten und Leistungen für Kostenarten, Kostenstellen und Kostenträger geplant. Bei der Kalkulation ist dies die Vorkalkulation als Grundlage für die Bestimmung der Preise der Leistungseinheiten. Grundlage dafür ist die Planung der Kosten für die einzelnen Kostenarten. Aber auch für die Verantwortungsbereiche (Kostenstellen) werden Kosten und Leistungen geplant. Instrumente sind Planvorgaben und Budgets.
Analyse- bzw. Kontrollfunktion	Die Informationen werden zur Analyse der Ursachen von Abweichungen von den geplanten Größen genutzt. Die Analyse wird mithilfe von betriebswirtschaftlichen Kennziffern vorgenommen, um damit zu den Ursachen für diese Abweichungen vorzudringen. Beispielsweise sind es Kennziffern der Wirtschaftlichkeit, der Produktivität, des Erfolgs (Rentabilität), aber auch spezifische Kennziffern, die sich aus der KLR ergeben, wie z. B. relative Deckungsbeiträge. Diese Analyse kann wiederum für Kostenarten, Kostenstellen und Kostenträger vorgenommen werden.
Entscheidungs- und Steuerungsfunktion	Die KLR liefert Grundlagen für Entscheidungen zur Steuerung des Unternehmens. Sie bereitet diese Entscheidungen durch die Bereitstellung der Informationen und Analysen gegebenenfalls auch mit unterschiedlichen Entscheidungsalternativen vor.
Kalkulationsfunktion	Die Kalkulationsfunktion umfasst Information (Ermittlung der Daten für die Vorkalkulation), Planung (Vorkalkulation), Analyse (Analyse der Ursachen für Abweichungen in der Nachkalkulation) und Steuerungsfunktion (Schlussfolgerungen für die Preisgestaltung der folgenden Periode, wie z. B. Preisuntergrenzen im Verkauf, Preisobergrenzen im Einkauf).
Ergebnisermittlung und kurzfristige Erfolgsrechnung	Der Betriebserfolg wird mehrfach im Jahr (monatlich, vierteljährlich) ermittelt. Damit kann die Unternehmensleitung kurzfristig den Grad der Zielerfüllung überprüfen.

Lösung zu Aufgabe 2: Abgrenzungsrechnung, Grundbegriffe

Grundbegriffe der Kosten- und Leistungsrechnung (KLR)

Auszahlungen	Ausgaben	Aufwendungen	Kosten
↑↓	↑↓	↑↓	↑↓
Einzahlungen	Einnahmen	Erträge	Leistungen

- **Auszahlungen** sind tatsächliche Abflüsse von Zahlungsmitteln, z. B. Barentnahmen, geleistete Vorauszahlungen.
- **Einzahlungen** sind tatsächliche Zuflüsse von Zahlungsmitteln, z. B. Bareinlagen, Barverkäufe.
- **Ausgaben** sind Minderungen des Geldvermögens.
- **Einnahmen** sind Mehrungen des Geldvermögens.

Einnahmen und Ausgaben entstehen durch schuldrechtliche Verpflichtungen (z. B. Kaufvertrag), ohne dass zum Zeitpunkt des Vertragsschlusses tatsächliche Zuflüsse oder Abflüsse von Zahlungsmitteln entstehen müssen.

Beispiel

Der Betrieb kauft am 01. Oktober eine Maschine mit einem Zahlungsziel von vier Wochen: Der Kauf führt zu einer Ausgabe am 01.10. (Minderung des Geldvermögens). Der tatsächliche Abfluss von Zahlungsmitteln (Auszahlung) erfolgt am 01.11.

Im Gegensatz zur Finanzbuchhaltung will man in der KLR den tatsächlichen Verbrauch von Werten (= Werteverzehr) für Zwecke der Leistungserstellung festhalten. Dies führt dazu, dass die Begriffe der KLR und der Finanzbuchhaltung auseinander fallen:

- **Aufwendungen** sind der gesamte Werteverzehr; er ist zu unterteilen in den betriebsfremden Werteverzehr (= nicht durch den Betriebszweck verursacht; z. B. Spenden) und den betrieblichen Werteverzehr (= durch den Betriebszweck verursacht; z. B. Miete für eine Produktionshalle, Betriebssteuern).

Die betrieblichen Aufwendungen werden noch weiter unterteilt in:

- **Ordentliche Aufwendungen**, die üblicherweise im „normalen“ Geschäftsbetrieb anfallen.
- **Außerordentliche Aufwendungen**, die unregelmäßig vorkommen oder ungewöhnlich hoch auftreten; z. B. periodenfremde Steuernachzahlungen, Aufwendungen für einen betrieblichen Schadensfall.

Die betrieblichen, ordentlichen Aufwendungen bezeichnet man auch als Zweckaufwendungen. Die betriebsfremden sowie die betrieblich-außerordentlich bedingten Aufwendungen ergeben zusammen die neutralen Aufwendungen.

Im Überblick:

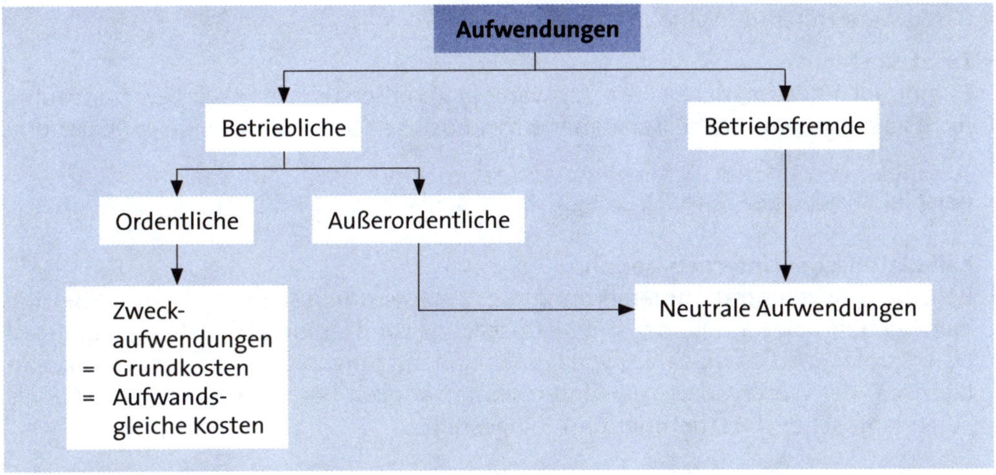

Die Zweckaufwendungen bezeichnet man als Grundkosten, da sie den größten Teil des betrieblich veranlassten Werteverzehrs darstellen. Da sie unverändert aus der Finanzbuchhaltung in die KLR übernommen werden, heißen sie auch aufwandsgleiche Kosten (Aufwand = tatsächlicher, betrieblicher Werteverzehr = Kosten).

Die Erträge werden analog zu den Aufwendungen gegliedert:

- **Erträge** sind der gesamte Wertezuwachs in einem Betrieb. Betrieblich bedingte, ordentliche Erträge sind Leistungen. Betriebsfremde Erträge sowie betrieblich bedingte, außerordentliche Erträge sind neutrale Erträge.

Im Überblick:

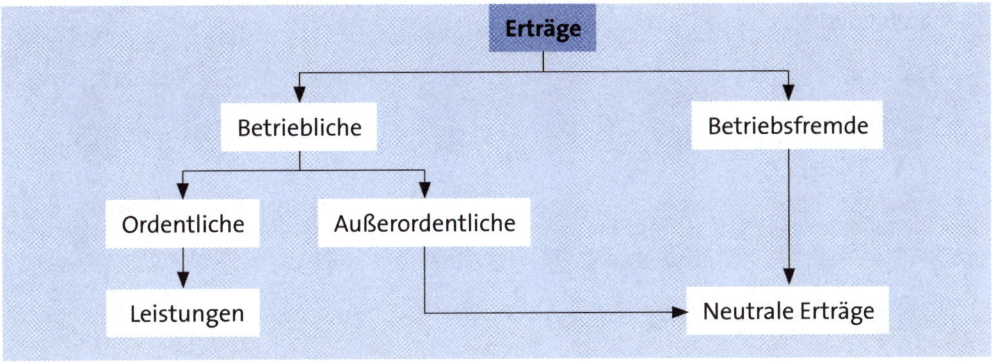

- **Kosten** sind der tatsächliche Werteverzehr für Zwecke der Leistungserstellung. Ein Teil der Kosten kann unmittelbar aus der Finanzbuchhaltung übernommen werden; Aufwand und Kosten sind hier gleich; dies ist der so genannte Zweckaufwand = Grundkosten.

Für die Erfassung des tatsächlichen Werteverzehrs reicht dies jedoch nicht aus. Es müssen weiterhin unterschieden werden:

- **Zusatzkosten**
  Es gibt auch Kosten, denen kein Aufwand gegenübersteht (der Werteverzehr führt nicht zu Ausgaben). Sie heißen daher aufwandslose Kosten und zählen zur Kategorie der Zusatzkosten.

Beispiel

Kalkulatorischer Unternehmerlohn:
Bei einem Einzelunternehmen erbringt der Inhaber durch seine Tätigkeit im Betrieb eine Leistung. Dieser Leistung steht jedoch keine Lohnzahlung (= Kosten) gegenüber. Damit trotzdem die Äquivalenz von Kosten und Leistungen gesichert ist, wird „kalkulatorisch" der Werteverzehr der Unternehmertätigkeit berechnet und in die KLR als „kalkulatorischer Unternehmerlohn" eingestellt.

- **Anderskosten**
  Bei den Anderskosten liegen zwar Aufwendungen vor, jedoch entsprechen die Zahlen der Finanzbuchhaltung nicht dem tatsächlichen Werteverzehr und müssen deshalb „anders" in der KLR berücksichtigt werden. Man nennt sie daher Anderskosten bzw. aufwandsungleiche Kosten (Aufwand ≠ Kosten).

Beispiel

In der Finanzbuchhaltung wurde der Aufwand für den Werteverzehr der Anlagen (bilanzielle Abschreibung) gebucht. Diese Zahlen können jedoch z. B. nicht in die KLR übernommen werden, weil der tatsächliche Werteverzehr anders ist. Aus diesem Grunde wird ein anderer Berechnungsansatz gewählt („kalkulatorischer Wertansatz" → kalkulatorische Abschreibung). Analog berücksichtigt man z. B. kalkulatorische Wagnisse.

Die nachfolgende Übersicht zeigt die Kosten im Sinne der Kosten- und Leistungsrechnung:

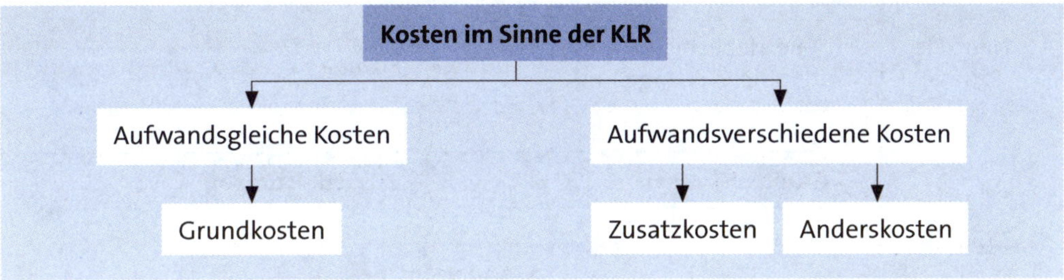

In Verbindung mit den oben dargestellten Ausführungen über „Aufwendungen" ergibt sich folgendes Bild:

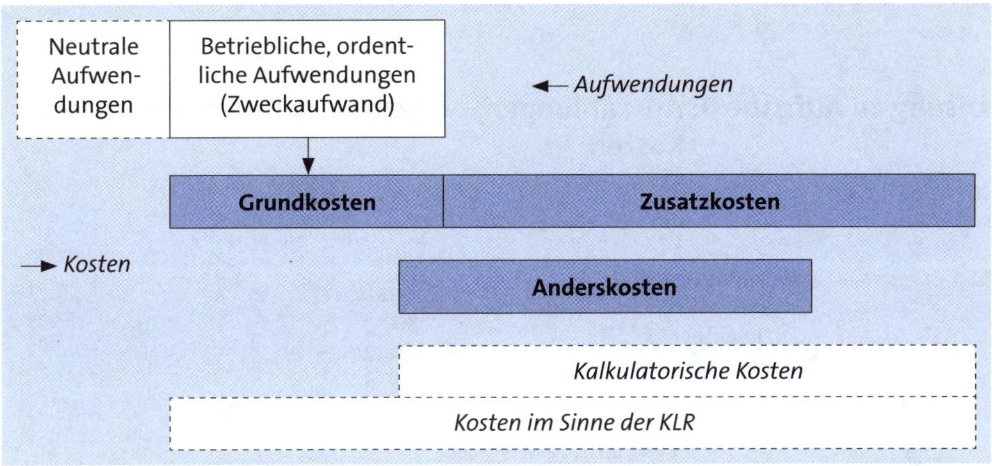

- **Leistungen** sind betriebsbedingte Erträge. Dies sind in erster Linie die Erträge aus Absatzleistungen sowie der Mehrbestand an Erzeugnissen (= Fertigung auf Lager). Daneben kann es z. B. vorkommen, dass der Vorgesetzte den Bau einer Vorrichtung für Montagezwecke durch eigene Leute veranlasst; diese Vorrichtung verbleibt im Betrieb und wird nicht verkauft: Es liegt also ein betrieblich bedingter Werteverzehr (= Kosten, z. B. Material- und Lohnkosten) vor, dem jedoch keine Umsatzerlöse gegenüberstehen. Von daher wird diese innerbetriebliche Leistungserstellung als „kalkulatorische Leistungserstellung" in die KLR eingestellt (vgl. dazu analog: kalkulatorischer Unternehmerlohn).

Bei den Leistungen wird also unterschieden:

- **Absatzleistungen** Umsatzerlöse für Erzeugnisse, Dienstleistungen und Handelsware
- **Lagerleistungen** Erhöhung der Bestände an fertigen/unfertigen Erzeugnissen
- **innerbetriebliche Leistungen** Eigenleistungen.

In Verbindung mit der oben dargestellten Abbildung „Aufwendungen“ ergibt sich folgende Struktur der Leistungen:

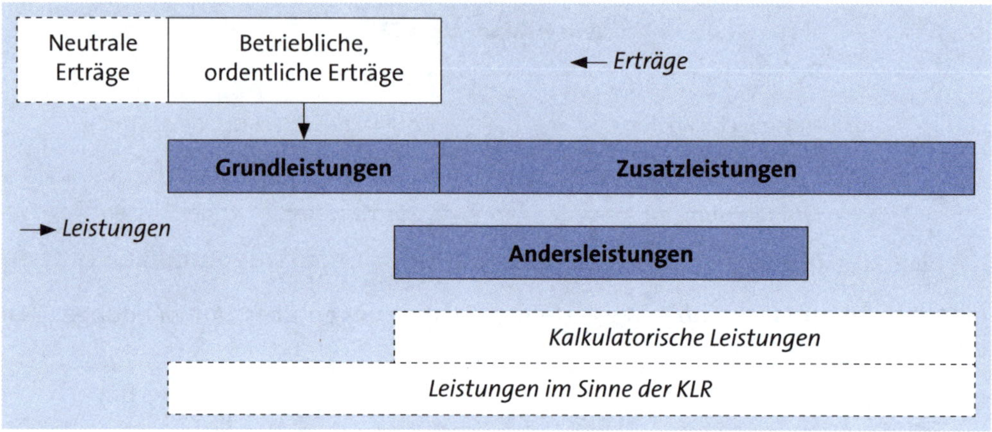

Lösung zu Aufgabe 3: Auszahlungen, Ausgaben, Aufwendungen und Kosten

Im Überblick:

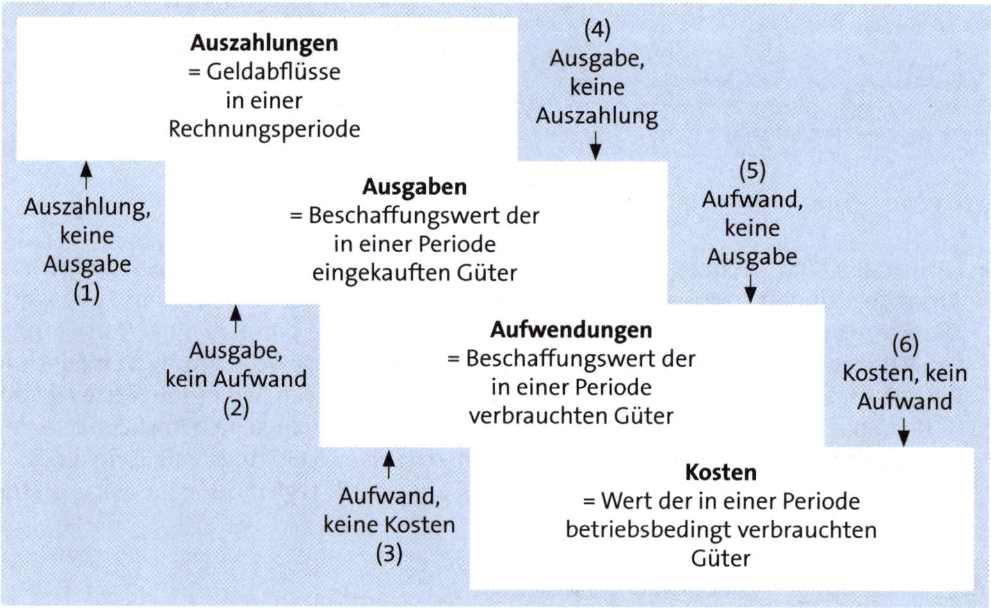

Vorgänge (1) bis (6):

(1) Tilgung einer Verbindlichkeit aus der Vorperiode

(2) Kauf von Rohstoffen, die in der Rechnungsperiode nicht verbraucht werden.

(3) Spenden

(4) Kauf von Gütern auf Ziel

(5) Abschreibung von Betriebsmitteln, die in der Vorperiode beschafft wurden.

(6) Zusatzkosten, z. B. kalkulatorischer Unternehmerlohn

Lösung zu Aufgabe 4: Einzahlungen, Einnahmen, Erträge und Leistungen

Im Überblick:

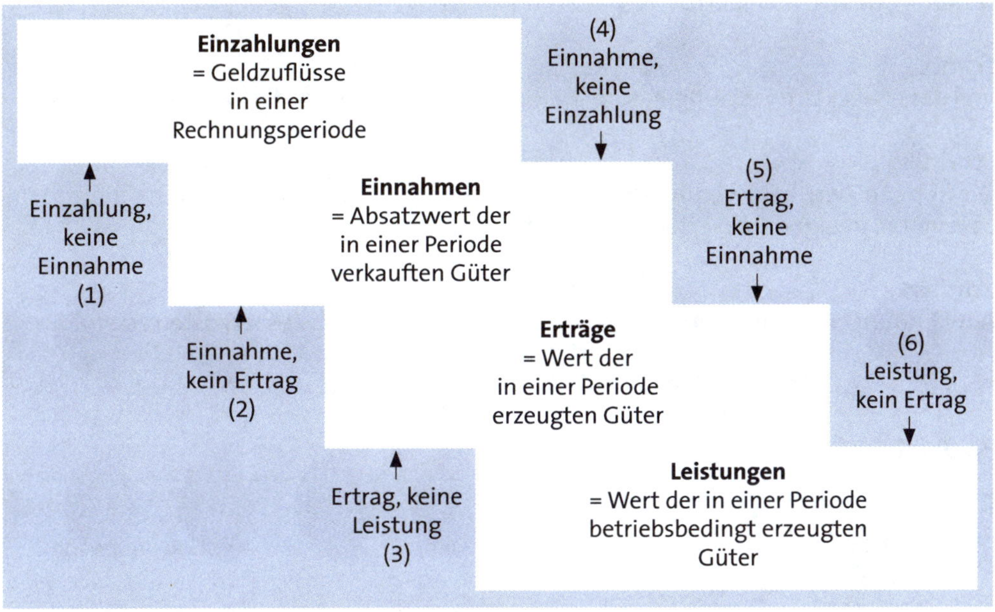

Vorgänge (1) bis (6):

(1) Bezahlung einer Kundenrechnung aus der Vorperiode

(2) Verkauf von Produkten aus der Vorperiode zu Herstellungskosten

(3) Betriebsfremde Erträge, z.B. Mieterträge aus einem nicht betriebsnotwendigen Gebäude

(4) Verkauf von Gütern auf Ziel

(5) Bestandserhöhung an Erzeugnissen

(6) Erhöhung des originären Firmenwertes

Lösung zu Aufgabe 5: Abgrenzungsrechnung

Den Hauptteil der relevanten Informationen erhält der Kostenrechner aus der Finanzbuchhaltung (FiBu), die die Aufwendungen und Erträge einer Abrechnungsperiode erfasst. Aufgabe des Kostenrechners ist es, die Aufwendungen und Erträge auszusondern, die nicht betrieblich bedingt sind sowie kostenrechnerische Korrekturen durchzuführen. Diese Abgrenzungsrechnung ist das Bindeglied zwischen der FiBu und der KLR und kann in folgenden Schritten durchgeführt werden – dargestellt am Beispiel der Kostenermittlung:

Beispiel

Schritt 1
Aus den gesamten Aufwendungen der Abrechnungsperiode sind die **neutralen Aufwendungen** auszusondern.

Schritt 2
Von den Zweckaufwendungen sind die **Grundkosten** unverändert zu übernehmen.

Schritt 3
Die übrigen **Zweckaufwendungen** werden nicht mit dem Wert der FiBu übernommen; es wird ein geeigneter Wert veranschlagt.

Schritt 4
Aufwendungen, die nicht in der FiBu erfasst wurden, sind als **Zusatzkosten** zu ergänzen.

Im Überblick:

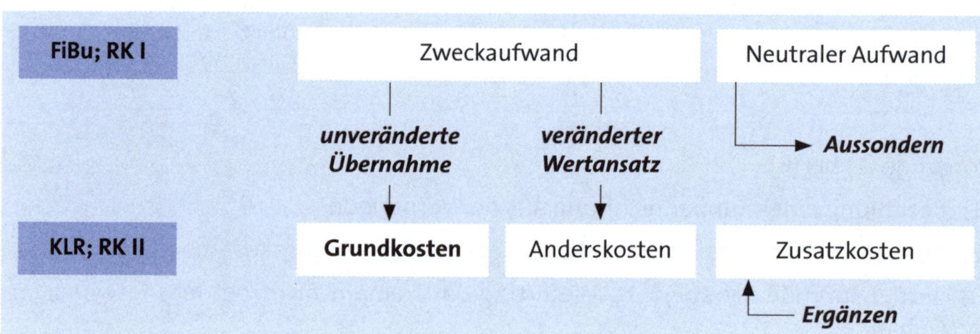

2. Kostenartenrechnung

Lösung zu Aufgabe 1: Kostenarten (1)

Kostenart		Einzelkosten	Gemeinkosten	Sondereinzelkosten der Fertigung	Sondereinzelkosten des Vertriebs
1	Mietkosten für ein Ladengeschäft		X		
2	Transportversicherung für den Auftrag 0118-66				X
3	Lizenzgebühren für Bauteil 5518			X	
4	Honorar an den Steuerberater		X		
5	Monteurlohn für Auftrag 2955-67	X			
6	Abschreibungskosten für Maschine DN 4		X		
7	Betriebsstoffkosten für Mai 20..		X		
8	Rohstoffkosten für Mai 20..	X			
9	Hilfsstoffkosten für Mai 20..		X		
10	Lohnkosten für allgemeine Gewährleistungsarbeiten		X		

Lösung zu Aufgabe 2: Kostenarten (2)

Zeile		Abkürzung		
1	Beschäftigungsgrad	BG	70 %	100 %
2	Menge (Stück)	x	350.000 Stk.	500.000 Stk.
3	Kosten pro Stück	k	5,14 €/Stk.	4,80 €/Stk.
4	fixe Stückkosten	k_f	1,14 €/Stk.	0,80 €/Stk.
5	variable Stückkosten	k_v	**4,00 €/Stk.**	**4,00 €/Stk.**
6	gesamte Fixkosten	K_f	**400.000 €**	400.000 €
7	gesamte variable Kosten	K_v	1.400.000 €	**2.000.000 €**
8	Gesamtkosten	K	1.800.000 €	2.400.000 €
9	Umsatzerlöse	U	1.960.000 €	**2.800.000 €**
10	Preis pro Stück	p	**5,60 €/Stk.**	5,60 €/Stk.
11	Deckungsbeitrag pro Stück	db	**1,60 €/Stk.**	1,60 €/Stk.
12	Deckungsbeitrag, gesamt	DB	560.000 €	800.000 €
13	Betriebsergebnis	BE	160.000 €	**400.000 €**

Nebenrechnungen bei BG = 100 %:

Z 2:	x	=	$K_v : k_v$	=	2.000.000 € : 4,00 €/Stk.	=	500.000 Stk.
Z 10:	p	=	U : x	=	2.800.000 € : 500.000 Stk.	=	5,60 €/Stk.
Z 11:	db	=	$p - k_v$	=	5,60 €/Stk. - 4,00 €/Stk.	=	1,60 €/Stk.
Z 6:	BE	=	U - K	=	$U - K_v - K_f$		
	K_f	=	$U - K_v - BE$	=	2.800.000 € - 2.000.000 € - 400.000 €		
				=	400.000 €		
Z 4:	k_f	=	$K_f : x$	=	400.000 € : 500.000 Stk.	=	0,80 €/Stk.
Z 8:	K	=	$K_f + K_v$	=	400.000 € + 2.000.000 €	=	2.400.000 €
Z 3:	k	=	K : x	=	2.400.000 € : 500.000 Stk.	=	4,80 €/Stk.
Z 12:	DB	=	$U - K_v$	=	2.800.000 € - 2.000.000 €	=	800.000 €

ACHTUNG

Es sind auch andere Berechnungsmodalitäten möglich.

Nebenrechnungen bei BG = 70 %:

- BG = 0,70 • 500.000 Stk. = 350.000 Stk.
- Die variablen Stückkosten werden unverändert übernommen (linearer Verlauf).
- Ebenso werden die gesamten Fixkosten, der Verkaufspreis und der Deckungsbeitrag pro Stück unverändert übernommen.
- Die übrigen Kosten sind analog zum BG = 100 % zu berechnen.

Lösung zu Aufgabe 3: Kostenarten (3)

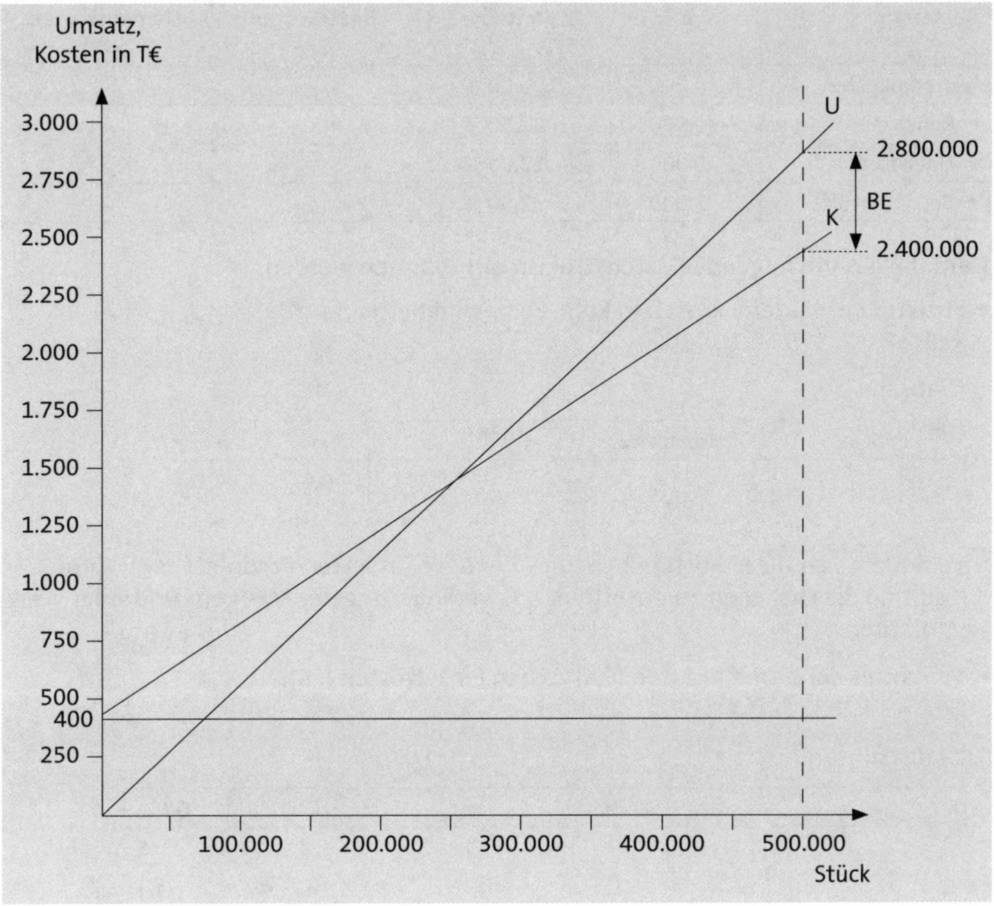

Lösung zu Aufgabe 4: Wagniskosten-Zuschlag

a)

$$\frac{\text{Vorräteverlust} \cdot 100}{\text{Wareneinsatz}} = \text{Wagniskostenzuschlag}$$

$$\frac{35.000 \cdot 100}{2.500.000} = 1{,}4\ \%$$

b) Auf den Wareneinsatz ist in der Kalkulation ein Wagniskostenzuschlag von 1,4 % zu verrechnen.

Lösung zu Aufgabe 5: Kostenstrukturkennzahlen

Kostenart	€	Anteil	Einzelkosten (EK)	Gemeinkosten (GK)
Materialkosten	80.000	100,00 %		
► Rohstoffe	70.000	87,50 %	X	
► Hilfsstoffe	8.000	10,00 %		X
► Betriebsstoffe	2.000	2,50 %		X

Der Tabelle kann folgende Kostenstruktur entnommen werden:

- Struktur der Materialkosten in Roh-, Hilfs- und Betriebsstoffe:
  R : H : B = 0,875 : 0,1 : 0,025

  Grafisch:

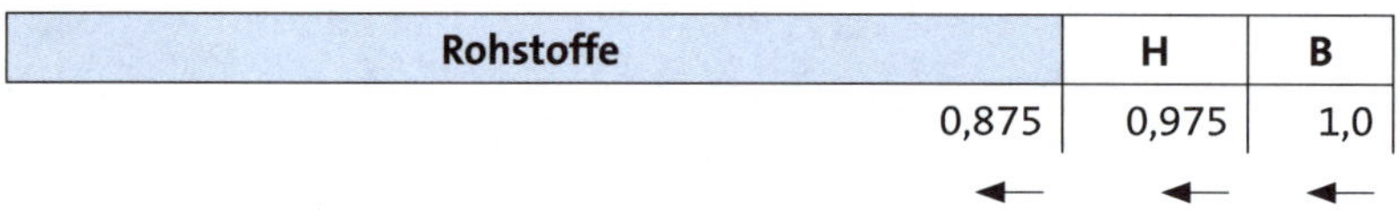

  Verändert sich diese Kostenstruktur – bei unveränderten Produktionsverhältnissen – so sind die Ursachen zu ermitteln, z. B. Veränderung der Mengen- und/oder Wertstrukturen.

- Verhältnis der Gemeinkosten (GK) zu den Einzelkosten (EK):
  1 : 7 = 14,2857 %

  Grafisch:

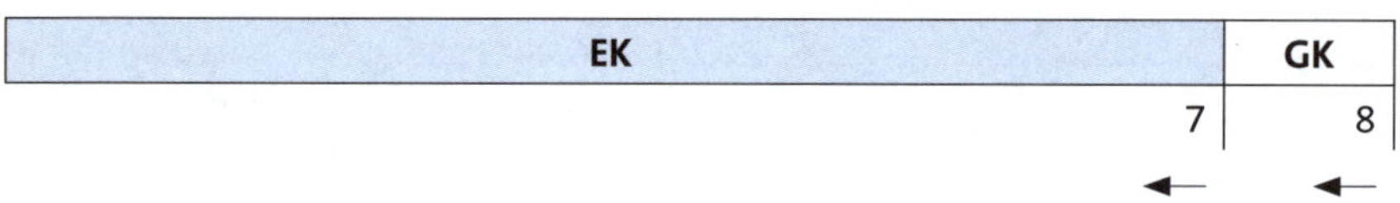

Lösung zu Aufgabe 6: Verfahren der Kostenrechnung (Vergleich)

- **Die Istkostenrechnung:**
  In der Istkostenrechnung werden nur die tatsächlich angefallenen Kosten erfasst; ihre Hauptaufgabe ist die Kostenerfassung und ihre Zuteilung auf die verschiedenen Waren.
- **Die Normalkostenrechnung:**
  Ihr Kennzeichen ist das Rechnen mit festen Verrechnungspreisen für den Wareneinsatz, die Ermittlung von festen Verrechnungssätzen bei der Kostenzurechnung auf die Kostenstellen sowie die Ermittlung fester Kalkulationssätze für die Kostenträger.
- **Die Plankostenrechnung:**
  Sie untersucht als Bestandteil der Unternehmensplanung alle Kostensätze weitgehend unabhängig von früheren Entwicklungen im Hinblick auf ihre voraussichtliche künftige Entwicklung.
- **Teilkostenrechnung:**
  Während bei der Vollkostenrechnung die effektiven oder die geplanten Kosten vollständig den Kostenträgern zugerechnet werden, werden bei der Teilkostenrechnung von den effektiven oder geplanten Kosten nur diejenigen Kosten den Kostenträgern zugerechnet, die von ihnen direkt verursacht worden sind. Die Teilkostenrechnung wird auch als Deckungsbeitragsrechnung bezeichnet. Mithilfe der Teilkostenrechnung werden die Gesamtkosten in direkt und in nicht direkt zurechenbare Kosten aufgespalten und nur die direkt zurechenbaren Kosten verrechnet. Die Differenz zwischen den Umsatzerlösen (der Leistung) und den direkten Kosten ist der Deckungsbeitrag des Kosten- und Leistungsträgers. Die Summe der Deckungsbeiträge soll die verbleibenden indirekten Kosten und den Gewinn abdecken. Die Teilkostenrechnung verfolgt aber auch das Ziel, eine kurzfristige Ergebnisrechnung für die einzelnen Waren, Warengruppen oder Abteilungen des Unternehmens sowie für das gesamte Unternehmen zu ermitteln.

3. Kostenstellenrechnung

Lösung zu Aufgabe 1: BAB, Kostenumlage, Zuschlagssätze, Selbstkosten

a) und b)

Angaben in Euro

Erweiterter, mehrstufiger BAB			**Metallbau GmbH**				**Monat:**	**Juni**
Schlüssel 1	cbm		1.400	2.400	1.600	400	2.000	400
Schlüssel 2	Verhältnis			2	1			

Angaben in Euro

Kostenstellen	**Summen**	**Allgem. Kostenstelle**	**Material**	**Fertigung**		**Fertig. hilfsstelle**	**Verwaltung**	**Vertrieb**
				I	**II**			
vorläufige Werte	351.000	18.000	8.000	130.000	65.000	25.000	45.000	60.000
Umlageschlüssel 1		→	3.073	5.268	3.512	878	4.390	878
Zwischensummen	351.000		11.073	135.268	68.512	25.878	49.390	60.878
Umlageschlüssel 2				17.252	8.626	←		
Endsummen	351.000		11.073	152.520	77.138		49.390	60.878
			MGK	FGK I	FGK II		VwGK	VtrGK
Zuschlagsgrundlagen			80.000	350.000	110.000		780.731	780.731
			MEK	FEK I	FEK II		HK d. U.[1]	
Ist-Zuschlagssätze			**13,84 %**	**43,58 %**	**70,13 %**		**6,33 %**	**7,80 %**

[1] Nebenrechnung:

	80.000
	350.000
	110.000
	11.073
	152.520
	77.138
HK d. Umsatz (in €)	780.731

c) Angaben in Euro

	MEK		300,00	
+	MGK	13,84 %	41,52	
=	**MK**			**341,52**
	FEK, Stufe I		800,00	
+	FGK, Stufe I	43,58 %	348,64	
+	FEK, Stufe II		300,00	
+	FGK, Stufe II	70,13 %	210,39	
+	SEK/F		100,00	
=	**FK**			**1.759,03**
	HK			**2.100,55**
+	VwGK	6,33 %		132,96
	VtrGK	7,80 %		163,84
+	SEK/V			85,15
=	**SK**			**2.482,50**

TIPP

Erstellen Sie bei allen Kalkulationsaufgaben zuerst das Kakulationsschema, tragen Sie danach die vorgegebenen Werte der Aufgabenstellung ein und beginnen Sie erst dann mit der Berechnung.

Lösung zu Aufgabe 2: Innerbetriebliche Leistungsverrechnung***

von ↓ an →	H1	H2	H3	Σ	K_j	fix	variabel
H1	50 Std.	60 Std.	100 Std.	210 Std.	40.000 €	20.000 €	20.000 €
H2	80 Std.	20 Std.	100 Std.	200 Std.	40.200 €	10.200 €	30.000 €
Summe	130 Std.	80 Std.					

a) Nach dem Gleichungsverfahren gilt:

Gesamtkosten der Stelle j = primäre und sekundäre Stellenkosten

$$q_j\, b_j = K_j + \sum q_j b_j$$

k_j = Gesamtleistung der Stelle j
b_j = empfangene Leistung von Stelle k
q_j = Verrechnungssatz

Aus der Tabelle ergeben sich folgende Gleichungssysteme für qj auf Teilkostenbasis:

$210q_1$	=	$40.000 - 20.000 + 50q_1 + 80q_2$	(1)
$200q_2$	=	$40.200 - 10.200 + 60q_1 + 20q_2$	(2)
→ $160q_1$	=	$20.000 + 80q_2$	(1)
$180q_2$	=	$30.000 + 60q_1$	(2)
aus (1) und (2) folgt: q_1	=	250 €	
q_2	=	250 €	

b) Nach dem Anbauverfahren gilt:

$$q_j = \frac{K_j}{b_j - \sum b_{jk}}$$

$\sum b_{jk}$ Leistungsabgabe

Auf Teilkostenbasis ergeben sich folgende Verrechnungspreise:

$$q_1 = \frac{40.000 - 20.000}{100}$$

$= 200$ €

$$q_2 = \frac{40.200 - 10.200}{100}$$

$= 300$ €

c) Nach dem Stufenleiterverfahren gilt:

- Anordnung der Stellen nach dem Umfang der Leistungsbeziehungen;
- die Kosten derjenigen Stellen, die am wenigsten Leistungen von anderen Stellen empfangen, werden zuerst verrechnet. In diesem Fall ist dies H2.
- Der Verrechnungspreis q_j ergibt sich aus:

$$\frac{\text{primäre Kosten der Stelle j + Wert der von vorgelagerten Stellen empfangenen Leistungen}}{\text{Leistungsmengenabgabe an nachgelagerte Stellen}}$$

Auf Teilkostenbasis ergeben sich folgende Verrechnungspreise:

$$q_2 = \frac{K_2}{b_2 - b_{22}}$$

$$= \frac{30.000}{200 - 20}$$

$= 166,67$ €

$$q_1 = \frac{K_1 + q_2 b_{21}}{b_1 - b_{11} - b_{12}}$$

$$= \frac{20.000 + 166{,}67 \cdot 80}{210 - 50 - 60}$$

$$= 333{,}33\ €$$

Lösung zu Aufgabe 3: Variator

a) Bei der Zehnerschreibweise ist der Variator definiert als der Quotient aus den variablen Plankosten und den Plankosten multipliziert mit dem Wert 10:

$$\text{Variator} = \frac{\text{variable Plankosten} \cdot 10}{\text{Plankosten}}$$

$$V = \frac{K_{V/Plan} \cdot 10}{K_{Plan}}$$

$$\text{Variable Plankosten} = \frac{\text{Variator} \cdot \text{Plankosten}}{10}$$

$$K_{V/Plan} = \frac{V \cdot K_{Plan}}{10}$$

Der Variator ist eine Kennzahl, die angibt wie viel Prozent die variablen Kosten an den geplanten Gesamtkosten ausmachen, sofern die Planbeschäftigung realisiert wird und die Gesamtkostenfunktion linear ist.

b) Berechnung und Erläuterung für die Kostenarten 1, 6 und 8:

Beispiel

Kostenart		$K = K_v + K_f$	**Variator**	K_v	K_f	Erläuterung
1	Fertigungslöhne	10.000	**10**	10.000	0	Bei einer Beschäftigungsänderung um 10 % ändern sich die Gesamtkosten um 10 %. Die Gesamtkosten sind zu 100 % variabel.

Kostenart		$K = K_v + K_f$	Variator	K_v	K_f	Erläuterung
6	Werkzeuge	400	**8**	320	80	Bei einer Beschäftigungsänderung um 10 % ändern sich die Gesamtkosten um 8 %. Das heißt: 80 % = variabel 20 % = fix
8	Kalkulatorische Zinsen	2.400	**0**	0	2.400	Bei einer Beschäftigungsänderung um 10 % ändern sich die Gesamtkosten um 0 %. Die Gesamtkosten sind zu 100 % fix.

Lösung zu Aufgabe 4: Kostenauflösung, Reagibilitätsgrad

a)

$$R = \frac{\text{Prozentuale Kostenänderung}}{\text{Prozentuale Beschäftigungsänderung}}$$

$$= \frac{10\,\% \cdot 100}{40\,\%} = 25\,\%$$

Es ergibt sich folgende Kostenaufteilung:

Beschäftigung in Stück	Variable Kosten 25 %	Fixe Kosten 75 %	Gesamtkosten 100 %
1.000	10.000	30.000	40.000
1.400	11.000	33.000	44.000

b) Bei linearen Kostenfunktionen sind die Grenzkosten K' gleich den variablen Stückkosten k_v. Sie lassen sich über den **Differenzenquotienten** berechnen:

$K' = k_v$

$$K' = k_v = \frac{K_2 - K_1}{x_2 - x_1}$$

$$= \frac{44.000\,€ - 40.000\,€}{1.400\text{ Stück} - 1.000\text{ Stück}} = 10\,€/\text{Stück}$$

Der Fixkostenbestandteil K_f an den Gesamtkosten K ergibt sich als:

$$K_f = K_1 - (k_v \cdot x_1)$$

$= 40.000\,€ - (10\,€/\text{Stück} \cdot 1.000\text{ Stück})$

$= 30.000\,€$

oder:

$$K_f = K_2 - (k_v \cdot x_2)$$

= 44.000 € - (10 €/Stück • 1.400 Stück)

= 30.000 €

Lösung zu Aufgabe 5: Einfacher BAB, Aufteilung der Gemeinkosten

Die Verteilung der Gemeinkosten auf die Kostenstellen erfolgt beim einfachen BAB in folgenden Schritten:

1. Erstellen des BAB-Schemas.
2. Verteilung der Gemeinkosten nach den vorgegebenen Schlüsseln.
3. Addition der Kosten der Hauptkostenstellen.
4. Probe: Die Summe aller Gemeinkosten aus der Buchhaltung ist gleich der Summe aller Kosten der Hauptkostenstellen.

Einfacher BAB						
			Hauptkostenstellen			
Gemein-kosten	**Zahlen der Buchhaltung**	**Verteilungs-schlüssel**	**Material**	**Ferti-gung**	**Verwal-tung**	**Ver-trieb**
Gemeinkosten-material	9.600	3 : 6 : 2 : 1	2.400	4.800	1.600	800
Hilfslöhne	36.000	2 : 14 : 5 : 3	3.000	21.000	7.500	4.500
Sozialkosten	6.600	1 : 3 : 1,5 : 0,5	1.100	3.300	1.650	550
Steuern	23.100	1 : 3 : 5 : 2	2.100	6.300	10.500	4.200
Sonstige Kosten	7.000	2 : 4 : 5 : 3	1.000	2.000	2.500	1.500
AfA	8.400	2 : 12 : 6 : 1	800	4.800	2.400	400
Summen	**90.700**		**10.400**	**42.200**	**26.150**	**11.950**

Lösung zu Aufgabe 6: Mehrstufiger BAB, Aufteilung der Gemeinkosten

Die Verteilung der Gemeinkosten auf die Kostenstellen erfolgt beim mehrstufigen BAB in folgenden Schritten:

1. Erstellen des BAB-Schemas.
2. Verteilung der Gemeinkosten nach den vorgegebenen Schlüsseln.
3. Umlage der Allgemeinen Kostenstelle.
4. Umlage der Hilfskostenstelle.
5. Addition der Kosten der Hauptkostenstellen.
6. Probe: Die Summe aller Gemeinkosten aus der Buchhaltung ist gleich der Summe aller Kosten der Hauptkostenstellen.

Mehrstufiger BAB								
Gemeinkosten	Zahlen der KLR	Allgemeine Kostenstelle	Hilfskostenstelle	Material	Fertigungsstellen A	Fertigungsstellen B	Verwaltung	Vertrieb
GKM	50.000	3.125	9.375	25.000	12.500	–	–	–
Gehälter	200.000	16.000	32.000	24.000	24.000	16.000	64.000	24.000
Sozialkosten	45.000	3.600	7.200	5.400	5.400	3.600	14.400	5.400
Steuer	60.000	5.000	10.000	15.000	10.000	5.000	10.000	5.000
AfA	160.000	12.800	25.600	38.400	44.800	12.800	19.200	6.400
Summe	515.000	40.525	84.175					
Umlage der Allgemeinen Kostenstelle →			4.863	12.157,50	8.105,00	6.484,00	4.863,00	4.052,50
Summe			89.038					
Umlage der Fertigungshilfskostenstelle →					53.422,80	35.615,20		
Summe				119.957,50	158.227,80	79.499,20	112.463,00	44.852,50

Lösung zu Aufgabe 7: Kostenauflösung

a) Rechnerisch wird die Lösung mithilfe des **Differenzenquotienten** ermittelt:

$$K' = k_v = \frac{K_2 - K_1}{B_2 - B_1}$$

$$= \frac{20.000\ €/\text{Monat} - 15.000\ €/\text{Monat}}{540\ \text{h/Monat} - 290\ \text{h/Monat}}$$

$$= \frac{5.000\ €}{250\ \text{h}}$$

$$= 20\ €/\text{h}$$

Der Fixkostenbestandteil K_f an den Gesamtkosten K ergibt sich als:

$$K_f = K_1 - (k_v \cdot B_1)$$

$$= 15.000\ € - (20\ €/\text{h} \cdot 290\ \text{h})$$

$$= 9.200\ €/\text{Monat}$$

oder:

$$K_f = K_2 - (k_v \cdot B_2)$$

$$= 20.000\ € - (20,00\ €/\text{h} \cdot 540\ \text{h})$$

$$= 9.200\ €/\text{Monat}$$

b) Die Sollkostenfunktion ist:

$K_{Soll} = 20\ B + 9.200\ €$

c) Grafische Lösung:

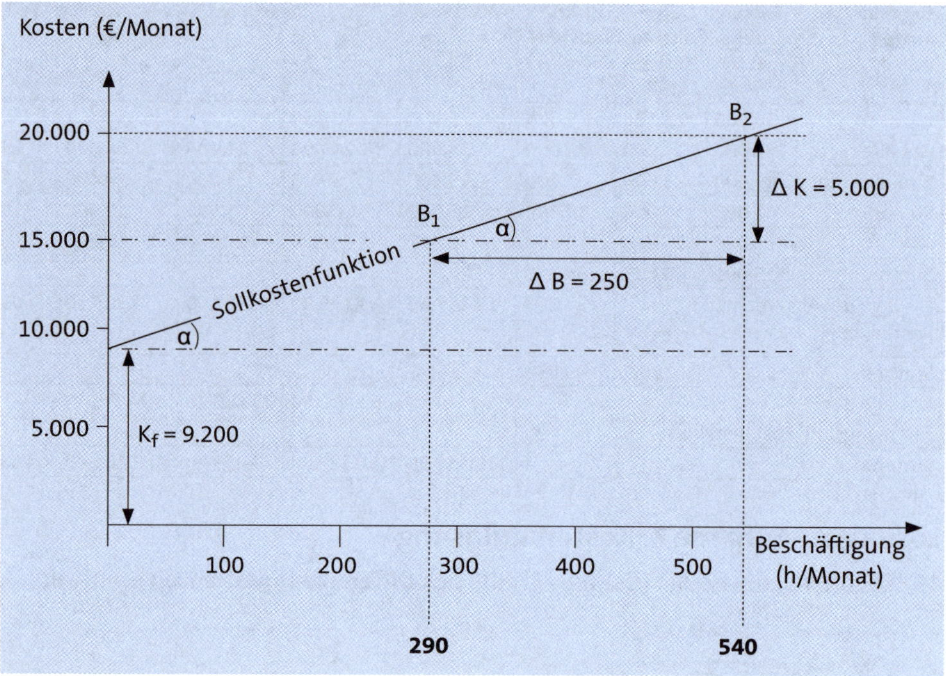

ACHTUNG

- Beim **Differenzenquotienten** (Ermittlung der variablen Stückkosten k_v) lautet die Formel allgemein:

$$k_v = \frac{\text{Kosten 2 - Kosten 1}}{\text{Beschäftigung 2 - Beschäftigung 1}}$$ mit 1, 2: Periode

Das heißt, es ist die Kostenänderung der Beschäftigungsänderung gegenüberzustellen.

Merke: im Zähler: Kosten von Periode 2 - Kosten von Periode 1; im Nenner: Beschäftigung von Periode 2 - Beschäftigung von Periode 1. **Die Reihenfolge der Indizes ist gleich** (vgl. S. 219).

- Bei der **kritischen Menge** (Gleichheit der Kosten von zwei Verfahren; vgl. z. B. S. 127, 248) lautet die Formel allgemein:

$$x^* = \frac{\text{Kosten Verfahren 2 - Kosten Verfahren 1}}{\text{variable Stückkosten 1 - variable Stückkosten 2}}$$ mit 1, 2: Verfahren

Das heißt, dass hier **die Reihenfolge der Indizes umgekehrt ist**. Bitte beachten Sie den Unterschied – es handelt sich um einen häufigen Fehler in der Prüfung.

4. Kostenträgerrechnung

4.1 Kostenträgerstückrechnung (Kalkulation)

4.1.1 Divisionskalkulation

Lösung zu Aufgabe 1: Veränderung der Selbstkosten

Im Juni d. J. gilt:

$$\text{Stückkosten} = \frac{K}{x} \text{ €/E}$$

$$= 500.000 \text{ €} : 50.000 \text{ E} = 10 \text{ €/E}$$

Im Oktober d. J. gilt:

$$\text{Stückkosten} = \frac{K_H}{x_P} + \frac{K_{Vertr.} + K_{Verw.}}{x_A}$$

$$= \frac{400.000 \text{ €}}{50.000 \text{ E}} + \frac{100.000 \text{ €}}{35.000 \text{ E}} = 10{,}86 \text{ €/E}$$

Die Produktion, die im Oktober d. J. zum Teil auf Lager genommen werden musste, erhöhte die Stückkosten um 8,6 % und verschlechterte die Liquidität.

Lösung zu Aufgabe 2: Selbstkosten pro Stück

$$\text{Selbstkosten pro Stück} = \frac{240.000 \text{ €}}{1.200 \text{ Stück}} + \frac{120.000 \text{ €}}{1.000 \text{ Stück}} = 200 \text{ €/Stk.} + 120 \text{ €/Stk.}$$

$$= 320 \text{ €/Stk.}$$

4.1.2 Äquivalenzziffernkalkulation

Lösung zu Aufgabe 1: Einstufige Äquivalenzziffernkalkulation, Betriebsergebnis

Blechsorte	Menge (t)	Äquivalenz-ziffer	Recheneinheiten	Sortenkosten (€)	HK/F (€/t)
ST 60–01	200	1	200	41.200	206
ST 60–08	150	6	900	185.400	1.236
ST 60–05	100	4	400	82.400	824
ST 60–02	120	2	240	49.440	412
Summe			1.740	358.440	

VwVtrGK-Zuschlag = 71.688 • 100 : 358.440 = 20 %

Blechsorte	Menge (t)	HK/F (€/t)	VwVtrGK (€/t)	SK (€/t)	Erlöse (€/t)	Ergebnis (€/t)	Ergebnis gesamt (€)
ST 60–01	200	206,00	41,20	247,20	300,00	**52,80**	10.560,00
ST 60–08	150	1.236,00	247,20	1.483,20	1.400,00	**- 83,20**	- 12.480,00
ST 60–05	100	824,00	164,80	988,80	1.100,00	**111,20**	11.120,00
ST 60–02	120	412,00	82,40	494,40	550,00	**55,60**	6.672,00
Betriebsergebnis							15.872,00

Lösung zu Aufgabe 2: Einstufige Äquivalenzziffernkalkulation

	Produzierte Menge	Äquivalenz-ziffer	Rechen-einheiten	Stück-kosten	Gesamt-kosten
	Stück			in Euro/Stück	in Euro
Sorte	**(1)**	**(2)**	**(3)**	**(4)**	**(5)**
I	30.000	1,0	30.000	1,20	36.000
II	15.000	1,4	21.000	1,68	25.200
III	20.000	1,8	36.000	2,16	43.200
Summe			87.000		104.400

Rechenweg:

1. Ermittlung der Äquivalenzziffern bezogen auf die Einheitssorte.
2. Die Multiplikation der Menge je Sorte mit der Äquivalenzziffer ergibt die Rechen-ein-heit je Sorte (= Umrechnung der Mengen auf die Einheitssorte).
3. Die Division der Gesamtkosten durch die Summe der Recheneinheiten (RE) ergibt die **Stückkosten der Einheitssorte:** 104.400 € : 87.000 RE = 1,20 €/Stk.
4. Die Multiplikation der Stückkosten der Einheitssorte mit der Äquivalenzziffer je Sorte ergibt die Stückkosten je Sorte z. B.: 1,20 • 1,4 = 1,68
5. Spalte (5) zeigt die anteiligen Gesamtkosten je Sorte (z. B.: 1,68 • 15.000 = 25.200). Die Summe muss den gesamten Produktionskosten entsprechen (rechnerische Probe der Verteilung).

Lösung zu Aufgabe 3: Mehrstufige Divisionskalkulation mit Äquivalenzziffern

Das Verfahren wird wie bei der einstufigen Methode durchgeführt – nur in zwei aufeinander folgenden Schritten.

In der ersten Produktionsstufe ergeben sich folgende Stückkosten:

Stufe I					
Sorte	**Produzierte Menge (Stück)**	**Äquivalenzziffer**	**Recheneinheiten**	**Stückkosten (€/Stück)**	**Gesamtkosten (€)**
A	4.000	0,5	2.000	**15,15**	60.600
B	4.000	2,0	8.000	**60,60**	242.400
C	6.000	3,0	18.000	**90,90**	545.400
D	5.000	1,0	5.000	**30,30**	151.500
∑			33.000		999.900
	Kosten je Recheneinheit: 999.900 : 33.000 = 30,30				

In der zweiten Produktionsstufe ergeben sich folgende Stückkosten:

Stufe II					
Sorte	**Produzierte Menge (Stück)**	**Äquivalenzziffer**	**Recheneinheiten**	**Stückkosten (€/Stück)**	**Gesamtkosten (€)**
A	4.000	0,5	2.000	**9,75**	39.000
B	4.000	1,0	4.000	**19,50**	78.000
C	6.000	2,0	12.000	**39,00**	234.000
D	5.000	1,0	5.000	**19,50**	97.500
∑			23.000		448.500
	Kosten je Recheneinheit: 448.500 : 23.000 = 19,50				

In der Summe ergeben sich die Herstellkosten je Stück je Sorte:

Sorte	**Stückkosten Stufe I**	**Stückkosten Stufe II**	**Stückkosten gesamt**	**Gesamtkosten**
A	15,15	9,75	**24,90**	99.600
B	60,60	19,50	**80,10**	320.400
C	90,90	39,00	**129,90**	779.400
D	30,30	19,50	**49,80**	249.000
				1.448.400

4.1.3 Zuschlagskalkulation

Lösung zu Aufgabe 1: Zuschlagskalkulation mit Maschinenstundensatz (1)

a)

Kalkulationsschema		€/a	Zuschlags-satz	Stunden	Stundensatz €/Std.
Fertigungsmaterial		650.000			
+	Materialgemeinkosten	97.500	15 %		
+	Fertigungslohn	132.480		5.520	24,00
+	Restfertigungsgemeinkosten	158.976	120 %		
+	maschinenabhängige FGK	2.649.600		22.080	120,00
=	Herstellkosten der Fertigung	3.688.556			
-	Bestandserhöhung/fert. Erz.	28.556			
+	Bestandsminderung/unf. Erz.	40.000			
=	Herstellkosten des Umsatzes	3.700.000			
+	Verwaltungsgemeinkosten	74.000	2 %		
+	Vertriebsgemeinkosten	185.000	5 %		
=	**Selbstkosten des Umsatzes**	**3.959.000**			

b)

Kalkulationsschema		€	Zuschlags-satz	Stunden	Stundensatz €/Std.
Fertigungsmaterial		120,00			
+	Materialgemeinkosten	18,00	15 %		
+	Fertigungslohn	28,80		1,20	24,00
+	Restfertigungsgemeinkosten	34,56	120 %		
+	maschinenabhängige FGK	300,00		2,50	120,00
=	Herstellkosten der Fertigung	501,36			
+	Verwaltungsgemeinkosten	10,03	2 %		
+	Vertriebsgemeinkosten	25,07	5 %		
=	Selbstkosten des Umsatzes	536,46			
+	Gewinn	80,47	15 %	Berechnungshinweise:	
=	Barverkaufspreis	616,93		*= 95 %*	
+	Kundenskonto	12,99	2 %	↓	
+	Vertriebsprovision	19,48	3 %	↓	
=	Zielverkaufspreis	649,40		*= 100 %*	*= 90 %*
+	Kundenrabatt	72,16	10 %		↓
=	Angebotspreis (Listennettopreis)	721,56			*= 100 %*

ACHTUNG

Bei der Vorwärtskalkulation rechnet man bis inkl. Barverkaufspreis vom Hundert (Berechnungsbasis = 100 %). Danach (abwärts) rechnet man im Hundert (vom verminderten Wert; Berechnungsbasis ist unter 100 %).

Lösung zu Aufgabe 2: Zuschlagskalkulation mit Maschinenstundensatz (2)

	Materialeinzelkosten		160,00
+	Materialgemeinkosten	30 %	48,00
=	**Materialkosten**		**208,00**
	Fertigungslöhne	200 € : 25	8,00
+	Restgemeinkosten	120 %	9,60
+	Maschinenkosten	[1]	59,40
=	**Fertigungskosten**		**77,00**
=	**Herstellkosten der Fertigung pro Stück**		**285,00**

Lösung zu Aufgabe 3: Maschinenstundensatzberechnung

a)

1. kalkulatorische Zinsen $= \frac{200.000}{2} \cdot \frac{6}{100}$

   $= 6.000$ €

2. kalkulatorische AfA $= \frac{240.000}{10}$

   $= 24.000$ €

3. Raumkosten = 4.000 €
4. Energiekosten = (11 kWh • 0,12 €/kWh • 2.000 Std. p. a.) + 220 €
   = 2.860 €
5. Instandhaltungskosten = 6.000 €
6. Werkzeugkosten = 10.000 €

[1] Bearbeitungskosten = 15 min • 25 Stk. • 180 €/Std. : 60 min. = 1.125,00 €
Rüstkosten = 2 Std. • 180 €/Std. = 360,00 €
Maschinenkosten = 1.485,00 €
Maschinenkosten/Stk. = 1.485,00 € : 25 Stk. = 59,40 €/Stk.

ACHTUNG

Beachten Sie, dass Sie die Maschinenkosten bei der Berechnung einheitlich auf ein Jahr beziehen (in der Aufgabenstellung mitunter auf unterschiedliche Zeiträume bezogen) und dann durch die Anzahl der Maschinenlaufstunden pro Jahr dividieren.

lfd. Nr.	maschinenabhängige Fertigungsgemeinkosten	Euro p. a.
1	kalk. Zinsen	6.000
2	kalk. Abschreibung	24.000
3	Raumkosten	4.000
4	Energiekosten	2.860
5	Instandhaltungskosten	6.000
6	Werkzeugkosten	10.000
	∑	52.860
	Maschinenstundensatz	
	= 52.860 € : 2.000 Std. =	**26,43 €/Std.**

b)

kalkulatorische AfA (neu) $= \frac{300.000 €}{6}$ = 50.000 € p. a.

	kalkulatorische AfA/Std. (neu)	=	50.000 : 1.600 = 31,25 €/Std.
	Maschinenstd.satz (alt)	=	50,00 €/Std.
-	kalk. AfA/Std. (alt)	=	- 18,75 €/Std.
+	kalk. AfA/Std. (neu)	=	31,25 €/Std.
=	Maschinenstd.satz$_{(neu)}$	=	62,50 €/Std.

Δ Maschinenstundensatz $= \frac{62{,}50 - 50{,}00}{50{,}00} \cdot 100$

$= 25\ \%$

TIPP

Bei steigender Beschäftigung sinkt der Maschinenstundensatz, weil sich die fixen Kosten auf mehr Stunden verteilen.

Lösung zu Aufgabe 4: Maschinenstundensatz, Nachkalkulation

a) Maschinenstundensatz, Einschichtbetrieb:

1. Kalkulatorische AfA $= \frac{\text{Wiederbeschaffungskosten}}{\text{Nutzungsdauer}}$

= 2.640.000 € : 8 Jahre
= 330.000 €

2. Kalkulatorische Zinsen $= \frac{\text{Anschaffungskosten}}{2} \cdot \frac{\text{Zinssatz}}{100}$

= 2.400.000 € : 2 • 8 : 100
= 96.000 €

3. Raumkosten = Raumbedarf in m^2 • Verrechnungssatz/m^2 • 12 Monate

= 100 m^2 • 12,00 €/m^2 • 12 Mon.
= 14.400 €

4. Energiekosten = Energieverbrauch/h • Verbrauchskosten/h • Laufleistung in Std./Jahr + Grundgebühr

= 11 kWh • 0,16 €/kWh • 1.920 Std. + 800,00 €
= 4.179,20 €

5. Instandhaltungskosten = 6.000 €

Gesamtkosten = 450.579,20 €

Maschinenstundensatz = Gesamtkosten : Laufzeit in Std.

= 450.579,20 € : 1.920 Std.
= 234,68 €/Std.

b) Maschinenstundensatz, 2-Schichtbetrieb:

1. Kalkulatorische Abschreibung (Variable Kosten) = 2.640.000 € : 4 Jahre
   = 660.000 €
2. Kalkulatorische Zinsen (Fixe Kosten) = 2.400.000 € : 2 • 8 : 100
   = 96.000 €
3. Raumkosten (Fixe Kosten) = 100 m^2 • 12 €/m^2 • 12
   = 14.400 €

4. Energiekosten = 11 kWh • 0,16 €/kWh • 1.920 Std. • 2 (Variable Kosten) + 800 €
   = 7.558,40 €

5. Instandhaltungskosten = 6.000 € • 2
   = 12.000 €

Gesamtkosten = 789.958,40 €

Maschinenstundensatz = Gesamtkosten : Laufzeit in Std.

= 789.958,40 € : 3.840 Std.
= 205,72 €

$$\text{Änderungsrate} = \frac{x_t - x_0}{x_0} \cdot 100$$

$$= \frac{205{,}72 - 234{,}68}{234{,}68} \cdot 100$$

= - 12,34 %

Im 2-Schichtbetrieb verringert sich der Maschinenstundensatz um 12,34 %. Dies begründet sich darin, dass sich die fixen Maschinenkosten auf eine höhere Laufzeit p.a. verteilen (Degression der Fixkosten pro Stunde Laufzeit).

Lösung zu Aufgabe 5: Kalkulation bei Kuppelproduktion

a)

	MEK	400.000 €		
+	MGK	40.000 €		
=	MK		440.000 €	
	FEK	80.000 €		
+	FGK	60.000 €		
=	FK		140.000 €	
=	HK (Umsatz)		580.000 €	
-	Erlöse T-PLUS	100.000 €		
=	HK (Fertigung)		480.000 €	: 10.000 kg = 48,00 €/kg
+	VwGK	30.000 €		
+	VtGK	20.000 €		
=	SK		530.000 €	: 10.000 kg = 53,00 €/kg

b) SK = 48,00 €/kg + (50.000 € : 8.000 kg)
   = 54,25 €/kg

4.2 Kostenträgerzeitrechnung (Kurzfristige Erfolgsrechnung)

Lösung zu Aufgabe 1: Ergebnisrechnung nach dem Gesamtkostenverfahren

a) Bearbeitungsschritte:

1. Schema nach dem Gesamtkostenverfahren erstellen
2. Verteilung der Kostensummen je Kostenart auf die Produkte (Kostenträger)
3. Ermittlung des Umsatzergebnisses gesamt und je Produkt:

Umsatzergebnis = Nettoerlöse - Selbstkosten des Umsatzes

4. Analyse des Ergebnisses

Berechnungsschema		Kostenart	Produkt 1	Produkt 2
	MEK	50.000	30.000	20.000
+	MGK, 50 %	25.000	15.000	10.000
=	MK	75.000	45.000	30.000
	FEK	120.000	80.000	40.000
+	FGK, 120 %	144.000	96.000	48.000
=	FK	264.000	176.000	88.000
=	HKF	339.000	221.000	118.000
+	BV/Minderbestand	10.000	5.000	5.000
=	HKU	349.000	226.000	123.000
+	VwGK, 15 %	52.350	33.900	18.450
+	VtrGK, 5 %	17.450	11.300	6.150
=	Selbstkosten des Umsatzes	418.800	271.200	147.600
	Umsatzerlöse, netto	450.000	310.000	140.000
	Umsatzergebnis	31.200	38.800	- 7.600

Analyse:

1. Das Umsatzergebnis ist insgesamt positiv und beträgt 31.200 €.
2. Das Produkt 1 erwirtschaftet ein positives und das Produkt 2 ein negatives Umsatzergebnis.
3. Mögliche Maßnahmen, z. B.:
   - Senkung der Fertigungskosten für Produkt 2, z. B. Lohnkosten, Materialkosten, Überprüfung der Umlage Verwaltung/Vertrieb, Rationalisierung der Abläufe, Veränderung des Fertigungsverfahrens.
   - Reduzierung der Fertigungsmenge von Produkt 2 zu Gunsten von Produkt 1.

b) Bearbeitungsschritte:

1. Schema nach dem Gesamtkostenverfahren erstellen und Kostensummen verteilen (vgl. Frage/Antwort a)).

2. Umsatzergebnis = Nettoerlöse - Selbstkosten des Umsatzes

3. Betriebsergebnis = Umsatzergebnis + Kostenüberdeckung

Begründung: Kalkuliert wurde mit Normal-Zuschlagssätzen. Der BAB weist eine Kostenüberdeckung aus; das heißt, dass die Istkosten geringer sind als die Kalkulation auf Normalkostenbasis ausweist. Demzufolge müssen die Istkosten um den Betrag der Kostenüberdeckung reduziert bzw. das Umsatzergebnis um den Betrag erhöht werden. Analog wäre eine Kostenunterdeckung zu subtrahieren.

4. Betriebsergebnis:

Verrechnete Normalkosten				
Berechnungsschema		**Kostenart**	**Produkt 1**	**Produkt 2**
	...	...	...	...
=	**Selbstkosten des Umsatzes**	**418.800**	**271.200**	**147.600**
	Umsatzerlöse, netto	450.000	310.000	140.000
	Umsatzergebnis	31.200	38.800	- 7.600
+	Überdeckung lt. BAB	15.000		
=	**Betriebsergebnis**	**46.200**		

Lösung zu Aufgabe 2: Kostenträgerblatt, Kostenüber-/-unterdeckung, Umsatzergebnis, Wirtschaftlichkeit

a), b) und c)

Kostenträgerblatt		Istkosten		Kosten-über-/-unterdeckung	Normalkosten		Kostenträger		
		€	%		€	%	Produkt 1	Produkt 2	Produkt 3
	Fertigungsmaterial	1.670.000			1.670.000		950.000	320.00	400.000
+	MGK	222.000	13,29	-38.300	183.700	11,00	104.500	35.200	44.000
=	Materialkosten	1.892.000			1.853.700		1.054.500	355.200	444.000
	Fertigungslohn	502.000			502.000		187.000	105.000	210.000
+	FGK	1.400.000	278,88	-145.000	1.255.000	250,00	467.500	262.500	525.000
=	Fertigungskosten	1.902.000			1.757.000		654.500	367.500	735.000
=	HK der Fertigung	3.794.000			3.610.700		1.709.000	722.700	1.179.000
+	Minderbestand FE	43.300			43.300		0	43.300	0
-	Mehrbestand FE	160.500			160.500		40.000	0	120.500
=	HK des Umsatzes	3.676.800			3.493.500		1.669.000	766.000	1.058.500
+	VwGK	140.000	3,81	-260	139.740	4,00	66.760	30.640	42.340
+	VtrGK	390.000	10,61	-110.520	279.480	8,00	133.520	61.280	84.680
=	Selbstkosten	4.206.800		-294.080	3.912.720		1.869.280	857.920	1.185.520
	Netto-Vekaufserlöse	4.860.000			4.860.000		1.400.000	1.540.000	1.920.000
=	Umsatzergebnis				**947.280**		**-469.280**	**682.080**	**734.480**
	Überdeckung				0,00				
	Unterdeckung				-294.080				
=	Betriebsergebnis	**653.200**			**653.200**				
Wirtschaftlichkeit							**0,75**	**1,80**	**1,62**
Umsatzrendite, gesamt					13,44 %				

Lösung zu Aufgabe 3: Deckungsbeitragsrechnung als Periodenrechnung

Die Deckungsbeitragsrechnung kann als Periodenrechnung (Kostenträgerzeitrechnung) durchgeführt werden:

Beispiel

2-Produkt-Unternehmen

DBR als Periodenrechnung					
Produkt 1			**Produkt 2**		
Erlöse	$x_1 \cdot p_1$	100.000	Erlöse	$x_2 \cdot p_2$	200.000
- variable Kosten	K_{v1}	- 40.000	- variable Kosten	K_{v2}	- 120.000
= DB 1		60.000	= DB 2		80.000
= DB 1 + DB 2		140.000	←		
- Fixkosten, gesamt		- 70.000			
= Gesamt-Betriebsergebnis, BE		**70.000**			

5. Plankostenrechnung

5.1 Starre Plankostenrechnung

Lösung zu Aufgabe 1: Starre Plankostenrechnung

Rechnerische Lösung:

Plankostenverrechnungssatz	= Plankosten : Planbeschäftigung
	= 50.000 € : 5.000 Std. = 10 €/Std.
verrechnete Plankosten	= 4.000 Std. • 10 €/Std. = 40.000 €
oder:	= 0,8 • 50.000 € = 40.000 €
Abweichung	= Istkosten - verrechnete Kosten
	= 30.000 € - 40.000 € = - 10.000 €

Das heißt, es existiert eine Kostenüberdeckung; es wurden mehr Kosten verrechnet als tatsächlich entstanden sind.

Grafische Lösung:

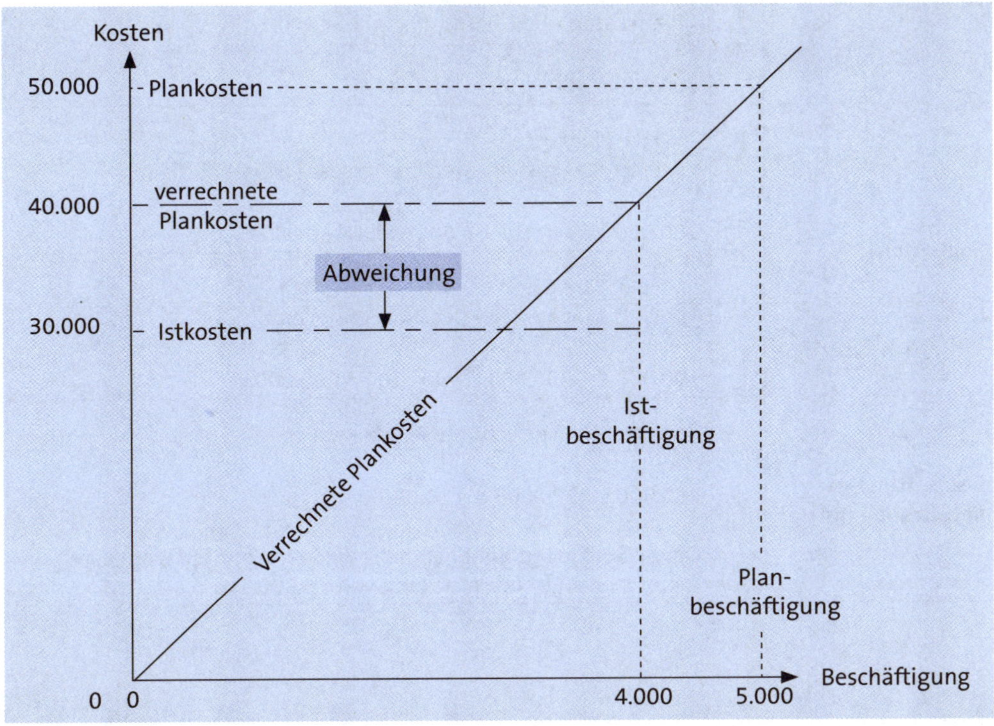

5.2 Flexible Plankostenrechnung

Lösung zu Aufgabe 1: Flexible Pankostenrechnung (1)

Rechnerische Lösung:

Proportionaler Plankosten-verrechnungssatz	=	Proportionale Plankosten : Planbeschäftigung 200.000 € : 10.000 Std. = 20 €/Std.
Fixer Plankosten-verrechnungssatz	=	Fixe Plankosten : Planbeschäftigung 100.000 € : 10.000 € = 10 €/Std.
Plankosten-verrechnungssatz	=	Proportionaler Plankostenverrechnungssatz + Fixer Plankostenverrechnungssatz 20 €/Std. + 10 €/Std. = 30 €/Std.
	=	Plankosten : Planbeschäftigung 300.000 € : 10.000 € = 30 €/Std.
Verrechnete Plankosten	=	Istbeschäftigung • Plankostenverrechnungssatz 9.000 Std. • 30 €/Std. = 270.000 €
	=	Plankosten • Beschäftigungsgrad 300.000 € • 90 : 100 = 270.000 €
Sollkosten	=	Fixe Plankosten + Prop. Plankostenverrechnungssatz • Istbeschäftigung 100.000 + 20 €/Std. • 9.000 Std. = 280.000 €
	=	Fixe Plankosten + Prop. Plankosten • Beschäftigungsgrad 100.000 € + 200.000 € • 90 : 100 = 280.000 €
Beschäftigungs-abweichung (BA)	=	Sollkosten - Verrechnete Plankosten 280.000 € - 270.000 € = 10.000 € Da die Sollkosten höher sind als die verrechneten Plankosten, ergibt sich eine Unterdeckung von 10.000 €.

Verbrauchs-abweichung (VA)	=	Istkosten - Sollkosten 250.000 € - 280.000 € = - 30.000 € Da die Istkosten kleiner sind als die Sollkosten, ergibt sich eine Überdeckung von 30.000 €.
Gesamt-abweichung (GA)	=	Istkosten - Verrechnete Plankosten 250.000 € - 270.000 € = - 20.000 € Es existiert eine Kostenüberdeckung, da die Istkosten geringer sind als die verrechneten Plankosten.
	=	Verbrauchsabweichung + Beschäftigungsabweichung - 30.000 € + 10.000 € = - 20.000 €

Grafische Lösung:

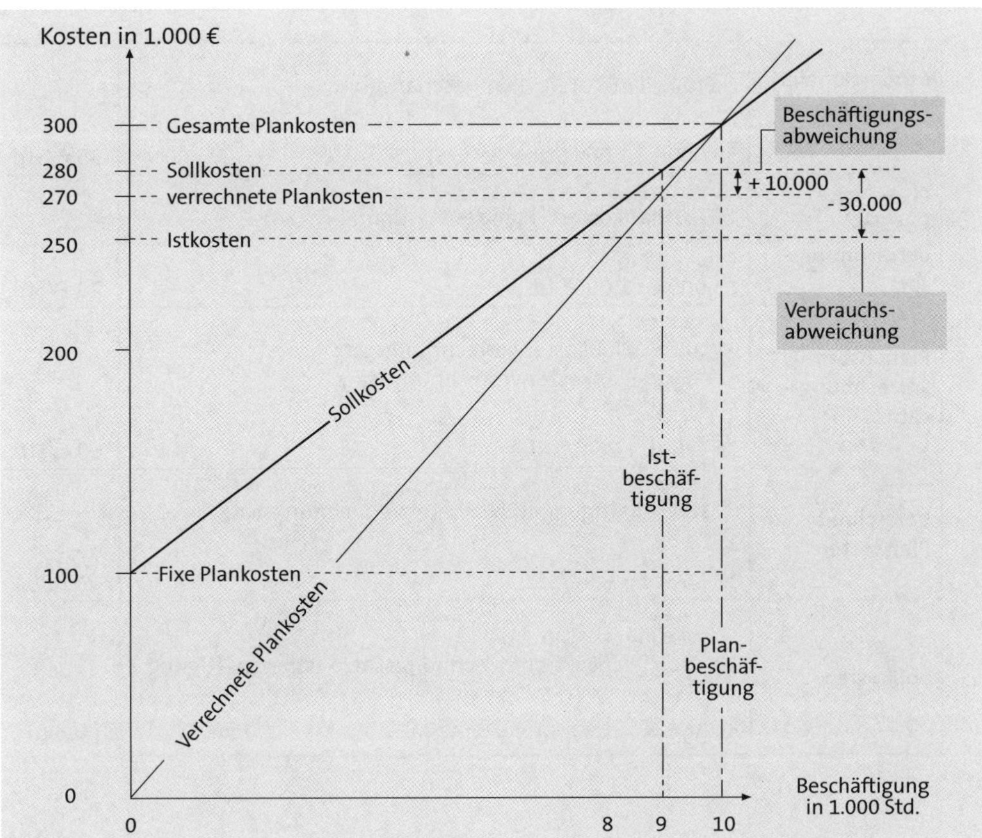

Analyse:

Beschäftigungsabweichung:
Bei einem Beschäftigungsgrad von 90 % betragen die variablen Plankosten 180.000 € und es hätten 100.000 € fixe Kosten berücksichtigt werden müssen. Tatsächlich wurden verrechnet: 180.000 € variable Kosten (200.000 • 90 %) und (nur) 90.000 fixe Kosten (100.000 • 90 %), sodass 10.000 € fixe Kosten zu wenig verrechnet wurden.

Verbrauchsabweichung = - 30.000 €, d. h. es wurden 30.000 € weniger Kosten verbraucht.

Lösung zu Aufgabe 2: Flexible Plankostenrechnung (2)

a)

	Plan	
	Planfixkosten	25.000 €
+	**variable Plankosten**	**35.000 €**
=	Plankosten	60.000 €
	Planbeschäftigung	1.000 Std.

Ist	
Istkosten	85.000 €
Istbeschäftigung	**1.250 Std.**

Proportionaler Plankostenverrechnungssatz	Prop. Plankosten : Planbeschäftigung 35.000 € : 1.000 Std. = 35 €/Std. =	35 €/Std.
Fixer Plankostenverrechnungssatz	Fixe Plankosten : Planbeschäftigung 25.000 € : 1.000 Std. =	25 €/Std.
Plankostenverrechnungssatz	Prop. Plankostenverrechnungssatz + Fixer Plankostenverrechnungssatz 35 €/Std. + 25 €/Std. =	60 €/Std.
Verrechnete Plankosten	Istbeschäftigung • Plankostenverrechnungssatz 1.250 Std. • 60 €/Std. =	75.000 €
Sollkosten	Fixe Plankosten + Prop. Plankostenverrechnungssatz • Istbeschäftigung 25.000 € + 35 €/Std. • 1.250 Std. =	68.750 €

Beschäftigungs-abweichung (BA)	Sollkosten - Verrechnete Plankosten 68.750 € - 75.000 € =	- 6.250 €
Verbrauchs-abweichung (VA)	Istkosten - Sollkosten 85.000 € - 68.750 € =	16.250 €
Gesamt-abweichung (GA)	Beschäftigungsabweichung + Verbrauchsabweichung - 6.250 € + 16.250 € =	10.000 €

b) Kommentar:

- Istbeschäftigung > Planbeschäftigung → verrechnete Plankosten > Sollkosten; günstig, es wurden mehr fixe Kosten verrechnet als geplant.
- Istkosten > Sollkosten → VA > 0; ungünstig; die Faktorverbräuche (z. B. Material, Lohn) sind höher als geplant.

c) Mit dem System der **Grenzplankostenrechnung** (GPKR).

Begründung:

Ein Nachteil der flexiblen Plankostenrechnung auf Vollkostenbasis besteht in der rechnerischen Proportionalität der Fixkosten bei Beschäftigungsänderungen.

Die Grenzplankostenrechnung (GPKR) ist eine flexible Plankostenrechnung auf Teilkostenbasis. Es erfolgt ebenfalls eine Trennung in fixe und variable Kosten, jedoch werden bei der GPKR **nur variable Kosten verrechnet**. Die fixen Kosten werden nicht auf die Kostenträger verrechnet, sondern direkt in die Betriebsergebnisrechnung übernommen. Für die kurzfristige Betrachtung sind die fixen Kosten nicht entscheidungsrelevant.

Die (Grenz-)Plankostenverrechnungssätze werden demzufolge nur von den variablen Kosten bestimmt. Sollkosten und verrechnete Plankosten sind identisch. Da nur Grenzkosten auf die Kostenträger verrechnet werden, ist die Beschäftigungsabweichung nicht definiert.

TIPP

Bei der Berechnung der Preis- und der Mengenabweichung können die zu subtrahierenden Größen auch vertauscht werden, es gilt also auch:

BA = Verrechnete Plankosten - Sollkosten

VA = Sollkosten - Istkosten

Entscheidend ist also nicht das Vorzeichen der Beziehung, sondern die richtige Interpretation des Ergebnisses. Die Gesamtabweichung kann immer als Summe von BA und VA ermittelt werden.

Lösung zu Aufgabe 3: Abweichungsanalyse

Für das Logistikzentrum wurden folgende Daten ermittelt:

	Plan (in Mio. Euro)	Ist (in Mio. Euro)
Umsatz	30,0	25,0
Logistikkosten:	2,5	2,3
► davon: fixe Kosten	1,0	
► davon: variable Kosten	1,5	

a) Sollkosten = fixe Plankosten + (prop. Plankostenverrechnungssatz • Istbeschäftigung)

Dabei ist:

$$\text{prop. Plankostenverrechnungssatz} = \frac{\text{proportionale Kosten}}{\text{Planbeschäftigung}}$$

$$\rightarrow \text{Sollkosten} = 1{,}0 \text{ Mio.} + \left(\frac{1{,}5 \text{ Mio.}}{30{,}0}\right) \cdot 25{,}0 \text{ Mio.}$$

$$= 1{,}0 \text{ Mio.} + 1{,}25 \text{ Mio.} = 2{,}25 \text{ Mio. €}$$

b) verrechnete Plankosten = Plankostenverrechnungssatz • Istbeschäftigung

Dabei ist:

Plankostenverrechnungssatz = proportionaler Plankostenverrechnungssatz + fixer Plankostenverrechnungssatz

$$\rightarrow \text{verrechnete Plankosten} = \left(\frac{1{,}5 \text{ Mio. €}}{30{,}0 \text{ Mio. €}}\right) + \left(\frac{1{,}0 \text{ Mio. €}}{30{,}0 \text{ Mio. €}}\right) \cdot 25{,}0 \text{ Mio. €}$$

$$= (0{,}05 \text{ €} + 0{,}033 \text{ €}) \cdot 25{,}0 \text{ Mio. €}$$
$$= 2{,}075 \text{ Mio. €}$$

c)

Beschäftigungs-abweichung	=	Sollkosten - verrechnete Plankosten

= 2,25 Mio. € - 2,075 Mio. €
= 175.000 €

d)

Verbrauchs-abweichung	=	Istkosten - Sollkosten

= 2,3 Mio. € - 2,25 Mio. €
= 50.000 €

e)

Gesamt-abweichung	=	Beschäftigungsabweichung + Verbrauchsabweichung

= 175.000 € + 50.000 €
= 225.000 €

6. Teilkostenrechnung

6.1 Ein- und mehrstufige Deckungsbeitragsrechnung

Lösung zu Aufgabe 1: Deckungsbeitragssatz

			Situation vor der Preissenkung	Situation nach der Preissenkung
Marktpreis		p (€)	5,00	4,00
-	**variable Stückkosten**	k_v (€)	2,20	2,20
=	**Stückdeckungsbeitrag**	db (€)	2,80	1,80
→	**Deckungsbeitragssatz**	**db-Satz**	**56 %**	**45 %**

Der Deckungsbeitragssatz sinkt nach der (marktbedingten) Preissenkung von 56 % auf 45 %.

Lösung zu Aufgabe 2: Sicherheitsgrad

			Produkt 1	Produkt 2	Produkt 2
Fixkosten		K_f (€)	20.000	40.000	80.000
Umsatz		p • x (€)	80.000	100.000	150.000
-	**variable Kosten**	K_v (€)	50.000	60.000	90.000
=	**Deckungsbeitrag**	DB (€)	30.000	40.000	60.000
→	**Sicherheitsgrad**	**SG**	**150 %**	**100 %**	**75 %**

- Der Sicherheitsgrad von 150 % bei Produkt 1 zeigt, dass 50 % mehr als zur Deckung der Fixkosten erforderlich sind, erzielt werden (Beitrag zur Gewinnerzielung).
- Bei Produkt 2 (Sicherheitsgrad 100 %) reicht der Deckungsbeitrag gerade aus, um die Fixkosten zu decken.
- Bei Produkt 3 ist nur eine Fixkostendeckung von 75 % gegeben.
- Der Sicherheitsgrad ist aussagekräftiger als der Deckungsbeitragssatz (vgl. Antwort zu Aufgabe 1). Der Anteil der Fixkosten am Umsatz ist ein Maß für das **Kostenstrukturrisiko:** Je höher der Anteil der umsatzunabhängigen Kosten ist, desto kritischer ist ein Umsatzrückgang zu bewerten.

Lösung zu Aufgabe 3: Mehrstufige Deckungsbeitragsrechnung mit mehreren Produkten

Angaben in Euro

Bereiche	Bereich I				Bereich II		gesamt
Gruppen	**Erzeugnisgruppe 1**		**Erzeugnisgruppe 2**		**Erzeugnisgruppe 3**		
Produkte	**Produkt 1**	**Produkt 2**	**Produkt 3**	**Produkt 4**	**Produkt 5**	**Produkt 6**	
Umsatzerlöse	30.000	28.000	8.000	31.000	64.000	52.000	213.000
- variable Kosten	12.000	14.000	6.000	16.000	29.000	21.000	98.000
= DB I	18.000	14.000	2.000	15.000	35.000	31.000	**115.000**
- Erzeugnisfixkosten	8.000	9.000	4.000	11.000	21.000	10.000	63.000
in Prozent d. variablen Kosten	66,67	64,29	66,67	68,75	72,41	47,62	
= DB II	10.000	5.000	- 2.000	4.000	14.000	21.000	
		15.000		2.000		35.000	**52.000**
- Erzeugnisgruppenfixkosten		2.000		3.000		4.000	9.000
in Prozent d. variablen Kosten		7,69		13,64		8,00	
= DB III		13.000		- 1.000		31.000	**43.000**
- Bereichsfixkosten				2.000		4.000	6.000
in Prozent d. variablen Kosten				4,17		8,00	
= DB IV				10.000		27.000	**37.000**
- Unternehmensfixkosten							6.000
in Prozent d. variablen Kosten							6,12
= DB V							**31.000**
in Prozent der Umsatzerlöse							14,55

Interpretation:
Produkt 3 hat geringe Umsatzerlöse; der DB II ist negativ. Produkt 4 hat zwar auskömmliche Umsatzerlöse, aber hohe variable und erzeugnisfixe Kosten, sodass der DB III negativ ist. Die Herstellung der Erzeugnisgruppe 2 sollte überdacht werden, da sie zu den bereichs- und unternehmensfixen Kosten derzeit keinen Beitrag leisten kann.

Lösung zu Aufgabe 4: Betriebsergebnis im Wege der Vollkostenrechnung und der Teilkostenrechnung

a) Vollkostenrechnung pro Stück:

	Kostenart	Einheit	Produkt					Summe
			1	2	3	4	5	
	EK	€/Stk.	20,00	45,00	60,00	50,00	32,00	
+	GK	€/Stk.	32,00	135,00	120,00	160,00	59,20	
=	SK	€/Stk.	52,00	180,00	180,00	210,00	91,20	
	Verkaufserlöse	€/Stk.	80,00	170,00	185,00	80,00	125,00	
	Gewinn	€/Stk.	28,00	- 10,00	5,00	- 130,00	33,80	
=	Betriebsergebnis	€	33.600	- 5.000	11.000	- 26.000	27.040	40.640

Vollkostenrechnung pro Rechnungsperiode:

	Kostenart	Einheit	Produkt					Summe
			1	2	3	4	5	
	EK	€	24.000	22.500	132.000	10.000	25.600	214.100
+	GK	€	38.400	67.500	264.000	32.000	47.360	449.260
=	SK	€	62.400	90.000	396.000	42.000	72.960	663.360
=	Verkaufserlöse	€	96.000	85.000	407.000	16.000	100.000	704.000
=	Betriebsergebnis	€	33.600	- 5.000	11.000	- 26.000	27.040	40.640

b) Teilkostenrechnung pro Stück:

	Kostenart	Einheit	Produkt					Summe
			1	2	3	4	5	
	EK	€/Stk.	20,00	45,00	60,00	50,00	32,00	
+	variable GK	€/Stk.	40,00	85,00	85,00	90,00	44,00	
=	Verkaufserlöse	€/Stk.	80,00	170,00	185,00	80,00	125,00	
-	DB	€/Stk.	40,00	85,00	100,00	- 10,00	81,00	
		€	48.000	42.500	220.000	- 2.000	64.800	373.300
-	Fixkosten[1]	€						332.660
=	Betriebsergebnis	€						40.640

[1] Berechnung: Fixkosten = SK - variable Kosten gesamt = 663.360 € - 330.700 € = 332.660 €

Teilkostenrechnung pro Rechnungsperiode:

	Kostenart	Einheit	Produkt					Summe
			1	2	3	4	5	
	EK	€	24.000	22.500	132.000	10.000	25.600	214.100
+	**variable GK**	€	24.000	20.000	55.000	8.000	9.600	116.600
	var. Kosten gesamt	€	48.000	42.500	187.000	18.000	35.200	330.700
=	**Verkaufserlöse**	€	96.000	85.000	407.000	16.000	100.000	704.000
-	**DB**	€	48.000	42.500	220.000	- 2.000	64.800	373.300
-	**Fixkosten**[1]	€						332.660
=	**Betriebsergebnis**	€						40.640

c) Das Betriebsergebnis gesamt aus a) muss (selbstverständlich) mit dem Betriebsergebnis gesamt aus b) identisch sein (Definition des Deckungsbeitrages).

d) Kostenportfolio:

	Einzelkosten	**Gemeinkosten**	Summen	
Variable Kosten	214.100	116.600	330.700	***Teilkostenrechnung***
Fixkosten		332.660	332.660	
Summen	214.100	449.260	663.360	
	Vollkostenrechnung			

Lösung zu Aufgabe 5: Kostenträgerblatt, Vollkosten- und Teilkostenrechnung

a)

		Kosten		
		gesamt	**fix**	**variabel**
	Fertigungsmaterial	300.000		300.000
+	Materialgemeinkosten	110.000	80.000	30.000
=	**Materialkosten**	**410.000**	**80000**	**330.000**
	Fertigungslöhne	700.000		700.000
+	Fertigungsgemeinkosten	2.900.000	2.500.000	400.000
+	Sondereinzelkosten der Fertigung	400.000		400.000
=	**Fertigungskosten**	**4.000.000**	**2.500.000**	**1.500.000**

[1] Berechnung: Fixkosten = SK - variable Kosten gesamt = 663.360 € - 330.700 € = 332.660 €

		Kosten		
		gesamt	**fix**	**variabel**
	Herstellkosten/Fertigung	4.410.000	2.580.000	1.830.000
-	Bestandserhöhung	- 110.000	- 50.000	- 60.000
+	Bestandsminderung	206.000	106.000	100.000
=	**Herstellkosten/Umsatz**	**4.506.000**	**2.636.000**	**1.870.000**
+	Verwaltungs-/Vertriebskosten	1.050.000	900.000	150.000
=	**Selbstkosten/Umsatz**	**5.556.000**	**3.536.000**	**2.020.000**
	Umsatzerlöse	7.056.000		
	Gewinn	1.500.000		

b)

		gesamt	**Pro Stück**
	Umsatzerlöse	7.056.000	35.280
-	variable Kosten	2.020.000	10.100
=	DB, db	5.036.000	25.180
-	fixe Kosten	3.536.000	17.680
=	**Gewinn**	**1.500.000**	**7.500**

c) Im Break-even-Punkt gilt für die kritische Menge x*:

$$x^* = \frac{K_f}{db}$$

$$= \frac{3.536.000}{25.180} \approx 140 \text{ Stück}$$

d)

		Vollkosten	**Teilkosten**
	Umsatzerlöse (0,75 • 7.056.000)	5.292.000	5.292.000
-	Kosten (0,75 • 5.556.000)	4.167.000	-
-	variable Kosten (0,75 • 2.020.000)	-	1.515.000
=	DB	-	3.777.000
-	fixe Kosten	-	3.536.000
=	**Gewinn**	**1.125.000**	**241.000**

Die Vollkostenrechnung weist einen Gewinn von 1,125 Mio. € aus, weil sie die Erlöse und die Gesamtkosten anteilig an den Beschäftiftigungsgrad anpasst. Dieses Ergebnis ist jedoch falsch und irreführend, weil bei einem kurzfristigen Beschäftigungsrückgang die fixen Kosten konstant bleiben. Das Ergebnis der Teilkostenrechnung ist zutreffender.

6.2 Deckungsbeitragsrechnung als Entscheidungsinstrument

Lösung zu Aufgabe 1: Break-even-Punkt, Umsatzrendite

a)

	Preis, p_i	Menge, x_i	Gesamtkosten, K_i	variable Kosten, K_{vi}	Fixkosten, K_{fi}
Vorperiode	1.400 €	800 Stk.	920.000 €	**320.000 €**	**600.000 €**
Lfd. Periode	1.400 €	1.000 Stk.	1.000.000 €	**400.000 €**	**600.000 €**

Bei linearer Gesamtkostenfunktion lassen sich die variablen Stückkosten (= Grenzkosten) mithilfe des **Differenzenquotienten** berechnen:

$$k_v = \frac{K_2 - K_1}{x_2 - x_1}$$

$$= \frac{1.000.000 - 920.000}{1.000 - 800} = 400\ €/\text{Stk.}$$

Daraus ergeben sich die variablen Kosten K_v:

$K_{v1} = 800\ \text{Stk.} \cdot 400\ €/\text{Stk.} = 320.000\ €$ bzw.
$K_{v2} = 1.000\ \text{Stk.} \cdot 400\ €/\text{Stk.} = 400.000\ €$

Die Fixkosten werden durch Subtraktion ermittelt:

$$K_{f1} = K_1 - K_{v1}$$

$$= 920.000\ € - 320.000\ € = 600.000\ €$$

bzw.

$$K_{f2} = K_2 - K_{v2}$$

$$= 1.000.000\ € - 400.000\ € = 600.000\ €$$

Im Break-even-Point gilt:

$$x^* = \frac{K_f}{p - k_v}$$

$$= \frac{600.000\ €}{1.400\ €/\text{Stk.} - 400\ €/\text{Stk.}} = 600\ \text{Stk.}$$

Das heißt, bei 601 Stück wird ein Gewinn erzielt.

b) Bei einer Umsatzrendite von 15 % gilt für die Menge x*:

$$p \cdot x = K_f + x^* k_v + 0{,}15\,px^*$$

$$\rightarrow K_f = px^* - x^* k_v - 0{,}15\,px^*$$

$$\rightarrow x^* = \frac{K_f}{p - k_v - 0{,}15p}$$

$$= \frac{600.000\ €}{1.400\ €/\text{Stk.} - 400\ €/\text{Stk.} - 210\ €/\text{Stk.}} \approx 760\ \text{Stk.}$$

Das heißt, ab einer Menge von 760 Stück wird eine Umsatzrendite von mindestens 15 % erreicht.

c)

$$\text{Gewinn} = U - K = x \cdot p - K_f - x \cdot k_v$$

$$= 760\ \text{Stk.} \cdot 1.400\ €/\text{Stk.} - 600.000\ € - 760\ \text{Stk.} \cdot 400\ €/\text{Stk.}$$
$$= 160.000\ €$$

$$\rightarrow \text{Umsatzrendite} = \frac{\text{Gewinn} \cdot 100}{\text{Umsatz}}$$

$$= \frac{160.000\ € \cdot 100}{1.064.000\ €} \approx 15\ \%$$

Lösung zu Aufgabe 2: Deckungsbeitragsrechnung, Preispolitik

a) Im Kostendeckungspunkt gilt:

$$x = K_f : (p - k_v)$$

An fixen Kosten ergeben sich:

- Investitionen:		
AfA: 12,5 % von 230.000 €	=	28.750 €
- Personalkosten:		
9.000 • 12	=	108.000 €
- Verwaltungsgemeinkosten:		
3.000 • 12	=	36.000 €
- kalkulatorische Zinsen:		
10 % von 115.000 €	=	11.500 €
Summe	=	184.250 €

Daraus folgt (pro Jahr):

$$x = \frac{184.250\ €}{4{,}00\ €/\text{Wäsche} - 0{,}70\ €/\text{Wäsche}}$$

= 55.833,33 Pkw-Wäschen pro Jahr

Daraus folgt:

55.833,33 : 280 ≈ 200 Pkw-Wäschen pro Tag (gerundet)

b) Grafische Lösung: **Pkw-Wäschen pro Tag im Kostendeckungspunkt:**

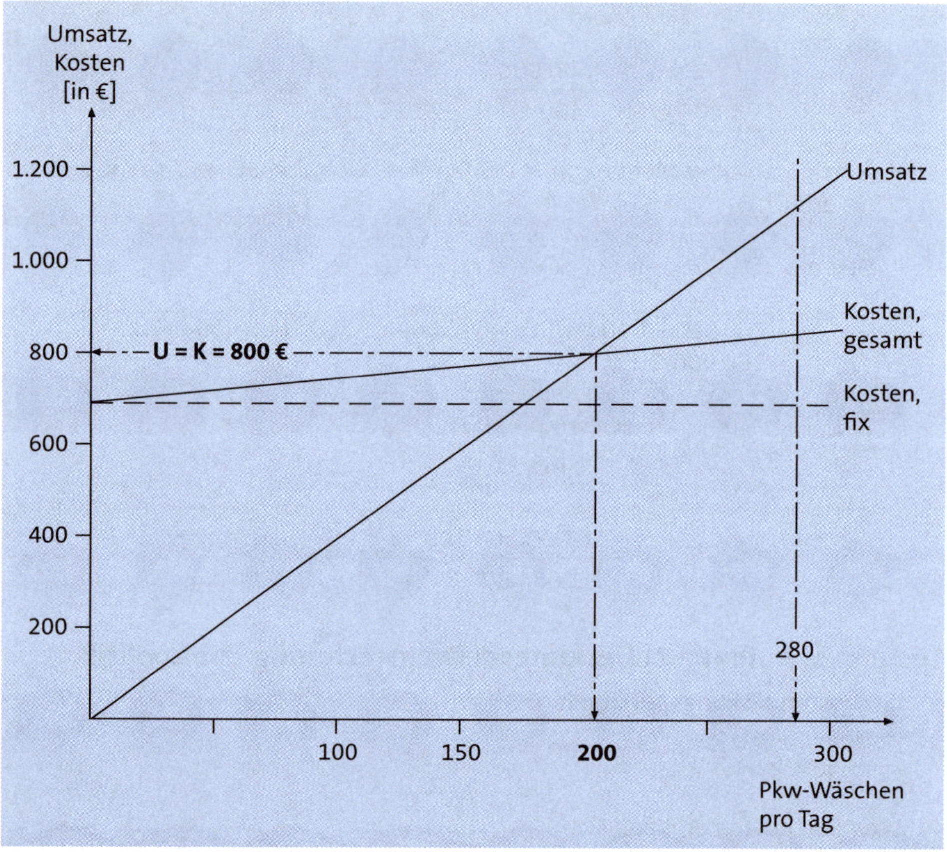

c) Im Break-even-Punkt gilt:

$DB = U - K_v$

Daraus ergibt sich der Deckungsbeitrag pro Stück (db):

$$\frac{DB}{x} = \frac{U}{x} - \frac{K_v}{x}$$

$$\frac{x \cdot p}{x} - k_v = p - k_v$$

= 4,00 € - 0,70 € = 3,30 €

Lösung zu Aufgabe 3: Bewertung des Produktionsprogramms auf Vollkosten- und Teilkostenbasis

INFO

Diese Fragestellung ist komplexer als eine tatsächlich zu erwartende Klausuraufgabe in der IHK-Prüfung. Das Fallbeispiel wurde zu Übungszwecken so umfangreich gestaltet, um bei der Entscheidung über ein Produktionsprogramm die Aussagefähigkeit der Vollkostenrechnung und der einstufigen sowie mehrstufigen Teilkostenrechnung zu zeigen.

a) **Produktionsentscheidung auf Basis der Vollkostenrechnung:**
Angaben in Euro

Betriebsergebnis auf Basis der Vollkostenrechnung					
		Produkt 1	**Produkt 2**	**Produkt 3**	**Summe**
	Erlöse	200.000	320.000	300.000	820.000
-	Selbstkosten	- 190.000	- 350.000	- 260.000	- 800.000
=	Betriebsergebnis	10.000	- 30.000	40.000	**20.000**
Reihenfolge:[1]		P 3 – P 1 – P 2			

b) **Produktionsentscheidung auf Basis der Vollkostenrechnung ohne Produkt 2:**
Das Ergebnis aus a) legt nahe, das Produkt 2 aus dem Programm zu nehmen; dies würde das Betriebsergebnis auf den Wert 50.000 anheben (10.000 € + 40.000 €). Diese Entscheidung wäre jedoch nur dann richtig, wenn alle Kosten variabel wären, d.h. die Einstellung des Produkts 2 würde nicht nur zu einer Umsatzreduzierung von 320.000 €, sondern auch zu einer Kostenreduzierung von 350.000 € führen.

[1] Nach der Vollkostenrechnung würde die Entscheidung über das Produktionsprogramm entsprechend dem jeweiligen Beitrag zum Betriebsergebnis zu treffen sein.

Angaben in Euro

Betriebsergebnis auf Basis der Vollkostenrechnung – ohne Produkt 2					
		Produkt 1	**(Produkt 2)**	**Produkt 3**	**Summe**
	Erlöse	200.000		300.000	500.000
-	Selbstkosten	- 190.000		- 260.000	- 450.000
=	**Betriebsergebnis**	10.000		40.000	**50.000**

MERKE

Da die Vollkostenrechnung jedoch keine Aussage über das Verhalten der Kosten bei Beschäftigungsänderungen macht, lässt sie die beschriebene Entscheidung gar nicht zu.

c) **Produktionsentscheidung auf Basis der Teilkostenrechnung (einstufige Deckungsbeitragsrechnung):**[1]
Angaben in Euro

Betriebsergebnis auf Basis der Teilkostenrechnung					
		Produkt 1	**Produkt 2**	**Produkt 3**	**Summe**
	Erlöse	200.000	320.000	300.000	820.000
-	variable Kosten	- 130.000	- 220.000	- 160.000	- 510.000
=	Deckungsbeitrag	70.000	100.000	140.000	310.000
-	fixe Kosten				- 290.000
=	**Betriebsergebnis**				**20.000**
Reihenfolge:[1]		P 3 – P 2 – P 1			

d) **Produktionsentscheidung auf Basis der Teilkostenrechnung bei Eliminierung von Produkt 1:**
Würde man die Entscheidung treffen, Produkt 1 aus dem Programm zu nehmen, hätte dies ein Betriebsergebnis von - 50.000 € zur Konsequenz:
Angaben in Euro

Betriebsergebnis auf Basis der Teilkostenrechnung – ohne Produkt 1					
		(Produkt 1)	**Produkt 2**	**Produkt 3**	**Summe**
	Erlöse		320.000	300.000	620.000
-	variable Kosten		- 220.000	- 160.000	- 380.000
=	Deckungsbeitrag		100.000	140.000	240.000
-	fixe Kosten				- 290.000
=	**Betriebsergebnis**				**- 50.000**

[1] Nach der Teilkostenrechnung würde die Entscheidung über das Produktionsprogramm entsprechend der jeweiligen Höhe des Deckungsbeitrages zu treffen sein.

Die Ergebnisrechnung würde um die variablen Kosten von Produkt 1 entlastet werden. Die übrigen Kostenträger müssten jedoch allein zur Deckung der fixen Kosten beitragen, was im vorliegenden Fall zu einem negativen Betriebsergebnis führt.

Daraus lässt sich generell ableiten:

MERKE

Solange ein Kostenträger einen positiven Deckungsbeitrag leistet, ist es im Allgemeinen unwirtschaftlich, ihn aus dem Produktionsprogramm zu nehmen.

Für Entscheidungen über das Produktionsprogramm ist das Betriebsergebnis **und** der Deckungsbeitrag je Kostenträger relevant.

---

e) **Produktionsentscheidung auf Basis der Teilkostenrechnung mit stufenweiser Fixkostendeckung:**
In den bisherigen Fragestellungen wurden die fixen Kosten keiner näheren Betrachtung unterzogen, sondern en bloc von der Summe der Einzeldeckungsbeiträge subtrahiert. In der Praxis wird man jedoch die fixen Kosten weiter untergliedern, um die Entscheidung über das Produktionsprogramm zu verbessern.

Man unterscheidet u. a.:

Erzeugnisfixe Kosten	sind der Teil der fixen Kosten, der sich dem Kostenträger direkt zuordnen lässt, z. B. Kosten einer spezifischen Fertigungsanlage, Spezialwerkzeuge.
Erzeugnisgruppenfixe Kosten	sind der Teil der fixen Kosten, der sich zwar nicht einem Kostenträger, jedoch einer Kostenträgergruppe (Erzeugnisgruppe) zuordnen lässt.
Unternehmensfixe Kosten	Sie entsprechen dem restlichen Fixkostenblock, der sich weder einem Erzeugnis noch einer Erzeugnisgruppe direkt zuordnen lässt, z. B. Kosten der Geschäftsleitung/der Verwaltung.

Demzufolge arbeitet man in der mehrstufigen Deckungsbeitragsrechnung mit einer modifizierten Struktur von Deckungsbeiträgen[1]:

	Erlöse
-	variable Kosten
=	**Deckungsbeitrag I**
-	erzeugnisfixe Kosten
=	**Deckungsbeitrag II**
-	erzeugnisgruppenfixe Kosten
=	**Deckungsbeitrag III**
-	unternehmensfixe Kosten
=	**Betriebsergebnis**

1 Eine weitere Untergliederung als hier dargestellt ist möglich.

Angaben in Euro

Betriebsergebnis auf Basis der Teilkostenrechnung - mehrstufige Deckungsbeitragsrechnung -					
		Produkt 1	Produkt 2	Produkt 3	Summe
	Erlöse	200.000	320.000	300.000	820.000
-	variable Kosten	- 130.000	- 220.000	- 160.000	- 510.000
=	Deckungsbeitrag I	70.000	100.000	140.000	310.000
-	erzeugnisfixe Kosten	- 20.000	- 90.000	- 60.000	- 170.000
=	Deckungsbeitrag II	50.000	10.000	80.000	140.000
-	erzeugnisgruppenfixe Kosten		- 40.000	-	- 40.000
=	Deckungsbeitrag III		10.000	80.000	100.000
-	unternehmensfixe Kosten				90.000
=	**Betriebsergebnis**				**10.000**
Reihenfolge:[1]		P 3 – P 1 – P 2			

Analyse des Ergebnisses:
Produkt 2 liefert den geringsten DB II, da seine erzeugnisfixen Kosten relativ hoch sind. Sein Beitrag zur Deckung der übrigen Fixkosten beträgt nur noch 10.000 €.

f) **Produktionsentscheidung auf Basis der Teilkostenrechnung mit stufenweiser Fixkostendeckung ohne Produkt 2:**
Würde man sich entschließen, Produkt 2 einzustellen, ergäbe sich folgendes Betriebsergebnis:
Angaben in Euro

Betriebsergebnis auf Basis der Teilkostenrechnung - mehrstufige Deckungsbeitragsrechnung – ohne Produkt 2 –					
		Produkt 1	(Produkt 2)	Produkt 3	Summe
	Erlöse	200.000		300.000	500.000
-	variable Kosten	- 130.000		- 160.000	- 290.000
=	Deckungsbeitrag I	70.000		140.000	210.000
-	erzeugnisfixe Kosten	- 20.000		- 60.000	- 80.000
=	Deckungsbeitrag II	50.000		80.000	130.000
-	erzeugnisgruppenfixe Kosten		- 40.000	-	- 40.000
=	Deckungsbeitrag III		20.000	80.000	90.000
-	unternehmensfixe Kosten				- 80.000
=	**Betriebsergebnis**				**10.000**

[1] Die Reihenfolge für das Produktionsprogramm würde daher lauten: P3 – P1 – P2

Ergebnis:

- Eine Einstellung des Produkts 2 hätte eine Vermeidung der abhängigen Kosten in Höhe von 220.000 € zur Folge. Es würde jedoch der DB II zur Deckung der übrigen Fixkosten in Höhe von 10.000 € fehlen; dies hätte eine Verminderung des Betriebsergebnisses um genau diesen Betrag zur Folge.
- Der DB II sagt jedoch noch nichts darüber aus, welchen Deckungsbeitrag ein Stück des Produkts 2 erbringt (vgl. Antwort g).

g) **Produktionsentscheidung auf Basis der Teilkostenrechnung mit stufenweiser Fixkostendeckung unter Beachtung des Stückdeckungsbeitrags:**
Angaben in Euro

Betriebsergebnis auf Basis der Teilkostenrechnung - mehrstufige Deckungsbeitragsrechnung - - Ermittlung des Stückdeckungsbeitrages -					
		Produkt 1	**Produkt 2**	**Produkt 3**	**Summe**
	Erlöse	200.000	320.000	300.000	820.000
-	variable Kosten	- 130.000	- 220.000	- 160.000	- 510.000
=	Deckungsbeitrag I	70.000	100.000	140.000	310.000
-	erzeugnisfixe Kosten	- 20.000	- 90.000	- 60.000	- 170.000
=	Deckungsbeitrag II	50.000	10.000	80.000	140.000
→	DB II pro Stück = **db II**	50.000 : 1.000	10.000 : 100	80.000 : 1.000	
		50,00	**100,00**	**80,00**	
Reihenfolge:		P 2 – P 3 – P 1			

Ergebnis:

Obwohl der DB II gering ist, ergibt sich aufgrund des Stückdeckungsbeitrags db II ein Produktionsprogramm in der Rangfolge P2 – P3 – P1.

Welche Entscheidung in der Praxis letztlich den Ausschlag für die Optimierung des Produktionsprogramms geben wird, hängt jedoch nicht nur von den Ergebnissen der oben dargestellten Voll- und Teilkostenbetrachtungen ab, sondern weiterhin von einer Reihe weiterer interner und externer Faktoren

- Von den Marketingzielen des Unternehmens, z. B.
  - Marktdurchdringung „über den Preis“
  - Erhöhung des Marktanteils „über Einführungspreise“
  - Mengenstrategie versus Preisstrategie
- von den Wettbewerbsbedingungen
- von möglichen Engpässen in der Produktion
- von der Entwicklung der Preise am Beschaffungsmarkt usw.

Lösung zu Aufgabe 4: Zusatzauftrag bei Einproduktunternehmen ohne Kapazitätsbeschränkung

Angaben in Euro

	Fertigung ohne Zusatzauftrag (1.000 Stück)		Zusatzauftrag (200 Stück)		
	je Stück	**gesamt**	**je Stück**	**gesamt**	
Umsatzerlöse	130	130.000	90	18.000	
- variable Kosten	50	50.000	50	10.000	
= DB	80	80.000	40	8.000	
- Fixkosten, gesamt		65.000		0	
= Betriebsergebnis		15.000		8.000	**23.000**

Im vorliegenden Fall wird das Betriebsergebnis um 8.000 € verbessert, da beim Zusatzauftrag der Erlös pro Stück (db) über den variablen Kosten pro Stück liegt (Mehrgewinn durch Zusatzauftrag: $(p - k_v)$ = 40 €/Stk.; 40 €/Stk. • 200 Stk. = 8.000 €).

Lösung zu Aufgabe 5: Produktionsprogrammplanung, Engpassrechnung für vier Produkte

a)

Produktionsplanung nach Stückdeckungsbeitrag				
	Produkt 1	**Produkt 2**	**Produkt 3**	**Produkt 4**
Verkaufspreis (€/Stk.)	35,00	40,00	28,00	16,00
variable Kosten (€/Stk.)	10,00	11,00	6,00	4,00
Stückdeckungsbeitrag, db (€/Stk.)	25,00	29,00	22,00	12,00
Programmreihenfolge	**2**	**1**	**3**	**4**
Produktionsmenge (Stk.)	600	600	224	0
Verbrauch (kg)	4.200	3.000	2.800	0
Deckungsbeitrag, DB (€)	15.000	17.400	4.928	0
Deckungsbeitrag, insgesamt				37.328
- Fixkosten				30.000
= Betriebsergebnis				**7.328**

b)

Produktionsplanung nach relativem Stückdeckungsbeitrag				
	Produkt 1	**Produkt 2**	**Produkt 3**	**Produkt 4**
Stückdeckungsbeitrag, db (€/Stk.)	25,00	29,00	22,00	12,00
relativer Stückdeckungsbeitrag (€/Stk.)	3,57	5,80	1,76	3,00
Programmreihenfolge	**2**	**1**	**4**	**3**
Produktionsmenge (Stk.)	600	600	0	700
Verbrauch (kg)	4.200	3.000	0	2.800
Deckungsbeitrag, DB (€)	15.000	17.400	0	8.400
Deckungsbeitrag, insgesamt				40.800
- Fixkosten				30.000
= Betriebsergebnis				**10.800**

Die Programmplanung nach relativem Deckungsbeitrag erbringt einen Vorteil von 3.472 €.

Lösung zu Aufgabe 6: Produktionsprogrammplanung mithilfe der linearen Optimierung***

Grafische Lösung:

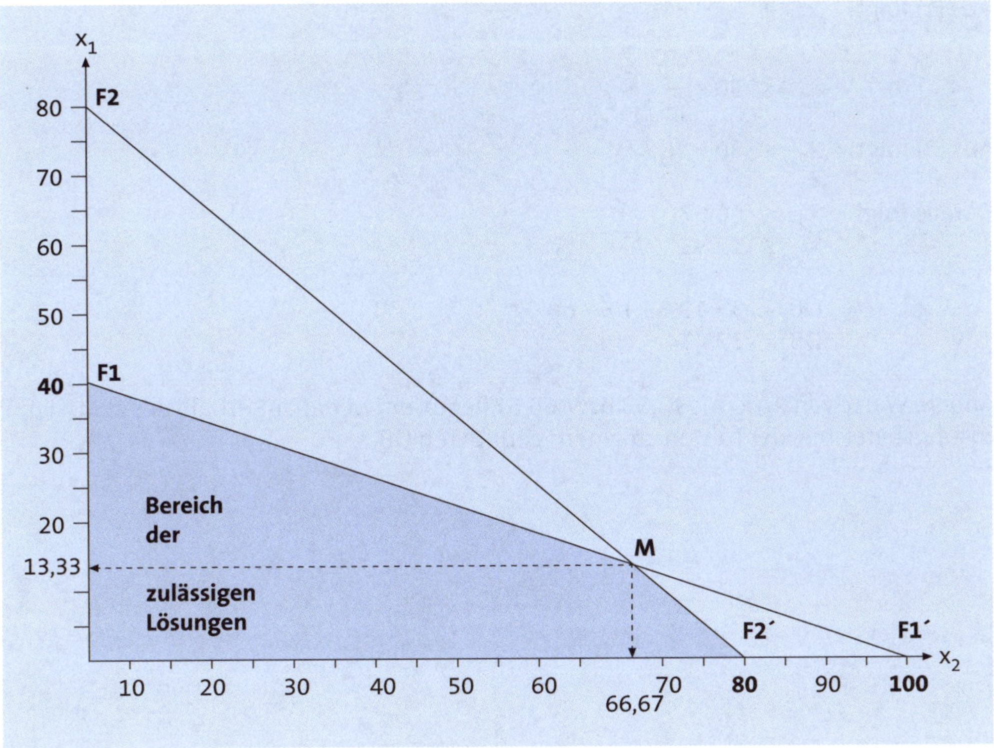

Die Produktionsfunktion F1 schneidet die Ordinate im Wert 40 und die Abzisse im Wert 100. Man erhält diese Werte, indem jeweils die Menge x_1 bzw. x_2 in jeder Produktionsfunktion gleich Null gesetzt wird:

(1) $5\,x_1 + 2\,x_2 \leq 200$	mit $x_1 = 0$ folgt	$x_2 \leq 100$
	mit $x_2 = 0$ folgt	$x_1 \leq 40$

Man erhält die Gerade F1F1´.

(2) $3\,x_1 + 3\,x_2 \leq 240$	mit $x_1 = 0$ folgt	$x_2 \leq 80$
	mit $x_2 = 0$ folgt	$x_1 \leq 80$

Man erhält die Gerade F2F2´.

Ergebnis:

- Die Fläche unterhalb der Linie F1MF2´ enthält den Bereich der zulässigen Lösungen.
- Die optimale Mengenkombination liegt im Punkt M mit den Koordinaten $x_1 \approx 13$ und $x_2 \approx 67$.

Rechnerische Lösung:

Aus (1) folgt: $x_1 + \frac{2}{5} x_2 \leq 40$

$$x_2 \leq 40 - \frac{2}{5} x_2$$

Aus (2) folgt: $x_2 \leq 80 - x_1$

Daraus folgt: $x_2 \leq 66{,}67$

$x_1 \leq 13{,}33$

$$DB = 3 \cdot 13{,}33 + 5 \cdot 66{,}67$$
$$DB = 373{,}34$$

Andere Werte von x_1, x_2 als 13,33 bzw. 66,67 liegen entweder außerhalb des zulässigen Lösungsbereichs oder führen zu einem geringeren DB.

Lösung zu Aufgabe 7: Wahl des Fertigungsverfahrens

a) Rechnerische Lösung:
Es wird auf die Berechnung der kritischen Menge zurückgegriffen:

$$x = \frac{K_{f2} - K_{f1}}{k_{v1} - k_{v2}}$$

$$= \frac{300\,€ - 50\,€}{10\,€/\text{Stk.} - 5\,€/\text{Stk.}}$$

$$= 50 \text{ Stück}$$

Die kritische Menge liegt bei 50 Stück; oberhalb von 50 Stück ist Verfahren 2 kostengünstiger.

b) Grafische Lösung:

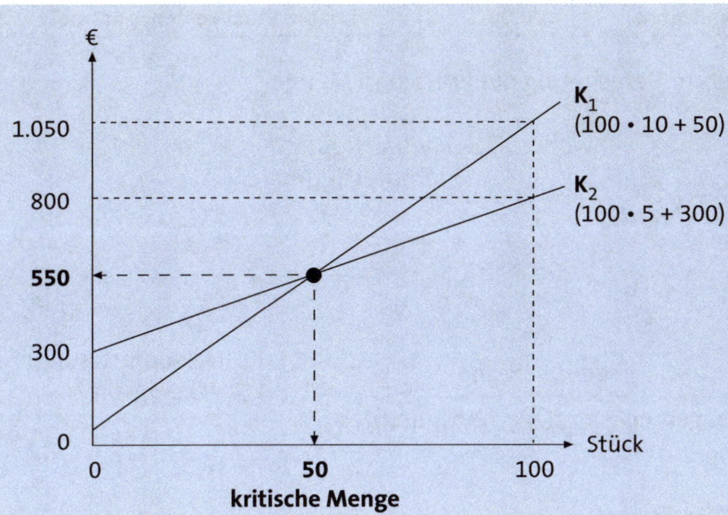

Lösung zu Aufgabe 8: Eigen- oder Fremdfertigung (langfristige Betrachtung)

Rechnerische Lösung (Angaben in Euro):

Stückkalkulation					
Fremdbezug			**Eigenfertigung**		
	Listeneinkaufspreis	100,00		kalkulatorische Abschreibung: (400.000 - 50.000) : 10	35.000
-	Rabatt, 10 %	- 10,00	+	kalkulatorische Zinsen: 450.000 : 2 • 8 : 100	18.000
=	Zieleinkaufspreis	90,00	+	sonstige Fixkosten	9.000
-	Skonto, 3 %	- 2,70	=	**Fixkosten, gesamt**	**62.000**
=	Bareinkaufspreis	87,30		Fertigungslohn pro Stk.	25,00
+	Bezugskosten	2,70	+	Materialkosten pro Stk.	15,00
=	**Einstandspreis**	**90,00**	=	**variable Stückkosten, gesamt**	**40,00**

Die Formel zur Berechnung der kritischen Menge

$$x = \frac{K_{f2} - K_{f1}}{k_{v1} - k_{v2}}$$

wobei: 2: Eigenfertigung
1: Fremdfertigung

modifiziert sich zu:

$$x = \frac{K_{f2} \text{ (Eigenfertigung)}}{\text{Bezugspreis} - k_{v2} \text{ (Eigenfertigung)}}$$

mit K_{f1} (Fremdfertigung) = 0
k_{v1} = Bezugspreis

$$x = \frac{62.000 \text{ €}}{90 \text{ €/Stk.} - 40 \text{ €/Stk.}}$$

= 1.240 Stück

Die kritische Menge liegt bei 1.240 Stück. Oberhalb dieser Menge ist die Eigenfertigung kostengünstiger, da die variablen Stückkosten niedriger sind.

Für die Planmenge p. a. ergibt sich

- bei **Eigenfertigung:** 1.800 Stk. • 40 €/Stk. + 62.000 € = 134.000 €
- bei **Fremdbezug:** 1.800 Stk. • 90 €/Stk. = 162.000 €

→ Kosteneinsparung p. a. durch den Wechsel von Fremdbezug zur Eigenfertigung = 28.000 €

ACHTUNG

- Beim **Differenzenquotienten** (Ermittlung der variablen Stückkosten k_v; vgl. z. B. S. 219) lautet die Formel allgemein:

$$k_v = \frac{\text{Kosten 2 - Kosten 1}}{\text{Beschäftigung 2 - Beschäftigung 1}}$$

mit 1, 2: Periode

Das heißt, es ist die Kostenänderung der Beschäftigungsänderung gegenüberzustellen.

Merke: im Zähler: Kosten von Periode 2 - Kosten von Periode 1; im Nenner: Beschäftigung von Periode 2 - Beschäftigung von Periode 1. **Die Reihenfolge der Indizes in Zähler und Nenner ist gleich**.

- Bei der **kritischen Menge** (Gleichheit der Kosten von zwei Verfahren) lautet die Formel allgemein:

$$x^* = \frac{\text{Kosten Verfahren 2 - Kosten Verfahren 1}}{\text{variable Stückkosten 1 - variable Stückkosten 2}}$$

mit 1, 2: Verfahren

Das heißt, die **Reihenfolge der Indizes in Zähler und Nenner ist hier umgekehrt**. Bitte beachten Sie den Unterschied – es handelt sich um einen häufigen Fehler in der Prüfung.

Grafische Lösung:

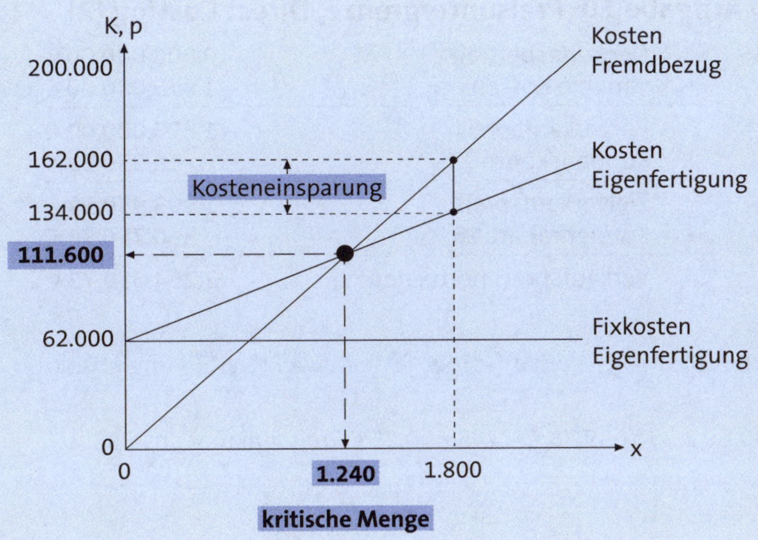

Lösung zu Aufgabe 9: Direct Costing (1)

Maschine A:		Verkaufspreis netto	2.500,000,00 €
	-	Kundenrabatt 16 %	400.000,00 €
	=	Zielverkaufspreis	2.100.000,00 €
	-	Kundenskonto 1 %	21.000,00 €
	=	Barverkaufspreis	2.079.000,00 €
	-	variable Kosten	1.875.000,00 €
	=	Deckungsbeitrag	204.000,00 €
	-	fixe Kosten	184.027,78 €
	=	Gewinn	19.972,22 €
Maschine B:		Verkaufspreis netto	4.657.640,00 €
	-	Kundenrabatt 17 %	791.798,80 €
	=	Zielverkaufspreis	3.865.841,20 €
	-	Kundenskonto 1 %	38.658,41 €
	=	Barverkaufspreis	3.827.182,79 €
	-	variable Kosten	3.493.230,00 €
	=	Deckungsbeitrag	333.952,79 €
	-	fixe Kosten	342.854,06 €
	=	Gewinn	- 8.901,27 €

Da mit Maschine B sogar Verlust gemacht würde, sollte man nur Maschine A verkaufen.

Lösung zu Aufgabe 10: Preisuntergrenze, Direct Costing (2)

Maschine A:		Deckungsbeitrag	0.000,000,00 €
	+	variable Kosten	1.875.000,00 €
	=	Barverkaufspreis	1.875.000,00 €
	+	Kundenskonto 1 %	18.939,39 €
	=	Zielverkaufspreis	1.893.939,39 €
	+	Kundenrabatt 16 %	360.750,36 €
	=	Verkaufspreis netto, neu	2.254.689,75 €

Verkaufspreis netto alt - Verkaufspreis netto neu = Preissenkung absolut

2.500.000,00 € - 2.254.689,75 € = 245.310,25 € Preissenkung absolut

Maschine B:			
		Deckungsbeitrag	0.000,000,00 €
	+	variable Kosten	3.493.230,00 €
	=	Barverkaufspreis	3.493.230,00 €
	+	Kundenskonto 1 %	35.285,15 €
	=	Zielverkaufspreis	3.528.515,15 €
	+	Kundenrabatt 17 %	722.707,92 €
	=	Verkaufspreis netto, neu	4.251.223,07 €

Verkaufspreis netto, alt - Verkaufspreis netto, neu = Preissenkung absolut

4.657.640,00 € - 4.251.223,07 € = 406.416,93 € Preissenkung absolut

Lösung zu Aufgabe 11: Ergebnisplanung

a)

Nettoverkaufspreis	p	=	450 €	
variable Stückkosten	k_v	=	250 €	
Fixkosten pro Monat	K_f	=	120.000 €	
Jahresgewinn	$G_{p.a.}$	=	39.000 €	
→ Monatsgewinn	G	=	3.250 €	
Umsatz pro Monat	U	=	$x \cdot p$	mit x = verkaufte Menge
Gesamtkosten/Monat	K	=	$K_f + x \cdot k_v$	

$$G = U - K$$

$$3.250 = x \cdot p - K_f - x \cdot k_v$$

$$3.250 = 450\,x - 120.000 - 250\,x$$

$$200\,x = 123.250$$

$$x = 616{,}25 \text{ Stück pro Monat; } 7.395 \text{ Stück pro Jahr}$$

Alternativer Rechenweg:

$$x^* = \frac{K_f \text{ p. a.} + \text{Zielgewinn p. a.}}{db}$$

$$= \frac{1.440.000 + 39.000}{200}$$

$$= 7.395 \text{ Stück p.a.}$$

b) $0{,}15 \cdot 450\,x = 450\,x - 120.000 - 250\,x$

$$67{,}5\,x = 200\,x - 120.000$$

$$x = 906 \text{ Stück pro Monat; } 10.872 \text{ Stück p. a.}$$

Lösung zu Aufgabe 12: Kurzfristige Preisuntergrenze

a) Entscheidung über die Kaufangebote (Angaben in Euro):

Kunde A:

	Verkaufspreis netto	1.735.675,00
-	Kundenrabatt 15,5 %	269.029,63
=	Zielverkaufspreis	1.466.645,37
-	Kundenskonto 2 %	29.332,91
=	Barverkaufspreis	1.437.312,46
-	variable Kosten	1.301.756,25
=	Deckungsbeitrag	135.556,21
-	fixe Kosten	127.764,97
=	Gewinn	7.791,24

Kunde B:

	Verkaufspreis netto	2.567.312,00
-	Kundenrabatt 13 %	333.750,56
=	Zielverkaufspreis	2.233.561,44
-	Kundenskonto 2 %	44.671,23
=	Barverkaufspreis	2.188.890,21
-	variable Kosten	1.925.484,00
=	Deckungsbeitrag	263.406,21
-	fixe Kosten	188.982,69
=	Gewinn	74.423,52

Beide Verkäufe würden einen Gewinn ergeben.

b) Ermittlung der kurzfristigen Preisuntergrenze (Angaben in Euro):

Maschine A:

	Deckungsbeitrag	00000000,00
+	variable Kosten	1.301.756,25
=	Barverkaufspreis	1.301.756,25
+	Kundenskonto 2 %	26.566,45
=	Zielverkaufspreis	1.328.322,70
+	Kundenrabatt 15,5 %	243.656,82
=	Verkaufspreis netto neu	1.571.979,52

Preissenkung absolut = $\text{Verkaufspreis}_{\text{netto alt}} - \text{Verkaufspreis}_{\text{netto neu}}$

= 1.735.675,00 - 1.571.979,52
= 163.695,48

Maschine B:

	Deckungsbeitrag	00000000,00
+	variable Kosten	1.925.484,00
=	Barverkaufspreis	1.925.484,00
+	Kundenskonto 2 %	39.295,59
=	Zielverkaufspreis	1.964.779,59
+	Kundenrabatt 13 %	293.587,75
=	Verkaufspreis netto neu	2.258.367,34

$$\text{Preissenkung absolut} = \text{Verkaufspreis}_{\text{netto alt}} - \text{Verkaufspreis}_{\text{netto neu}}$$

$$= 2.567.312{,}00 - 2.258.367{,}34$$
$$= 308.944{,}66$$

Lösung zu Aufgabe 13: Deckungsbeitrag pro Stück, Break-even-Punkt

a)

$$DB = U - K_v$$
$$= x \cdot p - x \cdot k_v$$

$$\frac{DB}{x} = db = \frac{1}{x}\,(x \cdot p - x \cdot k_v)$$
$$= p - k_v$$

$$= 600 - 300$$
$$= 300\ €$$

b)

Erlöse = Kosten

$$U = K$$

$$x \cdot p = K_f + x \cdot k_v$$

$$\rightarrow x = \frac{K_f}{p - k_v}$$

$$= \frac{12.000}{600 - 300}$$

= 40 Stück pro Woche

Lösung zu Aufgabe 14: Break-even-Analyse (1)

a) Aus der Grafik lässt sich im Break-even-Punkt ablesen:

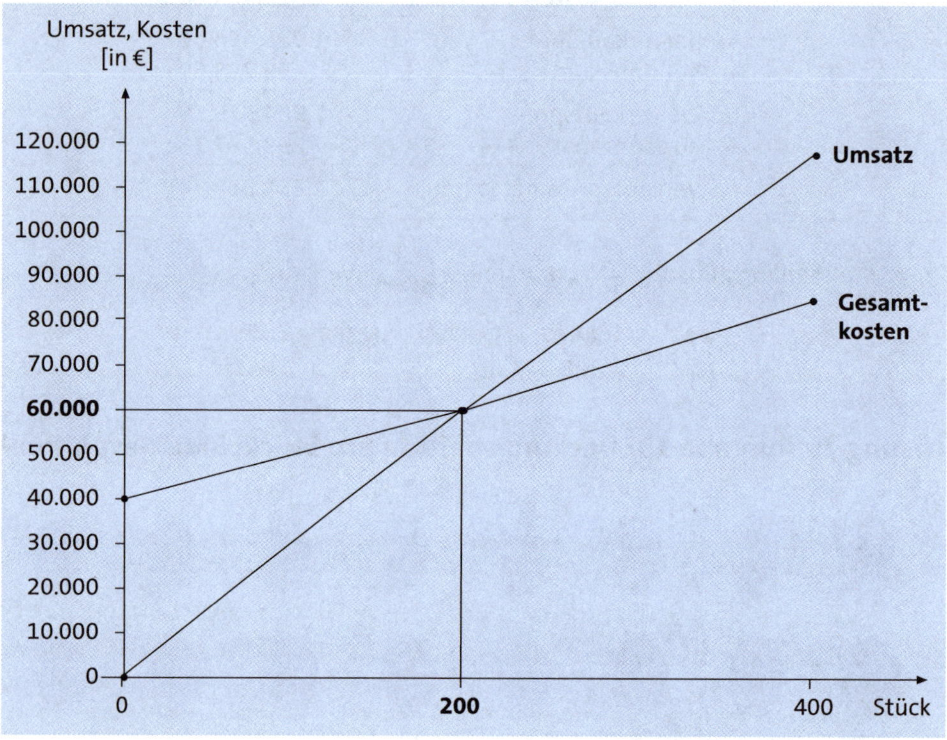

$U^* = 60.000$ €

$x^* = 200$ Stück

Definitionsgemäß ist im Break-even-Punkt:

$G^* = 0$

b) Aus der Grafik lässt sich ablesen:

$K_f = 40.000$ €

$p = ?$

$U = x \cdot p$ → $p = U^* : x^*$

$= 60.000 : 200$

$= 300$ €

$K_v = ?$

$K^* = K_f + K_v$ → $K_v = K^* - K_f$

$= 60.000 - 40.000$

$= 20.000$ €

$k_v = ?$

$K_v = x^* \cdot k_v$ → $k_v = K_v - x^*$

$= 20.000 : 200$

$= 100$ €

c) Berechnen Sie für einen Auftrag von 300 Stück:

$U = x \cdot p$

$= 300 \cdot 300$
$= 90.000$ €

$U = x \cdot p$

$= 90.000 - K_f - x \cdot k_v$
$= 90.000 - 40.000 - 100 \cdot 300$
$= 20.000$ €

$DB = U - K_v = U - x \cdot k_v$

$= 90.000 - 100 \cdot 300$
$= 60.000$ €

$db = DB : x$

$= 60.000 : 300$
$= 200$ €

d) Im Break-even-Punkt gilt:

$$x^* = \frac{K_f}{db}$$

$$= \frac{40.000}{200}$$

$= 200$

Lösung zu Aufgabe 15: Break-even-Analyse (2)

a) Ermittlung der Gewinnschwelle:

$$x = \frac{K_f}{p - k_v}$$

= 1 Mio. € : (50 €/Stk. - 25 €/Stk.)
= 40.000 Stück

Die kritische Stückzahl liegt bei 40.000 Stück; die Erlöse sind im Break-even-Punkt gleich den Gesamtkosten und betragen im vorliegenden Fall 2 Mio. €.

b) Gewinnplanung mithilfe der Break-even-Analyse:

Angenommen, das Unternehmen plant einen Gewinn von 500.000 €, so müssen 60.000 Stück produziert und abgesetzt werden.

$$x^* = \frac{K_f + BE^*}{db}$$

= (1 Mio. € + 0,5 Mio. €) : 25
= 60.000 Stück

c) Grafisch gilt im Break-even-Punkt (bei linearen Kurvenverläufen):

- Das Lot vom Schnittpunkt der Erlösgeraden mit der Gesamtkostengeraden auf die x-Achse zeigt die kritische Menge (= Beschäftigung im Break-Even-Punkt), bei der das Betriebsergebnis gleich Null ist (BE = 0 bzw. U = K), in diesem Fall bei x = 40.000 Stück.
- Oberhalb dieses Beschäftigungsgrades wird die Gewinnzone erreicht; unterhalb liegt die Verlustzone. Der Maximalgewinn wird bei Erreichen der Kapazitätsgrenze von 100.000 Stück realisiert.
- Die fixen Gesamtkosten verlaufen für alle Beschäftigungsgrade parallel zur x-Achse (= konstanten Verlauf); hier bei K_f = 1.000.000 €.

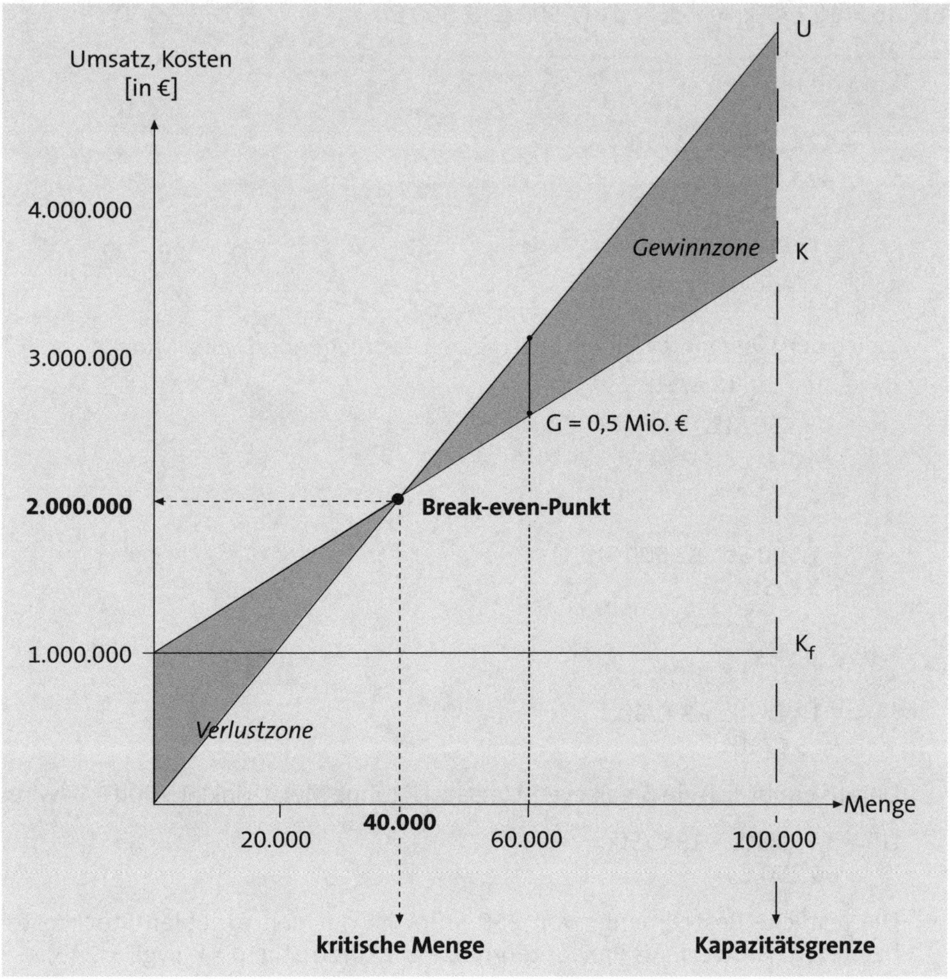

Lösung zu Aufgabe 16: Break-even-Analyse und Preisuntergrenze

a)

$$db = DB : x$$

$= 30.000\ € : 2.500\ Stk.$
$= 12\ €/Stk.$

$$x^* = \frac{K_f}{db}$$

$$= \frac{30.000\ €}{12\ €/Stk.}$$

$= 2.500\ Stk.$

b) $db = 12\ €/Stk. = p - k_v = p - (7.500\ € : 2.500\ Stk.)$

$$p = db + k_v$$

$= 12\ €/Stk. + 3\ €/Stk.$
$= 15\ €/Stk.$

c)

$$x^* = \frac{K_f + G}{db}$$

$$= \frac{30.000\ € + 15.000\ €}{12\ €/Stk.}$$

$= 3.750\ Stk.$

d)

$$k_v = K_v : x^*$$

$= 7.500\ Stk. : 2.500\ Stk.$
$= 3\ €/Stk.$

$$p = db + k_v$$

$= 12\ €/Stk. + 3\ €/Stk.$
$= 15\ €/Stk.$

Daraus ergibt sich ein Break-even-Umsatz U* (ohne MwSt.) inkl. 15.000 € Gewinn von

$U^* = 3.750\ Stk. \cdot 15\ €/Stk.$
$= 56.250\ €$

Die restliche Bestellmenge von 250 Stück ist mit den variablen Stückkosten zu bewerten (Hinweis: Als Preisuntergrenze gilt kurzfristig: $p = k_v$; vgl. S. 246).

$k_v \cdot 250\ Stk. = 3\ €/Stk \cdot 250\ Stk.$
$= 750\ €$

Daraus ergibt sich ein Gesamtumsatz für 4.000 Stück von

	56.250 €
+	750 €
=	57.000 €

Bezogen auf die Stückzahl von 4.000 ergibt dies eine Preisuntergrenze PU von
PU = 57.000 € : 4.000 Stk. = 14,25 €/Stk.

Lösung zu Aufgabe 17: Break-even-Analyse (3)

a)

$$\frac{K_f}{p - k_v} = \frac{400.000}{0,4} = 1.000.000\ € = 1\ \text{Mio.}\ €$$

Hinweis: Wenn $k_v = 60\ \%$, dann ist $p - k_v = 40\ \% = 0,4$

b)

$$x = \frac{K_f}{p - k_v} = \frac{400.000}{0,3} = 1.333.333$$

Hinweis: Wenn der Preis um 10 % gesenkt wird, ist $p - k_v = 30\ \%$.

c) Wenn der Preis um 6 % erhöht werden kann, gilt $p - k_v = 46\ \%$

$$x = \frac{K_f}{p - k_v} = \frac{400.000}{0,46} = 869.565$$

das heißt, ab einer Menge von 869.566 lässt sich ein Gewinn erzielen.

Lösung zu Aufgabe 18: Break-even im Handelsbetrieb

a) Wenn $k_v = 0,75$, dann ist
$p - k_v = 0,25$

Daraus folgt:

$$db_A = \frac{K_f}{p - k_v}$$

$$\frac{120.000}{0,25} = 480.000\ €\ \text{(Warengruppe A)}$$

Analog für Warengruppe B und C:

$db_B = 190.000 : 0,66 = 287.879\ €$

$db_C = 250.000 : 0,60 = 416.667\ €$

b) B gegenüber A:

$$db_{B/A} = \frac{190.000 - 120.000}{0,75 - 0,66} = 777.778\ €$$

$$db_{C/B} = \frac{250.000 - 190.000}{0,66 - 0,60} = 1.000.000\ €$$

$$db_{C/A} = \frac{250.000 - 120.000}{0,75 - 0,60} = 866.667\ €$$

6.3 Fixkostendeckungsrechnung

Lösung zu Aufgabe 1: Fixkostendeckungsrechnung (1)

a) Betriebsergebnis der Periode I der Produktgruppe 1 bis 4:

Periode I			**Produkt 1**	**Produkt 2**	**Produkt 3**	**Produkt 4**
Nettoverkaufspreis	p	€	5,00	7,00	3,00	6,50
Absatzmenge	x	Stk.	800	1.200	400	600
variable Stückkosten	**k_v**	**€/Stk.**	**3,50**	**3,00**	**1,50**	**3,50**
fixe Stückkosten	k_f	€/Stk.	2,50	1,50	1,00	1,50
Selbstkosten pro Stück	SK	€/Stk.	6,00	4,50	2,50	5,00

Periode I			**Produkt 1**	**Produkt 2**	**Produkt 3**	**Produkt 4**	**Gesamt**
Umsatzerlöse	U	€	4.000	8.400	1.200	3.900	17.500
- variable Kosten	K_v	€	2.800	3.600	600	2.100	9.100
Deckungsbeitrag	DB	€	1.200	4.800	600	1.800	8.400
- Fixkosten	K_f	€	2.000	1.800	400	900	5.100
Betriebsergebnis	BE	€	- 800	3.000	200	900	**3.300**
in Prozent der Umsatzerlöse							**18,86**

Das Betriebsergebnis liegt bei 3.300 € und beträgt 18,86 % der Umsatzerlöse. Für ein Produktionsunternehmen dürfte dieser Wert problematisch sein. Bei Produkt 1 ist das Betriebsergebnis negativ, da der DB nicht ausreicht, um die fixen Kosten zu decken; die Fixkosten bei Produkt 1 betragen 71,43 % der variablen Kosten.

b) Umsatzrentabilität, Periode II:

Periode II			**Produkt 1**	**Produkt 2**	**Produkt 3**	**Produkt 4**
Nettoverkaufspreis	p	€	5,00	7,00	3,00	6,50
Absatzmenge	x	Stk.	880	1.320	440	660
variable Kosten	K_v	€	3.080	3.960	660	2.310
Fixkosten	K_f	€	2.000	1.800	400	900

Periode II			**Produkt 1**	**Produkt 2**	**Produkt 3**	**Produkt 4**	**Gesamt**
Umsatzerlöse	U	€	4.400	9.240	1.320	4.290	19.250
- variable Kosten	K_v	€	3.080	3.960	660	2.310	10.010
Deckungsbeitrag	DB	€	1.320	5.280	660	1.980	9.240
- Fixkosten	K_f	€	2.000	1.800	400	900	5.100
Betriebsergebnis	BE	€	- 680	3.480	260	1.080	**4.140**
in Prozent der Umsatzerlöse							**21,51**

Die Ausweitung der Produktion (= Absatz) würde das Betriebsergebnis um 840 € bzw. 2,65 Prozentpunkte verbessern. Das heißt, auch bei negativem Betriebsergebnis eines Produkts ist es sinnvoll, die Absatzmenge zu erhöhen, wenn sich die Relationen (Fixkosten, variablen Kosten, Verkaufspreis) nicht verändern. Die Entscheidung hängt daher auch von der Auslastung der Anlagen und der Entwicklung am Absatzmarkt (Preisentwicklung) ab.

c) Eine verbesserte Analyse der Fixkosten erlaubt der Übergang von der einstufigen Deckungsbeitragsrechnung zur mehrstufigen. Je nach Unternehmen werden z. B. die Fixkosten unterteilt in erzeugnisfixe, erzeugnisgruppenfixe, bereichsfixe Kosten usw. Dadurch lässt sich klarer erkennen, welche Produktgruppe (vgl. Produkt 1 im vorliegenden Fall) unwirtschaftlich ist. Weiterhin lassen sich geeignete Maßnahmen zur Verbesserung der Wirtschaftlichkeit einleiten, z. B.:

- Fixkostensenkung
- Rationalisierung
- Umsatzsteigerung der Produktgruppe (bei konstanten Fixkosten).

Lösung zu Aufgabe 2: Fixkostendeckungsrechnung (2)

a)

	Produktbereich A		Produktbereich B	
	Typ A1	Typ A2	Typ B1	Typ B2
Erlöse	200.000	210.000	120.000	280.000
- variable Kosten	70.000	40.000	80.000	120.000
= Deckungsbeitrag I	130.000	170.000	40.000	160.000
- Produktfixkosten	18.000	35.000	45.000	15.000
= Deckungsbeitrag II	112.000	135.000	***- 5.000***	145.000
∑ Deckungsbeiträge	247.000		140.000	
- Produktbereichsfixkosten	45.000		80.000	
= Deckungsbeitrag III	202.000		60.000	
∑ Deckungsbeiträge	262.000			
- Unternehmensfixkosten	40.000			
= Deckungsbeitrag IV (Unternehmensergebnis)	222.000			

b)

Strategieempfehlungen	Produktbereich A		Produktbereich B	
	Typ A1	Typ A2	Typ B1	Typ B2
Produkttyp	erhalten	erhalten	***eliminieren***	erhalten
Produktbereich	erhalten		erhalten	
Unternehmen	erhalten			

7. Handelskalkulation

7.1 Handelskalkulation auf Vollkostenbasis

Lösung zu Aufgabe 1: Vorwärts-, Rückwärts- und Differenzkalkulation im Handel, Handelsspanne, Kalkulationszuschlag, Kalkulationsfaktor

a), b) und c)

Handelskalkulation		Vorwärtskalkulation		Differenzkalkulation		Rückwärtskalkulation	
		%	€	%	€	%	€
Listeneinkaufspreis			100,00		100,00		**85,05**
-	Lieferer-Rabatt	20	20,00	v. H.	20,00	i. H.	17,01
=	Zieleinkaufspreis		80,00		80,00		68,04
-	Lieferer-Skonto	3	2,40	v. H.	2,40	i. H.	2,04
=	Bareinkaufspreis		77,60		77,60		66,00
+	Bezugskosten		2,50		2,50		2,50
=	Bezugspreis		80,10		80,10		68,50
+	Handlungskosten	30	24,03	v. H.	24,03	a. H.	20,55
=	Selbstkostenpreis		104,13		104,13		89,05
+	Gewinn	15	15,62	**7,29**	**7,59**	a. H.	13,36
=	Barverkaufspreis		119,75		111,72		102,41
+	Kundenskonto	i. H. 2	2,44	v. H.	2,28	v. H.	2,09
+	Vertreterprovision	i. H. 0	0,00	v. H.	0,00	v. H.	0,00
=	Zielverkaufspreis		122,19		114,00		104,50
+	Kundenrabatt	i. H. 5	6,43	v. H.	6,00	v. H.	5,50
=	Listenverkaufspreis		**128,62**		120,00		110,00

Dabei ergibt sich in der Vorwärtsrechnung:

$$\text{Handelsspanne} = \frac{128{,}62 - 80{,}10}{128{,}62} \cdot 100$$

$$= 37{,}72\ \%$$

$$\text{Kalkulationszuschlag} = \frac{128{,}62 - 80{,}10}{80{,}10} \cdot 100$$

$$= 60{,}57\ \%$$

Kalkulationsfaktor = 1 + Kalkulationszuschlag
= 1,6057

Probe: Im Großhandel gilt:

Handelsspanne = Kalkulationszuschlag : Kalkulationsfaktor

= 60,57 % : 1,6057
= 37,72 %

TIPP

Es empfiehlt sich nach der Erstellung der Rückwärtskalkulation die Probe im Wege der Vorwärtskalkulation durchzuführen.

Lösung zu Aufgabe 2: Handelsspanne

Die Formel für die Handelsspanne beim Großhandel in Prozent lautet:

Handelsspanne = (Nettoverkaufspreis - Bezugspreis) • 100 : Nettoverkaufspreis

Es gilt: BP = Bezugspreis
VP = Verkaufspreis
HSP = Handelsspanne

Angaben in Euro

		„alt“	„neu“: Fall a)	„neu“: Fall b)
BP	=	40,00	44,00	44,00
HSP	=	60,00 %	56,00 %	58,10 %
VP	=	100,00	100,00	105,00

Lösung zu Aufgabe 3: Vollkostenrechnung (Handel)

		%	€				
	Einkaufspreis		70.000,00	100 %			
-	Liefererrabatt	10	7.000,00				
=	Zieleinkaufspreis		63.000,00	90 %	100 %		
-	Liefererskonto	2	1.260,00				
=	Bareinkaufspreis		61.740,00		98 %		
+	Bezugskosten		5.000,00				
=	Einstandspreis		66.740,00	100 %			
+	Handlungskosten	30	20.022,00				
=	Selbstkosten		86.762,00	130 %	100 %		
+	Gewinnzuschlag	7	6.073,34				
=	Barverkaufspreis		92.835,34		107 %	98 %	
+	Kundenskonto	2	1.894,60				
=	Zielverkaufspreis		94.729,94			100 %	90 %
+	Kundenrabatt	10	10.525,55				
=	Verkaufspreis netto		105.255,49				100 %

TIPP

Bitte prägen Sie sich bei der Vorwärtskalkulation die jeweilige Bezugsbasis bei der Prozentrechnung ein:

- bis Selbstkosten: vom Hundert (von 100 %)
- Kundenskonto und Kundenrabatt: im Hundert (vom verminderten Wert).

Beachten Sie dies bei der Rückwärts- bzw. Differenzkalkulation analog.

Lösung zu Aufgabe 4: Bezugspreiskalkulation

	Einkaufspreis	1.000,00 €
-	Liefererrabatt 5 %	50,00 €
=	Zieleinkaufspreis	950,00 €
-	Liefererskonto 2 %	19,00 €
=	Bareinkaufspreis	931,00 €
+	Bezugskosten (Fracht)	70,00 €
=	Einstandspreis	1.001,00 €

MERKE

Portokosten sind Handlungskosten und werden in der Kontenklasse 4 geführt.

Lösung zu Aufgabe 5: Rückwärtskalkulation (Handel)

	Listenpreis	159,08 €
-	Rabatt 8 %	12,73 €
=	Zielverkaufspreis	146,35 €
-	Skonto 2 %	2,93 €
=	Barverkaufspreis	143,42 €
-	Gewinn 10,45 %	13,57 €
=	Selbstkosten	129,85 €
-	Handlungskosten 15,5 %	17,43 €
=	Bezugspreis	112,42 €

Lösung zu Aufgabe 6: Rückwärtskalkulation, Differenzkalkulation (Handel)

a)

	Bezugspreis	30,00 €	
+	HKZ 15,5 %	4,65 €	
=	Selbstkosten	34,65 €	(wichtig für die Differenzkalkulation)
+	Gewinn 10,12 %	3,51 €	
=	Barverkaufspreis	38,16 €	
+	Skonto 2 %	0,78 €	
=	Zielverkaufspreis	38,94 €	
+	Rabatt 5 %	2,05 €	
=	Listenpreis	40,99 €	(wichtig für die Rückwärtskalkulation)

b) Rückwärtskalkulation

	Listenpreis	40,99 €
-	Rabatt 8 %	3,28 €
=	Zielverkaufspreis	37,71 €
-	Skonto 2 %	0,75 €
=	Barverkaufspreis	36,96 €
-	Gewinn 10,12 %	3,40 €
=	Selbstkosten	33,56 €
-	HKZ 15,5 %	4,50 €
=	Bezugspreis	29,06 €

c) Differenzkalkulation

	Listenpreis	40,99 €
-	Rabatt 6 %	2,46 €
=	Zielverkaufspreis	38,53 €
-	Skonto 2 %	0,77 €
=	Barverkaufspreis	37,76 €
-	**Gewinn**	**3,11 €**
=	Selbstkosten	34,65 €

Barverkaufspreis - Selbstkosten = Gewinn

37,76 € - 34,65 €

= 3,11 € Gewinn

d) 3,11 € multipliziert mit 100 und dividiert durch 34,65 € ergibt 8,98 % der Selbstkosten.

oder:

$$G\ (\%) = \frac{G\ (€)}{SK\ (€)} \cdot 100$$

$$= \frac{3{,}11\ €}{34{,}65\ €} \cdot 100$$

$$= 8{,}98\ \%$$

Lösung zu Aufgabe 7: Lieferantenkredit, Skonto

a)

	Eingangsrechnung	45.000 €
-	3 % Skonto, 10 Tage	1.350 €
=	Zahlungsbetrag	43.650 €

Kontokorrentkredit $= \frac{43.650 \cdot 14 \cdot 20}{100 \cdot 360}$

$= 339{,}50$ €

Skontovorteil = Skontobetrag - Kontokorrentzinsen

= 1.350,00 - 339,50

= 1.010,50 €

b) Zinstage $= \frac{1.350 \cdot 100 \cdot 360}{43.650 \cdot 14}$

$= 79{,}5$ Tage

Nach rd. 80 Tagen wäre der Skontovorteil durch den Kontokorrentkredit aufgebraucht.

c) **Lieferantenkredit, aus der Sicht des Lieferanten:**

- Vorteile, z. B.:
  - Anreiz für den Käufer zum Abschluss des Kaufvertrages
  - Verbesserung der Liquidität, wenn der Kunde Skonto in Anspruch nimmt
  - ggf. Kundenbindung.
- Nachteile, z. B.:
  - ist eine sehr teure Form der kurzfristigen Kreditgewährung
  - ggf. Ausfallrisiko.

Lieferantenkredit, aus der Sicht des Kunden:

- Vorteile, z. B.:
  - Kreditgewährung ohne Aufwand, Formalitäten und direkte Sicherheiten
  - psychologischer Vorteil: der Kredit wird nicht „bewusst" in Anspruch genommen.
- Nachteile, z. B.:
  - Kredit ist kurzfristig und auf den Rechnungsbetrag begrenzt
  - schafft ggf. Abhängigkeit vom Lieferanten
  - ist eine sehr teure Form der kurzfristigen Fremdfinanzierung.

d)
- Der Vorteil der Skontogewährung (Jahreszins) ist nicht bekannt.
- Wegen mangelnder Liquidität kann die Skontogewährung nicht genutzt werden.
- Wegen mangelhafter Organisation der Buchhaltung werden die Skontofristen nicht beachtet bzw. ist die Liquiditätslage nicht bekannt.

Lösung zu Aufgabe 8: Kalkulationsverfahren im Handel

- *Zuschlagskalkulation*: Die Gemeinkosten werden den Einzel- bzw. Herstellkosten mithilfe von Zuschlagssätzen zugeschlagen.
  ⟶ im Handel anwendbar.
- Bei der *Divisionskalkulation* werden die Kosten pro Einheit ermittelt, indem die Gesamtkosten durch die Anzahl der Einheiten dividiert werden (Kosten pro Einheit = Gesamtkosten).
  ⟶ (einstufige) Divisionskalkulation ist nur im 1-Produkt-Unternehmen anwendbar. Im Handel nicht anwendbar, da ein 1-Produktsortiment praxisfern ist.

7.2 Deckungsbeitragsrechnung im Handel

Lösung zu Aufgabe 1: Deckungsbeitragssatz (1)

	U	900.000 €	
-	WE, 70 %	630.000 €	
=	Rohertrag (-gewinn)	270.000 €	
-	K_v	50.000 €	
=	DB I	220.000 €	
-	K_f	85.000 €	
=	**DB II**	**135.000 €**	**= 15 % vom Nettoumsatz**

Der Gewinn der Plankalkulation entspricht gerade noch dem angestrebten Wert. Das Warensortiment kann erweitert werden. Es ist jedoch zu beachten, dass kein Abweichungsspielraum vorliegt (Risiko der Entscheidung).

Lösung zu Aufgabe 2: Deckungsbeitragssatz (2)

a)

	Situation	
	„alt“	**„neu“**
Verkaufspreis, p	5 €	4 €
Absatz, x	1.000.000 Stück	1.000.000 Stück
Umsatz, U	5.000.000 €	4.000.000 €
Stückkosten, variabel, k_v	2.200.000 €	2.200.000 €
DB	2.800.000 €	1.800.000 €
Gewinn, G (= DB - K_f)	2.400.000 €	1.400.000 €

b)

	Situation	
	„alt“	„neu“
$p - k_v$	5,00 - 2,20	4,00 - 2,20
$DB_{Stück} = db$	2,80	1,80
dB-Satz = db • 100 : p	56 %	45 %

c) Im Break-even-Punkt gilt:

$x = K_f : (p - k_v)$

	Situation	
	„alt“	„neu“
Absatz, x	400.000 : (5,00 - 2,20) = 142.857	400.000 : (4,00 - 2,20) = 222.222
U = x • p	142.857 • 5,00 = 714.285	222.222 • 4,00 = 888.888
Beschäftigungs-grad	70 % = 1.000.000 100 % = x → x = 1.428.571	
	$x_1 = 10{,}0\ \%$	$x_2 = 15{,}6\ \%$

Lösung zu Aufgabe 3: Vergleich von Vollkostenrechnung zur Teilkostenrechnung

Beispiel

Angenommen, die Vollkostenrechnung führt zu einem Verlust und der Artikel wird deshalb in einem Handelsunternehmen aus dem Sortiment genommen, obwohl die Deckungsbeitragsrechnung zu einem positiven Deckungsbeitrag führt. Diese Entscheidung ist falsch, weil dann ein positiver Deckungsbeitrag zu den fixen Kosten nicht mehr zur Verfügung steht.

8. Prozesskostenrechnung

Lösung zu Aufgabe 1: Prozesskostenrechnung (1)

Teilprozesse		Kostentreiber	lmi-Prozess-menge (Stück)	Teilprozesskosten (€)		
				gesamt	davon: lmi	davon: lmn
1	Angebote einholen	Anzahl der Angebote	300	5.000	4.000	1.000
2	Material bestellen	Anzahl der Bestellungen	500	9.500	7.500	2.000
3	Abteilung Einkauf leiten	-	-	40.000	-	40.000
4	Auftrag fakturieren	Anzahl der Rechnungen	900	10.800	10.800	-
Summe der Kosten				65.300	22.300	43.000

Berechnung der Teilprozesskostensätze:

Teilprozess	Berechnung : Teilprozesskostensatz
1	4.000 € : 300 Stk. = 13,33 €/Stk.
2	7.500 € : 500 Stk. = 15,00 €/Stk.
4	10.800 € : 900 Stk. = 12,00 €/Stk.

Lösung zu Aufgabe 2: Prozesskostenrechnung (2)

a) Die Prozesskostenrechnung sieht das gesamte betriebliche Geschehen als eine Folge von Prozessen (Aktivitäten). Zusammengehörige Teilprozesse werden kostenstellenübergreifend zu **Hauptprozessen** zusammengefasst (z. B. Materialbeschaffung, Fertigungsdurchführung).

Bei der Prozesskostenrechnung steht also der Prozess im Vordergrund der Betrachtung und nicht mehr die einzelne Kostenstelle – wie bei der Zuschlagskalkulation.

b) Bezugsgrößen der Prozesskostenrechnung zur Verteilung der Gemeinkosten:

1. **leistungsmengeninduzierte** Aktivitäten (lmi)
   → mengenvariabel zum Output, z. B. Materialbeschaffung: Bestellvorgang, Transport, Ware prüfen
2. **leistungsmengenneutrale** Aktivitäten (lmn)
   → mengenfix zum Output, z. B. Materialwirtschaft: Leitung der Abteilung
3. **prozessunabhängige** Aktivitäten (pua)
   → unabhängig vom Output, z. B. Kantine, Arbeit des Betriebsrates

c) Schwachstelle der Prozesskostenrechnung, z. B.:

Die Prozesskostenrechnung ist eine Vollkostenrechnung. Sie verrechnet variable und fixe Kosten auf die Kostenträger und nutzt daher nicht die Vorteile der Teilkostenrechnung.

Lösung zu Aufgabe 3: Prozesskostenrechnung, Handel

1. Ermittlung der Hauptprozesskostensätze:

Hauptprozess	Imi-Prozessmenge	Hauptprozesskosten	Prozesskostensatz
Einkauf	8.000 Std.	150.000 €	18,75 €/Std.
Transport	120.000 km	180.000 €	1,50 €/km
Lager	2.200 Std.	352.000 €	160,00 €/Std.

2. Kalkulation des Auftrags:

		Artikel 1		Artikel 2	
	Warenwert		10.000,00 €		80.000,00 €
+	Einkauf	18,75 • 2	37,50 €	18,75 • 1	18,75 €
+	Transport	1,50 • 600	900,00 €	1,50 • 120	180,00 €
+	Lager	160,00 • 2	320,00 €	160,00 • 4	640,00 €
=	Selbstkosten		11.257,50 €		80.838,75 €
→	**Selbstkosten insgesamt**				**92.096,25 €**

Lösung zu Aufgabe 4: Prozesskostenkalkulation und Zuschlagskalkulation im Vergleich

	Prozesskostenkalkulation				€
	Materialeinzelkosten			2.000	
+	Materialprozesskosten	6	50	300	
+	Rest-Materialgemeinkosten		20 %	400	
=	**Materialkosten**				**2.700**
	Fertigungseinzelkosten			4.000	
+	Maschinenstunden	3	150	450	
+	Fertigungsprozesskosten	10	80	800	
+	Rest-Fertigungsgemeinkosten		15 %	600	
+	Sondereinzelkosten der Fertigung			200	
=	**Fertigungskosten**				**6.050**
=	**Herstellkosten**				**8.750**
	Verwaltungsgemeinkosten		10 %	875	
+	Vertriebsprozesskosten	5	20	100	
+	Rest-Vertriebsgemeinkosten		6 %	525	
+	Sondereinzelkosten des Vertriebs			100	
=	**Verwaltungs- und Vertriebskosten**				**1.600**
=	**Selbstkosten** (pro Stück/pro Auftrag)				**10.350**

Das Ergebnis der Prozesskostenkalkulation liegt um 1.650 € über dem der Zuschlagskalkulation mit Gemeinkostenzuschlägen. Unterstellt man, dass die Kostentreiber und die Kosten je Prozess sorgfältig ermittelt wurden, liegt die Vermutung nahe, dass über die Zuschlagskalkulation zu wenig Gemeinkosten auf den Kostenträger verrechnet werden.

9. Zielkostenrechnung (Target Costing)

Lösung zu Aufgabe 1: Zielkostenrechnung (Target Costing), Industrie

Möglicher Marktpreis pro Stück			200,00 €	**200**	**Marktpreis** (€/Stk.)
Planabsatz			500 Stück		
Zielkostenermittlung					
	Planumsatz		100.000 €		
-	Mindestgewinn	15 %	- 15.000 €	**- 30**	**Gewinn** (€/Stk.)
=	Zwischensumme		85.000 €	**- 170**	**Zielkosten** (€/Stk.)
-	Vertriebskosten		- 10.000 €		
-	Verwaltungskosten		- 9.600 €		
=	Zwischensumme		65.400 €		
-	Konstruktion		- 20.000 €		
-	Arbeitsvorbereitung		- 4.000 €		
-	Werkzeuge		- 10.000 €		
=	Zwischensumme		31.400 €		
-	Materialkosten		- 7.150 €		
=	**Zulässige Fertigungskosten**		**24.250 €**		

Nebenrechnung:

Vertriebskosten	10.000 €	
Verwaltungskosten	9.600 €	
Konstruktion	20.000 €	
Arbeitsvorbereitung	4.000 €	
Werkzeuge	10.000 €	
Materialkosten	7.150 €	
Fertigungskosten	24.250 €	
Gesamtkosten	**85.000 €**	**: 500 Stk. = 170 €/Stk.**

Wenn es gelingt, die Zielkosten im Rahmen von 170 € pro Stück zu halten, beträgt der Marktpreis 200 € pro Stück – bei einem Gewinn von 30 € pro Stück.

Lösung zu Aufgabe 2: Zielkostenrechnung (Target Costing), Handel

Möglicher Marktpreis pro Stück			400,00 €
Zielkostenermittlung (Handelsbetrieb)			
			Hinweise zur Berechnung
	Bruttoverkaufspreis	400,00 €	
-	Mehrwertsteuer, 19 %	63,87 €	= 400,00 • 19 : 119
=	Nettoverkaufspreis	336,13 €	
-	Gewinn, 15 %	43,84 €	= 336,13 • 15 : 115
=	Selbstkosten	292,29 €	
-	Handlungskosten, 20 %	48,72 €	= 292,29 • 20 : 120
=	Einstandspreis	243,57 €[1]	

Der zulässige Einstandspreis darf bei rd. 245 € liegen.

[1] Beachten Sie, dass bei der Probe (Vorwärtsrechnung) Rundungsdifferenzen von 0,01 € auftreten.

10. Kostenmanagement

Lösung zu Aufgabe 1: Kostenkontrollrechnung, Über-/Unterdeckung

Bearbeitungsschritte:

1. Berechnung der Ist-Zuschlagssätze; dabei sind die Herstellkosten des Umsatzes auf Istkostenbasis zu ermitteln.
2. Berechnung der Normalgemeinkosten mithilfe der Normal-Zuschlagssätze; dabei sind die Herstellkosten des Umsatzes auf Normalkostenbasis zu ermitteln.
3. Berechnung der Über-/Unterdeckung je Kostenstelle und Analyse der Ergebnisse.

Angaben in Euro		**Material**	**Fertigung**	**Verwaltung**	**Vertrieb**	**Summe**
Kalkulation auf Istkostenbasis	**Ist-Gemeinkosten**	30.000	154.000	84.480	46.080	314.560
	Zuschlagsgrundlage	50.000	140.000	384.000[1]	384.000[1]	
	Ist-Zuschlagssätze	60 %	110 %	22 %	12 %	
Kalkulation auf Normalkostenbasis	**Normalgemeinkosten**	25.000	168.000	78.600	39.300	310.900
	Zuschlagsgrundlage	50.000	140.000	393.000[2]	393.000[2]	
	Normalzuschlagssätze	50 %	120 %	20 %	10 %	
Überdeckung (+)			**14.000**			
Unterdeckung (-)		**5.000**		**5.880**	**6.780**	**3.660**

- **Analyse der Wirtschaftlichkeit** (Kostenüber-/Kostenunterdeckung) der einzelnen Kostenstellen:
  1. Die Kostenunterdeckung (Normalgemeinkosten < Istgemeinkosten) im Materialbereich könnte beruhen auf, z. B: höheren Lagerkosten.
  2. Die Kostenüberdeckung (Normalgemeinkosten > Istgemeinkosten) im Fertigungsbereich könnte beruhen auf, z. B.: wirtschaftliche Losgrößenfertigung, optimale Instandhaltung, geringer Verschleiß der Werkzeuge.

[1] **Istkosten/Herstellung:**

	FEK	140.000
+	FGK, 110 %	154.000
+	MEK	50.000
+	MGK, 60 %	30.000
+	Minderbestand	10.000
=	HKU	384.000

[2] **Normalkosten/Herstellung:**

	FEK	140.000
+	FGK, 120 %	168.000
+	MEK	50.000
+	MGK, 50 %	25.000
+	Minderbestand	10.000
=	HKU	393.000

3. Die Kostenunterdeckung im Verwaltungsbereich könnte beruhen auf, z. B.: höhere Gemeinkosten, höhere Abschreibung aufgrund von Rationalisierungsinvestitionen.
4. Die Kostenunterdeckung im Vertriebsbereich könnte beruhen auf, z. B.: höhere Gemeinkostenlöhne, höhere Energiekosten.

Lösung zu Aufgabe 2: Kennzahlen für Steuerungszwecke (Umsatzrendite, Wirtschaftlichkeit)

Insgesamt ergeben sich folgende Kennzahlen der Wirtschaftlichkeit und der Umsatzrendite:

	Produkt 1	**Produkt 2**	**Produkt 3**
Selbstkosten	249.934,40 €	314.811,20 €	353.648,00 €
Nettoumsatzerlöse	302.000,00 €	278.000,00 €	385.600,00 €
Betriebsergebnis	52.065,60 €	- 36.811,20 €	31.952,00 €
Wirtschaftlichkeit	302.000 : 249.934,40 = **1,208**	278.000 : 314.811,20 = **0,883**	385.600 : 353.648,00 = **1,090**
Umsatzrendite	52.065,60 • 100 : 302.000 = **17,24 %**	- 36.811,20 • 100 : 278.000 = **- 13,24 %**	31.952 • 100 : 385.600 = **8,29 %**

Kommentar:

- Produkt 2 ist derzeit unwirtschaftlich (Wirtschaftlichkeit < 1) und erbringt eine negative Umsatzrendite. Hier ist eine genaue Kostenanalyse erforderlich. Ziel könnte sein, die Kosten zu senken und/oder die Umsatzerlöse zu erhöhen (Zielvorgabe); ggf. Eliminierung des Produkts. Es könnte jedoch auch der Fall vorliegen, dass sich Produkt 2 in der Markteinführung befindet und die derzeitige Ertragslage dem Unternehmensziel entspricht.
- Produkt 1 zeigt eine zufriedenstellende Wirtschaftlichkeit; die Umsatzrendite ist ausgezeichnet.
- Die Ergebnisse bei Produkt 3 sind nicht zufriedenstellend. Die Wirtschaftlichkeit liegt knapp über Eins und die Umsatzrendite bei etwa der Hälfte von Produkt 1. Hier sind entsprechende Maßnahmen erforderlich.

Lösung zu Aufgabe 3: Kennzahlen

a) Zur Vorbereitung der Rechnungen werden zunächst die Gesamtkosten ermittelt.

	Jahr (in T€)					
	01		**02**		**03**	
Gewinn	480		340		290	
Wareneinsatz	3.200		2.800		2.600	
Handlungskosten	1.300		1.200		1.250	
Gesamtkosten		**4.500**		**4.000**		**3.850**
Umsatz	5.200		4.500		3.800	
Bilanzsumme	980		960		1.100	
Anzahl der Mitarbeiter	80		60		50	

$$\text{Umsatzrentabilität} = \frac{\text{Gewinn} \cdot 100}{\text{Umsatz}} = \frac{480 \cdot 100}{5.200} = 9{,}23\ \%$$

$$\text{Wirtschaftlichkeit} = \frac{\text{Leistung}}{\text{Kosten}} = \frac{5.200}{4.500} = 1{,}16$$

$$\text{Wareneinsatzquote} = \frac{\text{Wareneinsatz} \cdot 100}{\text{Umsatz}} = \frac{3.200 \cdot 100}{5.200} = 61{,}54\ \%$$

$$\text{Gesamtkapitalumschlag} = \frac{\text{Umsatz}}{\text{Gesamtkapitaleinsatz}} = \frac{5.200}{980} = 5{,}31$$

Insgesamt ergeben sich folgende Ergebnisse:

	Jahr		
	01	**02**	**03**
Umsatzrentabilität	9,23 %	7,56 %	7,63 %
Wirtschaftlichkeit	1,16	1,125	0,99 %
Wareneinsatzquote	61,54 %	62,22 %	68,42 %
Gesamtkapitalumschlag	5,31	4,69	3,45

Kommentar:
Die Umsatzrentabilität fällt im Jahr 02.

Die Wirtschaftlichkeit ist im 3. Jahr negativ; das Unternehmen arbeitet unwirtschaftlich.

- Die Wareneinsatzquote steigt im Jahr 03 überproportinal hoch.
- Der Umschlag des Gesamtkapitals ist fallend.

Insgesamt verschlechtert sich die Gesamtsituation des Unternehmens.

c) Vorschläge zur Verbesserung der Kennzahlen(es gilt die ceteris parabis Regel – unter sonst konstanten Bedingungen):

Umsatzrentabilität	► Erhöhung des Gewinns ► Senkung der Kosten
Wirtschaftlichkeit	► Erhöhung der Leistungen ► Senkung der Kosten
Wareneinsatzquote	► Verringerung des Wareneinsatzes ► Erhöhung des Umsatzes
Gesamtkapitalumschlag	► Verminderung des Kapitaleinsatzes

Weiterhin gilt mit einer Gesamtwirkung:

- Analyse der Gemeinkosten mit dem Ziel der Kostensenkung
- Verkauf nicht notwendiger Anlagen/Betriebseinrichtung mit dem Ziel das eingesetzte Kapital zu senken.
- Senkung des durchschnittlichen Lagerbestandes.
- Verbesserung des Einkaufs, um den Wareneinsatz zu verringern.

Lösung zu Aufgabe 4: Grenzkosten, fixe und variable Kosten, Kostenverläufe

a) Ermittlung der Fixkosten K_f und der variablen Stückkosten k_v:

Bei linearem Verlauf der Gesamtkostenkurve gilt der Differenzenquotient:

$$K' = \frac{\text{Kostenzuwachs}}{\text{Mengenzuwachs}} = \frac{K_2 - K_1}{x_2 - x_1} = \frac{\Delta K}{\Delta x}$$

Die Grenzkosten K' sind bei linearem Gesamtkostenverlauf gleich den variablen Stückkosten k_v ($K' = k_v$). Daher gilt für die Kostenart K_1:

$$K'_1 = k_{v1}$$

$$= \frac{21.000\ € - 13.500\ €}{8.000\ \text{Std.} - 5.000\ \text{Std.}}$$

$= 2{,}50$ €/Std.

Daraus ergeben sich bei einer Beschäftigung von 5.000 Stunden folgende Fixkosten K_f:

$$K = K_f + x \cdot k_v \quad \longrightarrow \quad K_{f1} = K_1 - x \cdot k_{v1}$$

$= 13.500 - 5.000\ \text{Std.} \cdot 2{,}5$

$= 1.000$ €

Analog lassen sich die variablen Stückkosten sowie die Fixkosten für alle weiteren Kostenarten ermitteln (Werte in Euro).

Kostenart	Monat 1	Monat 2	Grenzkosten = variable Stückkosten		Fixkosten
			Berechnung	$K' = k_v$	K_f
K_1	13.500	21.000	(21.000 - 13.500) : 3.000	2,5	1.000
K_2	13.500	16.500	(16.500 - 13.500) : 3.000	1,0	8.500
K_3	26.000	39.500	(39.500 - 26.000) : 3.000	4,5	3.500
K_4	4.000	4.000	(4.000 - 4.000) : 3000	0,0	4.000
K_5	6.000	6.000	(6.000 - 6.000) : 3.000	0,0	6.000
K_6	12.000	18.000	(18.000 - 12.000) : 3.000	2,0	2.000

b) Bei linearem Verlauf hat eine Kostenfunktion allgemein die Form:

Kosten = Menge (x) • variable Stückkosten (k_v) + Fixkosten (K_f)

$$K_i = x \cdot k_{vi} + K_{fi}$$

Für K_1 ergibt sich daher:

$$K_1 = 2{,}5\,x + 1.000$$

Insgesamt ergeben sich je Kostenart folgende Kostenfunktionen (Werte in Euro):

Kostenart	Monat 1	Monat 2	var. Stückkosten	Fixkosten	Kostenfunktion $K_i(x)$
			$K' = k_v$	K_f	
K_1	13.500	21.000	2,5	1.000	2,5 x + 1.000
K_2	13.500	16.500	1,0	8.500	1,0 x + 8.500
K_3	26.000	39.500	4,5	3.500	4,5 x + 3.500
K_4	4.000	4.000	0,0	4.000	0,0 x + 4.000
K_5	6.000	6.000	0,0	6.000	0,0 x + 6.000
K_6	12.000	18.000	2,0	2.000	2,0 x + 2.000
$\sum$			10,0	25.000	10,0 x + 25.000

Die Gesamtkostenfunktion K(x) ergibt sich als Addition der einzelnen Kostenfunktionen je Kostenart:

$$K(x) = \sum K_i = \sum k_{vi} \cdot x + \sum K_{fi}$$

$$= 10{,}0\ €/\text{Std.} \cdot x\ \text{Std.} + 25.000\ €$$

c)

INFO

Die nachfolgende Wertetabelle für die Grafik wurde aus Gründen der Verständlichkeit umfangreicher gestaltet als dies in einer Klausur erforderlich ist; der Wert für die variablen Stückkosten (= Grenzkosten) kann der Antwort zu b) entnommen werden.

Beschäftigung x (Std.)	**Gesamtkosten K(x) = 10,0 x + 25.000**	**Stückkosten k = K(x) : x**	**Grenzkosten = variable Stückkosten $K' = k_v$**	**fixe Stückkosten $k_f = K_f : x$**
0	**25.000**	**0,00**	**10,00**	**0,00**
1.000	35.000	35,00	10,00	25,00
2.000	45.000	22,50	10,00	12,50
3.000	55.000	18,33	10,00	8,33
4.000	65.000	16,25	10,00	6,25
5.000	**75.000**	**15,00**	**10,00**	**5,00**
6.000	85.000	14,17	10,00	4,17
7.000	95.000	13,57	10,00	3,57
8.000	**105.000**	**13,13**	**10,00**	**3,13**
9.000	115.000	12,78	10,00	2,78
10.000	125.000	12,50	10,00	2,50

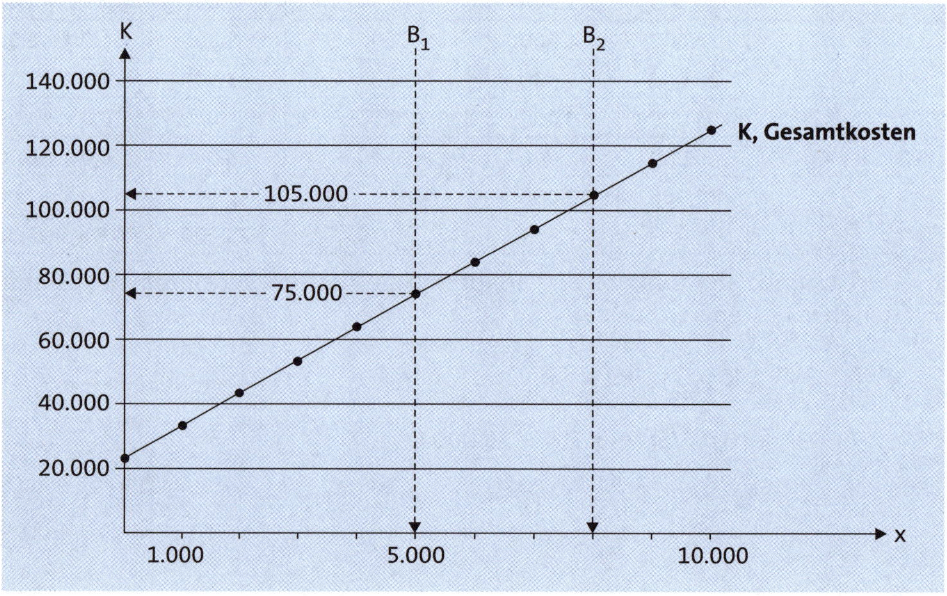

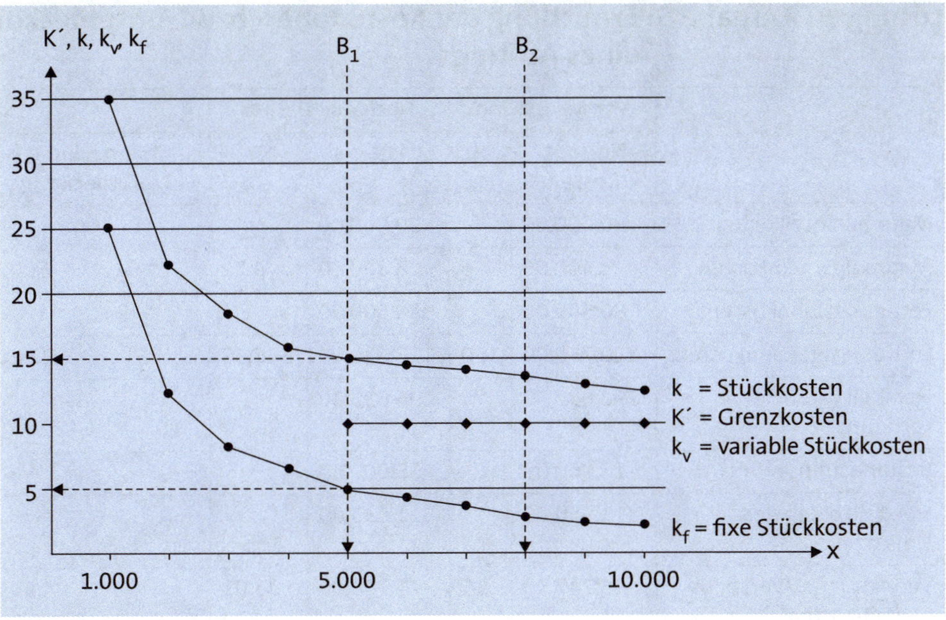

d) Beschreibung der Kostenverläufe:

Gesamtkosten	K	Die Gesamtkosten haben einen proportionalen Verlauf. Sie reagieren im gleichen Maße wie die Beschäftigung.
Stückkosten	k	Die Stückkosten fallen degressiv.
Grenzkosten **variablen Stückkosten**	$K' = k_v$	Die Grenzkosten (= variable Stückkosten) sind konstant (Parallele zur x-Achse).
fixen Stückkosten	k_f	Die fixen Stückkosten fallen degressiv und nähern sich (asymptotisch) der x-Achse.

Lösung zu Aufgabe 5: Ermittlung der Kostenüber- bzw. -unterdeckung eines Auftrags

	Vorkalkulation		Nachkalkulation		
	Normalkosten	%	Istkosten	%	Überdeckung (+) Unterdeckung (-)
Materialeinzelkosten	90.000,00		90.000,00		
Materialgemeinkosten	5.400,00	6	8.300,00	9,22	- 2.900,00
Fertigungslohnkosten	80.500,00		80.500,00		
Fertigungsgemeinkosten	120.750,00	150	117.830,00	146,37	2.920,00
Herstellkosten der Fertigung	296.650,00		296.630,00		
Bestandsminderung	15.000,00		15.000,00		
Herstellkosten des Umsatzes	311.650,00		311.630,00		
Verwaltungs-/Vertriebsgemeinkosten	46.747,50	15	71.700,00	23,01	- 24.952,50
Selbstkosten	358.397,50		383.330,00		- 24.932,50

Interpretation der Kostenüber- und -unterdeckung:

- Die Unterdeckung im Materialbereich könnte auf Fehlmengenkosten beruhen.
- Die Überdeckung im Fertigungsbereich kann durch den Mindereinsatz von Hilfspersonal begründet sein.
- Die Unterdeckung im Bereich der Verwaltung/des Vertriebs kann auf der Einstellung eines Mitabeiters oder Logistikmehrkosten beruhen.

Lösung zu Aufgabe 6: Produktivität, Rentabilität, ROI

a)

Arbeitsproduktivität = Ausbringung : Arbeitsstunden

Monat Mai: 50.000 Stk. : 2.000 Std. = 25 Stück pro Arbeitsstunde
Monat Juni: 42.000 Stk. : 1.400 Std. = 30 Stück pro Arbeitsstunde

$$\text{Veränderung}: \frac{30 - 25}{25} \cdot 100 = 20\,\%$$

Die Arbeitsproduktivität ist um 20 % gestiegen. Als Ursachen kommen z. B. infrage:

- Rückgang von Störungen im Fertigungsablauf
- verbesserte Leistung der Mitarbeiter pro Zeiteinheit.

b) Die Rentabilität misst die „Ergiebigkeit des Faktors Kapital". Insofern ist bei einer gestiegenen Arbeitsproduktivität eine Konstanz der Gesamtkapitalrentabilität möglich; folgende Fälle sind z. B. denkbar:

- die Ergiebigkeit des Einsatzes beim Faktor Kapital verändert sich **mengenmäßig**, z. B.
  - Maschinenausfall
  - Materialverbrauch
- das Ergebnis des Leistungsprozesses verändert sich **wertmäßig**, z. B.:
  - veränderte Materialkosten
  - veränderte Personalkosten
- die **Struktur des Kapitaleinsatzes** verändert sich (Verhältnis von Eigenkapital und Fremdkapital).

c) **Beispiel**

$$\text{ROI} = \frac{\text{Return}}{\text{Umsatz}} \cdot \frac{\text{Umsatz}}{\text{Kapitaleinsatz}} \cdot 100$$

d) **Beispiele**

Unterschied ROI und Rentabilität:

Die Rentabilität wird ermittelt als

- Umsatzrentabilität und/oder als
- Kapitalrentabilität und diese wiederum
  - als Rentabilität des Eigenkapitals oder
  - als Rentabilität des Fremdkapitals oder
  - als Rentabilität des Gesamtkapitals.

Der ROI wird rechnerisch unter Berücksichtigung der FK-Zinsen berechnet. Insofern sind die Größen ROI und Gesamtkapitalrentabilität rechnerisch gleich.

Der Vorteil liegt beim ROI in der Aufspaltung in zwei Rechengrößen (als Produkt): Umsatzrendite • Kapitalumschlag. Der ROI (die Gesamtkapitalrentabilität) kann damit über diese zwei Größen besser gesteuert werden.

Lösung zu Aufgabe 7: Operative Instrumente (Kennzahlen, Controlling) und Budgetkontrolle

a) **1. Ist-Ist-Vergleich:**

- Ist-Ist-Vergleich: Aspekt „Menge“ (= Absatz):

  Absatz 01: 450 Stück
  Absatz 02: 460 Stück

  Die Änderungsrate (= Δx) lautet:

  $$\Delta x = \frac{x_{02} - x_{01}}{x_{01}} \cdot 100$$

  = (460 Stk. 1 450 Stk.) : 450 Stk. • 100 = 2,22 %

- Ist-Ist-Vergleich: Aspekt „Wert“ (= Umsatz):

  Die Berechnung erfolgt analog zu oben:

  ΔU = (45.200 € - 40.400 €) : 40.400 € • 100
  = 11,88 %

- Ist-Ist-Vergleich: Aspekt „Erlöse pro Stück“:

  01: 40.400 € : 450 Stk. = 89,78 €/Stk.
  02: 45.200 € : 460 Stk. = 98,26 €/Stk.

  Δ U/Stk. = (98,26 €/Stk. - 89,78 €/Stk.) : 89,78 €/Stk. • 100
  = 9,45 %

2. Soll-Ist-Vergleich:

- Soll-Ist-Vergleich: Aspekt „Menge“:

  die Änderungsrate lautet:

  $$\Delta x = \frac{x_{Ist} - x_{Soll}}{x_{Soll}} \cdot 100$$

  = (460 Stk. - 450 Stk.) : 450 Stk. • 100
  = 2,22 %

- Soll-Ist-Vergleich: Aspekt „Wert“:

  Δ U = (45.200 - 48.000) : 48.000 • 100
  = - 5,83 %

- Soll-Ist-Vergleich: Aspekt „Erlöse pro Stück“:

  Δ U/Stk = (98,26 - 106,67) : 106,67 • 100
  = - 7,88 %

b) Die Präsentation könnte folgendermaßen aussehen:

Präsentation als Tabelle:

	Veränderungen gegenüber dem Vorjahr 01/02	Abweichungen vom Budget (Ist 02/Soll 02)
Absatz	+ 2,22 %	+ 2,22 %
Umsatz	+ 11,88 %	-5,83 %
Erlöse pro Stück	+ 9,45 %	- 7,88 %

Präsentation als Chart in Form eines Säulendiagramms:

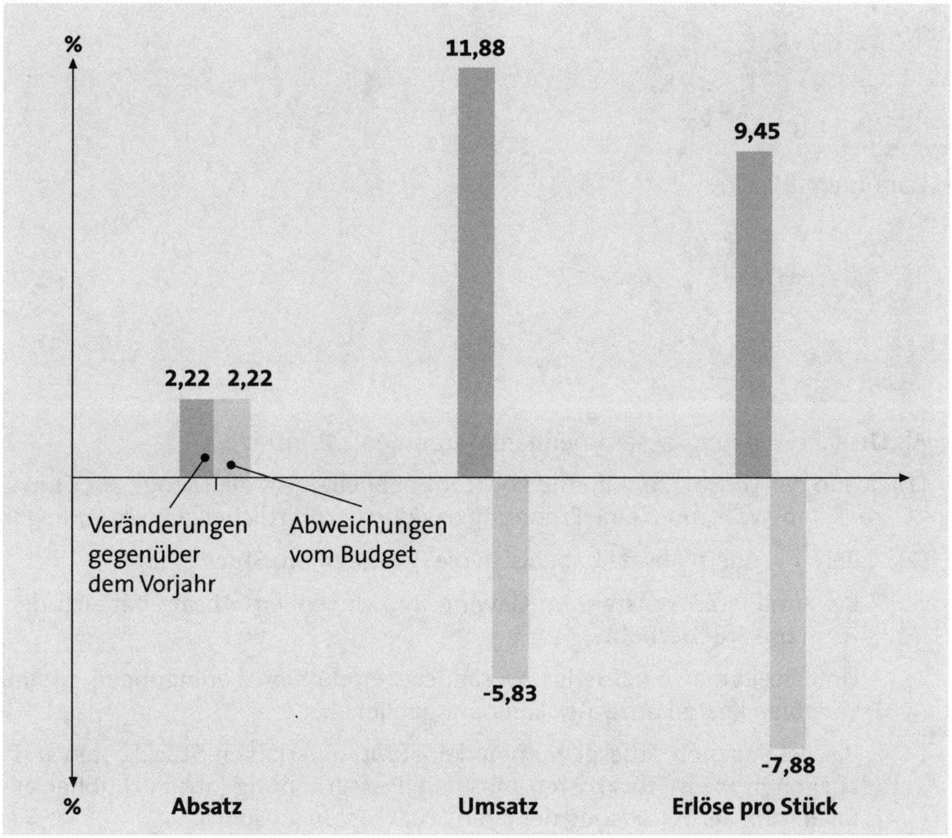

Lösung zu Aufgabe 8: Analyse einer Geschäftsentwicklung

Es bedeutet: x	=	Absatz	K_f	=	fixe Kosten
G	=	Gewinn	k_v	=	variable Kosten
U	=	Umsatz	k_v	=	variable Kosten pro Stück

- Die Ist-Analyse ergibt:

  $G = -1{,}5\ \% \quad \downarrow$

  $x = -25\ \% \quad \downarrow$

  $U =$ ca. konstant $\rightarrow$

- Die Zielfunktion lautet im Allgemeinen:

$$\begin{aligned} G &= U - K \\ &= x \cdot p - K_f - x \cdot k_v \\ &= x\,(p - k_v) - K_f \end{aligned}$$

Daraus ergibt sich:

$$\frac{G}{x\downarrow} = p - k_v - \frac{K_f}{x\downarrow}$$ sowie

$$\bar{U} = x\downarrow \cdot p$$

- Als Ursache-Wirkungszusammenhänge kommen z. B. infrage:

(1) Wenn der Umsatz annähernd konstant geblieben ist, die Menge aber um 25 % rückläufig war, muss eine Erhöhung des durchschnittlichen Preises vorliegen.

(2)
- Bei sinkendem Absatz haben sich die Fixkosten pro Stück erhöht.
- Bei annähernd konstantem Gewinn und sinkendem Absatz hat sich der Gewinn pro Stück erhöht.
- Unterstellt man kurzfristig unveränderte Produktionsbedingungen, so sind die variablen Kosten pro Stück konstant geblieben.
- Bei gestiegenen Stückgewinnen, konstanten variablen Stückkosten und gestiegenen fixen Stückkosten muss die Preiserhöhung (absolut) höher ausgefallen sein als der Anstieg der fixen Stückkosten (absolut).

$$\uparrow \frac{G}{x} = \uparrow p - \frac{K_v}{x} - \frac{K_f}{x} \uparrow$$

Lösung zu Aufgabe 9: Kennzahlenanalyse

a) Maschinenproduktivität = 35.000 E : 46.000 Masch.std.
= 0,7609 E/Masch.std.

Arbeitsproduktivität = 35.000 E : 30.000 Arb.std.
= 1,1667 E/Arb.std.

Kapitalrentabilität = 60.000 € • 100 : 600.000 €
= 10,0 %

Wirtschaftlichkeit = 2.000.000 € : 1.900.000 €
= 1,0526

b) Die Produktivität ist eine Verhältniszahl, die Mengengrößen gegenüberstellt und mit der die Ergiebigkeit einer Faktoreinsatzmenge zur Ausbringungsmenge gemessen wird, z. B. als „Arbeitsproduktivität" oder als „Maschinenproduktivität".

Analytische Aussagen lassen sich bei dieser Kennzahl nur aufgrund eines innerbetrieblichen Vergleichs im Zeitablauf oder aufgrund eines zwischenbetrieblichen Vergleichs treffen. Isolierte Ergebnisse – wie im vorliegenden Fall – erlauben keine Interpretation.

c) **Beispiel**

- Situation „alt":
  Kapitalrentabilität = 60.000 € • 100 : 600.000 € = 10,0 %
  Wirtschaftlichkeit = 2.000.000 € : 1.900.000 € = 1,0526
- Situation „neu":
  Angenommen, in der Folgeperiode gelingt es, die Kosten von 1.900 Tsd. € auf 1.700 Tsd. € zu reduzieren, so ergibt sich bei gleichbleibenden Leistungen:

  Wirtschaftlichkeit = 2.000.000 € : 1.700.000 € = 1,1765

  In der Regel wird eine Reduzierung der Kosten zu einer Erhöhung des Gewinns und damit zu einer Verbesserung der Kapitalrendite führen.

  Kapitalrendite = 65.000 € • 100 : 600.000 € = 10,83 %

  Sollte jedoch der Kapitaleinsatz gleichzeitig ansteigen, so kann die Kapitalrendite gleich bleiben oder sich sogar verschlechtern:

Angenommenes Zahlenbeispiel:

- Gewinnveränderung: Anstieg von 60.000 € auf 65.000 €
- Kapitaleinsatz: Anstieg von 600.000 € auf 750.000 €
- Kapitalrendite: 65.000 • 100 : 750.000 = 8,67 %

Lösung zu Aufgabe 10: Vor- und Nachkalkulation

a) Nettoverkaufspreis, Vorkalkulation

Angaben in Euro

	Kalkulationsschema	**Vorkalkulation, Normalkosten**	
	MEK		1.000,00
+	MGK	50 %	500,00
=	**MK**		**1.500,00**
	FEK		2.000,00
+	FGK	120 %	2.400,00
=	**FK**		**4.400,00**
=	**Herstellkosten des Umsatzes**		**5.900,00**
+	VwGK	15 %	885,00
+	VtGK	10 %	590,00
+	Sondereinzelkosten des Vertriebs		625,00
=	Selbstkosten des Umsatzes		8.000,00
+	Gewinn	20 %	1.600,00
=	Barverkaufspreis		9.600,00
+	Kundenskonto, 2 %		195,92
=	Zielverkaufspreis		9.795,92
+	Kundenrabatt, 10 %		1.088,44
=	**Nettoverkaufspreis**		**10.884,36**

Berechnungsschritte:

1. Auf der Basis der Selbstkosten des Umsatzes sind 20 % Gewinn zu kalkulieren („vom 100“).
2. Kundenskonto-Berechnung: Berechnungsbasis ist der Zielverkaufspreis; Achtung: „vom verminderten Wert“/Barverkaufspreis („auf 100“).

Beispiel

Gegeben:	98 %	= Barverkaufspreis	= 9.600,00
	2 %	= Skonto	= x
Gesucht:	x	= 9.600 • 2 : 98	= 195,92
Probe:	2 %	von 9.795,92	= 195,92

3. Kundenrabatt-Berechnung: „vom verminderten Wert“/Zielverkaufspreis; analog zu Kundenskonto:

x = 9.795,92 • 10 : 90 = 1.088,44

b) Berechnungsschritte:

1. Für die Nachkalkulation werden die tatsächlichen Werte des Auftrags der Kostenrechnung entnommen und den Normalkosten der Vorkalkulation gegenübergestellt.
2. Ist der Angebotspreis verbindlich, führt eine Kostenunterdeckung (Istkosten > Normalkosten) zu einer Gewinnschmälerung und umgekehrt.

	Kalkulations-schema	**Vorkalkulation** Normalkosten		**Nachkalkulation** Istkosten		**Abweichung** (+) Kostenüber-deckung (-) Kostenunter-deckung
	MEK		1.000,00		1.200,00	- 200,00
+	MGK	50 %	500,00	~ 41,67 %	500,00	0,00
=	MK		1.500,00		1.700,00	- 200,00
	FEK		2.000,00		2.200,00	- 200,00
+	FGK	120 %	2.400,00	~ 113,64 %	2.500,00	- 100,00
=	FK		4.400,00		4.700,00	- 300,00
=	Herstellkosten des Umsatzes		5.900,00		6.400,00	- 500,00
+	VwGK	15 %	885,00	13,75 %	880,00	+ 5,00
+	VtGK	10 %	590,00	~ 9,38 %	600,00	- 10,00
+	Sondereinzelkosten des Vertriebs		625,00		700,00	- 75,00
=	Selbstkosten des Vertriebs		8.000,00		8.580,00	- 580,00
+	Gewinn	20 %	1.600,00	**~ 11,89 %**	1.020,00	**- 580,00**
=	Barverkaufspreis		9.600,00		9.600,00	
+	Kundenskonto, 2 %		195,92			
=	Zielverkaufspreis		9.795,92			
+	Kundenrabatt, 10 %		1.088,44			
=	Nettoverkaufspreis		10.884,36			

Analyse:

Gegenüber der Vorkalkulation führt die Kostenunterdeckung bei fast allen Kostenarten zu einer Gewinnschmälerung: Die Gewinnspanne sinkt von 20 % (kalkuliert) auf tatsächlich 11,89 %. Die Gewinneinbuße beträgt 580 €. Die Ursache(n) für die Kostenüberschreitungen ist gründlich zu untersuchen. Lassen sich die Istkosten im vorliegenden Fall nicht verändern, müssen die Normal-Zuschlagssätze korrigiert werden. Erfolgt keine Korrektur, besteht die Gefahr, dass auch andere Angebotspreise „falsch" kalkuliert sind und ggf. zu einer Gewinneinbuße führen – in der Praxis eine gefährliche Entwicklung.

Lösung zu Aufgabe 11: Analyse eines Kostenstellenreports

Maßnahmen zur Gegensteuerung bei Abweichungen > 5 %:

1. RHB-Stoffe:

   Analyse des Stoffverbrauchs in Zusammenarbeit mit der Verwaltung:

   - Liegt eine Mengenabweichung oder eine Preisabweichung vor?
   - Bei Preisabweichung: Verhandlung mit dem Lieferanten (Rabattstaffel, Bonussystem, Reduzierung der Transportkosten u. Ä.).
   - Bei Mengenabweichungen: Analyse der Ursachen unter Einbeziehung der Mitarbeiter.
   - Prüfen, ob konsequent Skonto genutzt wird.
   - Überprüfen, ob die Bestellmengen optimal sind (z. B. Andler-Formel).
   - Keine Verschwendung bei Verbrauchsmaterialien (Reinigungsmittel, Putzwolle, Hilfsstoffe).

2. Versicherungen:

   - In Zusammenarbeit mit der Verwaltung:
   - Auflisten aller relevanten Versicherungen nach Höhe des Risikos und jährlicher Beitragssumme; heranzuziehen sind Wertgutachten, Anlagespiegel, Verzeichnis der geringwertigen Wirtschaftsgüter, aktuelle Lagerbewegung, Versicherungspolicen.
   - Entscheidung, welche Versicherung der Betrieb tatsächlich benötigt (angemessenes Kosten-Nutzen-Verhältnis, Quantifizierung des Schadensfallrisikos im Verhältnis zur Jahresprämie; ggf. nicht notwendige Versicherungen kündigen.
   - Einholen von Alternativangeboten, Vergleich der Angebote (Prämie/Leistung) und ggf. Wechsel der Versicherung.

3. Instandhaltung:

   - Analyse:
     - In welchem Monat war die Abweichung?
     - Durch welche Instandhaltungsmaßnahme wurde die Abweichung verursacht?
     - War die Abweichung vermeidbar/nicht vermeidbar?
   - Alternativen prüfen:
     - Änderung der Instandhaltungsstrategie?
     - Outsourcing der Instandhaltungsarbeiten?

4. Energiekosten:

   Analyse des Energieverbrauchs in Zusammenarbeit mit der Verwaltung:

   - Liegt eine Mengenabweichung oder eine Preisabweichung vor?
   - Bei Preisabweichung: ggf. Wechsel des Versorgungsunternehmens,
     - Wechsel des Energieträgers, Bezug der Energieleistung im Verbund mit regional ansässigen Unternehmen u. Ä.
   - Bei Verbrauchsabweichungen:
     - Ursachen ermitteln (Wann? Welche Verbrauchsstelle?).
     - Ggf. zusätzliche Messeinheiten einbauen (wirtschaftlich vertretbar).
     - Nutzen neuer Technologie: Energiesparlampen, hohe Effizienzklasse der Verbrauchsgeräte (Einkauf/Lastenheft), Möglichkeiten der Energierückgewinnung nutzen, soweit wirtschaftlich vertretbar.
     - Arbeitsanweisung in Zusammenarbeit mit den Mitarbeitern erstellen, z. B.:
       - Leckagen sofort beseitigen;
       - Verbraucher ausschalten, wenn sie nicht mehr benötigt werden;
       - Einsatz verbesserter Regelungstechnik.

11. Betriebsstatistik

Lösung zu Aufgabe 1: Umsatzentwicklung, Liniendiagramm

a) Entwicklung der Monatsumsätze der Metallbau GmbH

Darstellung als Liniendiagramm:

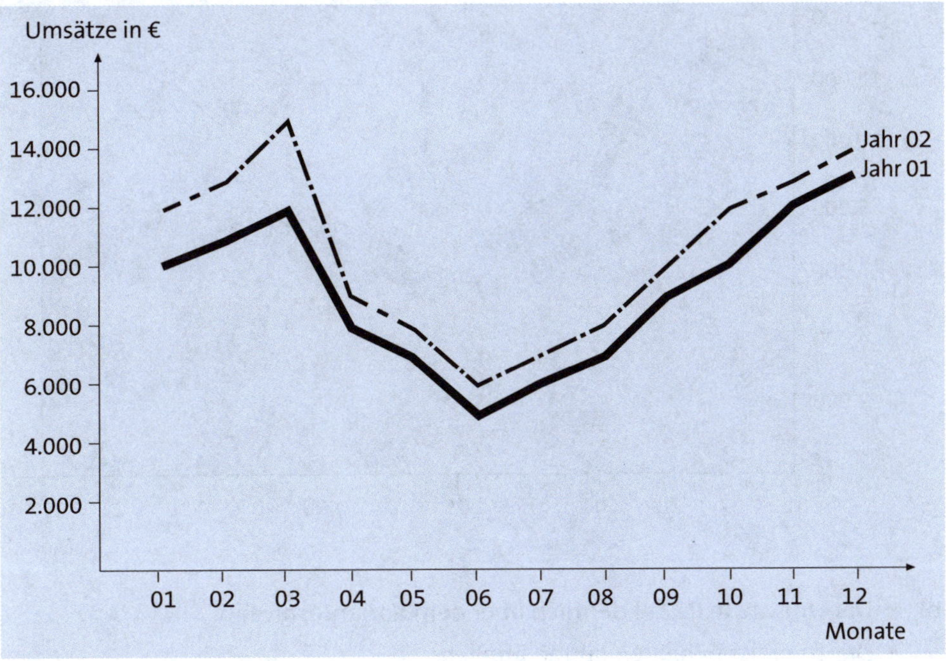

Darstellung als Flächendiagramm:

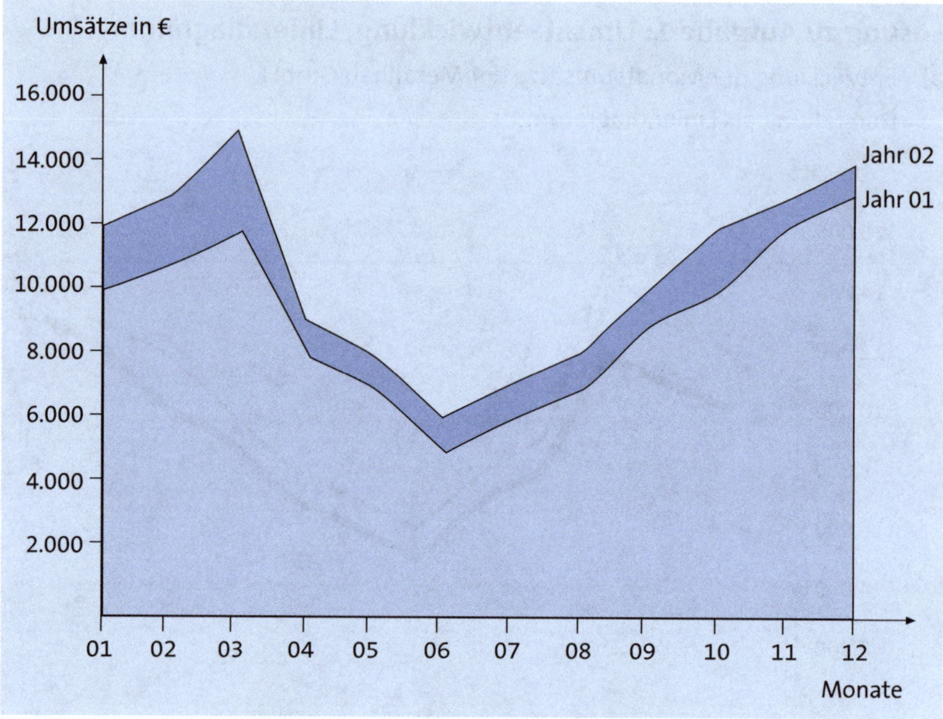

b) ► Der Umsatz in 02 lag deutlich über dem Vorjahresniveau.

► Der Trend ist in beiden Jahren ähnlich.

► Die Umsatzentwicklung ist saisonabhängig.

c) Jahr 01: $\sum x_i : n$ = 110.000 € : 12 = 9.166,67 €

Jahr 02: $\sum x_i : n$ = 127.000 € : 12 = 10.583,33 €

d) Umsatzanstieg von 01 auf 02:

$$\Delta U = \frac{127 - 110}{110} \cdot 100$$

$$= 15{,}45\ \%$$

Lösung zu Aufgabe 2: Umsätze und Gewinn pro Quartal, Säulendiagramm, Flächendiagramm

Säulendiagramm

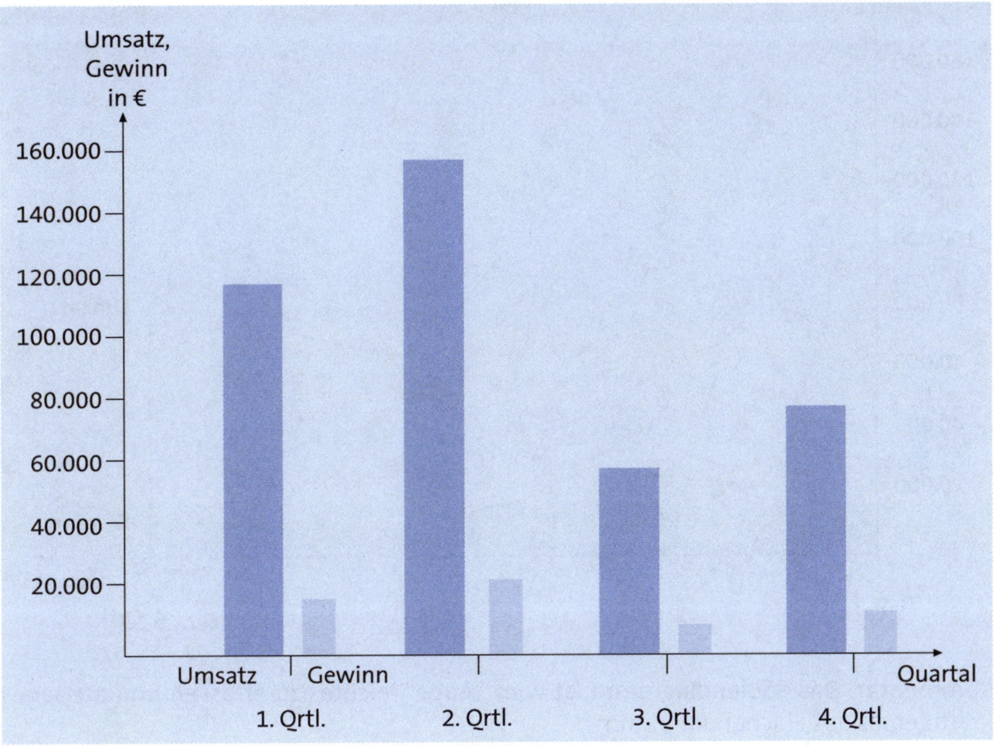

Flächendiagramm:

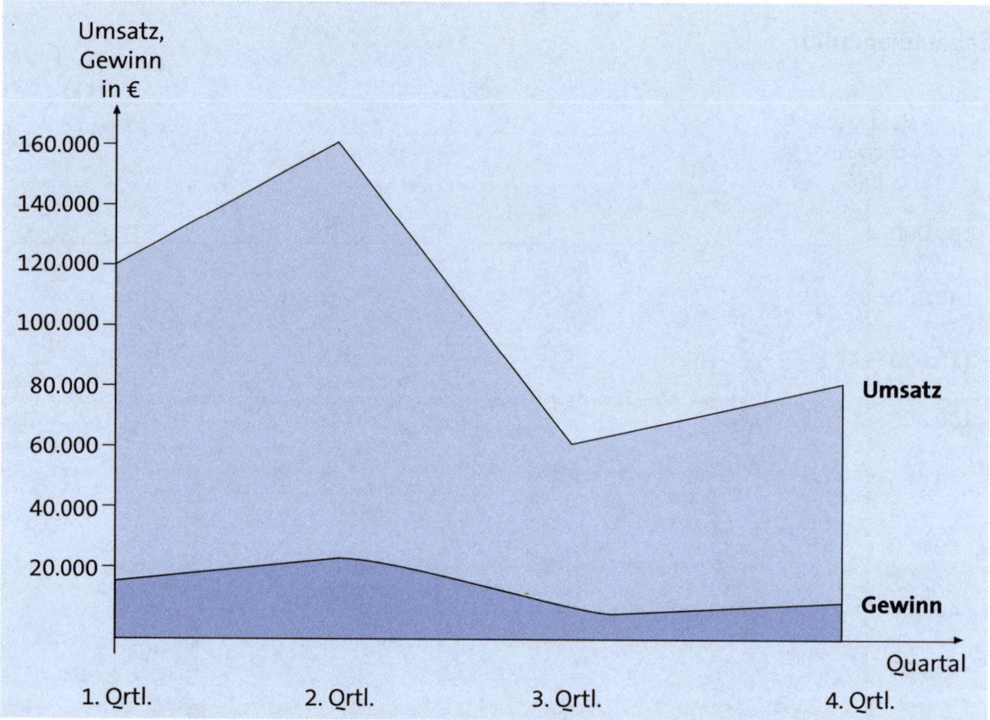

Kommentar: Das Säulendiagramm ist vom „Auge“ leichter zu erfassen und aussagekräftiger als das Flächendiagramm.

Lösung zu Aufgabe 3: Kosten pro Quartal, Balkendiagramm

a) Balkendiagramm, Absolutbeträge

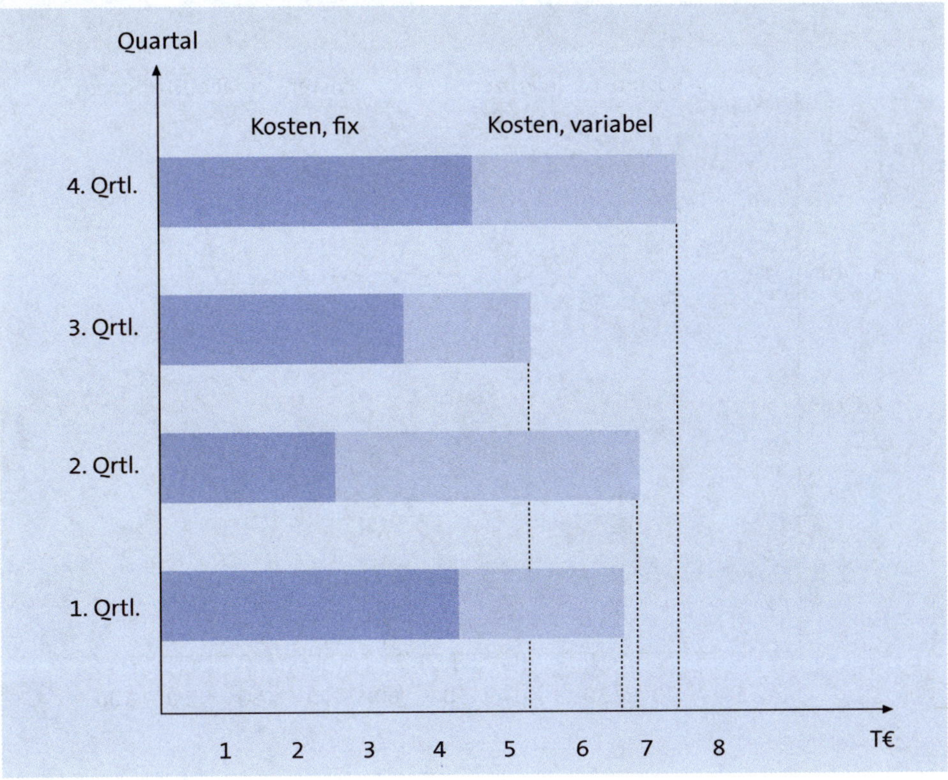

b) Balkendiagramm, auf 100 % normiert

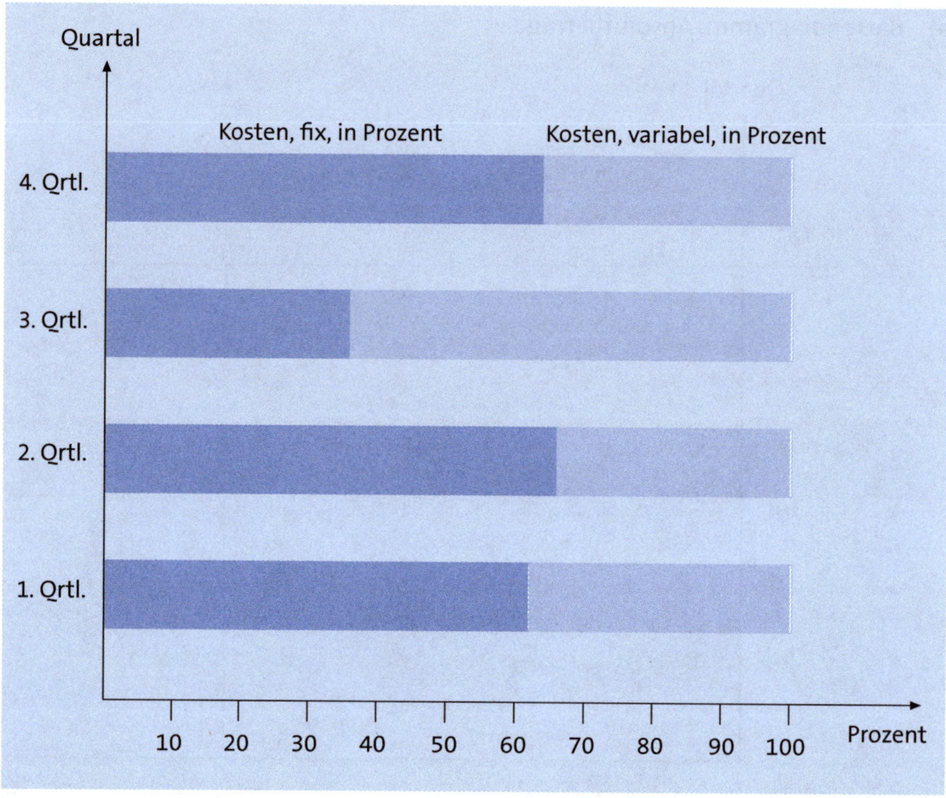

Lösung zu Aufgabe 4: Altersstruktur

a) und b) Hinweis zur Berechnung:

Berechnen Sie für jede Klasse die kumulierte Häufigkeit. Anschließend berechnen Sie die kumulierte Häufigkeit in Prozent.

Danach können Sie die gefragten Ergebnisse aus der Tabelle ablesen.

Altersklasse	**Anzahl der Mitarbeiter**	**kumulierte Häufigkeit** $\sum x_i$	**kumulierte Häufigkeit in %** $\frac{\sum x_i}{N} \cdot 100$
15 bis unter 20	8	8	8,60 %
20 bis unter 30	15	23	24,73 %
30 bis unter 40	28	51	54,84 %
40 bis unter 50	24	**75**	80,65 %
50 bis unter 60	12	87	**93,55 %**
60 bis unter 65	6	93	100,00 %

- 75 Mitarbeiter sind jünger als 50 Jahre.
- 93,55 % der Mitarbeiter sind jünger als 60 Jahre.

Lösung zu Aufgabe 5: Arithmetisches Mittel, Modalwert, Standardabweichung

a) Durchschnittlicher Wirkungsgrad:

x_i	90,3	91,6	90,9	90,4	90,3	91,0	87,9	89,4	$\sum x_i$
									721,8

$$\overline{x} = \frac{\sum x_i}{n}$$

$$= \frac{721{,}8}{8}$$

$$= 90{,}225$$

b) Standardabweichung:

$$s_2 = \frac{\sum (x_i - \overline{x})^2}{n - 1}$$

$$= \frac{9{,}075}{7}$$

$$= 1{,}296$$

ACHTUNG

Bei einer Stichprobe muss die empirische Varianz berechnet werden; Nenner: (n-1) nicht n.

	x_i	$x_i - \overline{x}$	$(x_i - \overline{x})^2$
	90,3	0,075	0,0056250
	91,6	1,375	1,8906250
	90,9	0,675	0,4556250
	90,4	0,175	0,0306250
	90,3	0,075	0,0056250
	91,0	0,775	0,6006250
	87,9	- 2,325	5,4056250
	89,4	- 0,825	0,6806250
$\sum$	721,8		9,0750000

$$s = \sqrt{s^2}$$

$$= \sqrt{1{,}296}$$

$$= 1{,}14$$

c) häufigster Wert = Modalwert: → $M_o = 90{,}3$

d) Der absolut größte Fehler ist definiert als:

$$\Delta_{xmax} = \max |x_i - \overline{x}|$$

$$= |\, 87{,}9 - 90{,}225 \,|$$
$$= 2{,}325$$

Arbeitstabelle:

$\lvert x_i - \bar{x} \rvert$	
0,075	
1,375	
0,675	
0,175	
0,075	
0,775	
2,325	← Δx_{max}
0,825	

Lösung zu Aufgabe 6: Spannweite

a) Die Spannweite (= Range) ist:

$$R = x_{max} - x_{min}$$

$= 91{,}6 - 87{,}9$
$= 3{,}7$

b) Die Spannweite ist einfach zu berechnen. Sie hat aber den Nachteil, dass sie nur durch zwei Stichprobenwerte bestimmt ist, während die übrigen Werte unberücksichtigt bleiben. Sie eignet sich daher nur bei kleinem Stichprobenumfang.

Lösung zu Aufgabe 7: Anteile, Kreisdiagramm

100 %	→	360 °
1 %	→	3,6 °
14 %	→	50,4 °
18 %	→	64,8 °
28 %	→	100,8 °
40 %	→	144,0 °
100 %		360,0 °

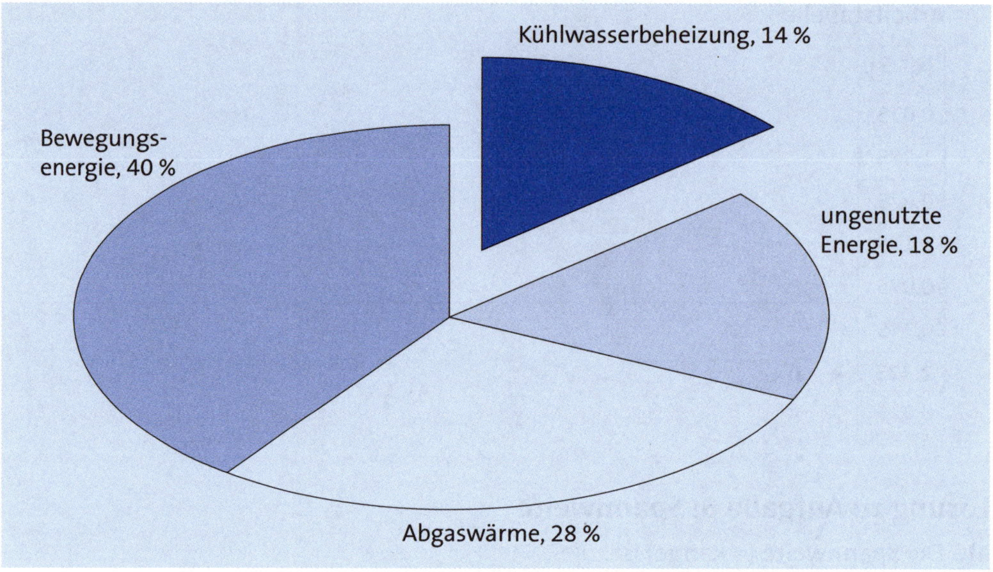

Lösung zu Aufgabe 8: ABC-Analyse (1)

Artikel-nummer	Verbrauch/ Monat in Einheiten	Preis je Einheit in €	Verbrauchs-wert je Monat in €	Sortierung (fallende Verbr.-Wert)		ABC-Klasse	in %
				Art. Nr.	Wert i. €		
9004	30.000,00	0,30	9.000,00	19842	45.000,00	A	70
9790	15.000,00	0,10	1.500,00	49423	25.000,00	A	
10576	200,00	3,00	600,00	9004	9.000,00	B	20
11362	5.000,00	0,08	400,00	21546	6.000,00	B	
12148	8.000,00	0,04	320,00	59418	5.000,00	B	
12934	500,00	0,50	250,00	22824	3.000,00	C	10
13720	720,00	0,25	180,00	9790	1.500,00	C	
18990	6.000,00	0,02	120,00	21972	1.350,00	C	
19416	10.000,00	0,07	700,00	19416	700,00	C	
19842	9.000,00	5,00	45.000,00	10576	600,00	C	
20268	250,00	1,40	350,00	53421	500,50	C	
20694	6.000,00	0,01	60,00	11362	400,00	C	
21120	4.000,00	0,07	280,00	57419	380,00	C	
21546	1.200,00	5,00	6.000,00	20268	350,00	C	
21972	1.500,00	0,90	1.350,00	12148	320,00	C	
22398	600,00	0,05	30,00	55420	300,00	C	
22824	800,00	3,75	3.000,00	21120	280,00	C	
45425	10,00	15,00	150,00	12934	250,00	C	

Artikel-nummer	Verbrauch/ Monat in Einheiten	Preis je Einheit in €	Verbrauchs-wert je Monat in €	Sortierung (fallende Verbr.-Wert)		ABC-Klasse	in %
				Art. Nr.	Wert i. €		
47424	315,00	0,73	229,95	47424	229,95	C	
49423	200,00	125,00	25.000,00	51422	200,00	C	
51422	4.000,00	0,05	200,00	13720	180,00	C	
53421	715,00	0,70	500,50	45425	150,00	C	10
55420	15.000,00	0,02	300,00	18990	120,00	C	
57419	2.000,00	0,19	380,00	20694	60,00	C	
59418	5.000,00	1,00	5.000,00	22398	30,00	C	
					100.900		100

Lösung zu Aufgabe 9: ABC-Analyse (2)

a) Erstellen der ABC-Analyse und beschreiben der Arbeitsschritte:

1. Schritt:
Ermittlung des wertmäßigen Monatsverbrauchs und Vergabe einer Rangzahl: Die Artikelgruppe mit dem höchsten wertmäßigen Verbrauch erhält die Rangzahl 1 usw.

Rang-zahl	Artikel-Gruppe	Verbrauch je Monat in Einheiten (E)	Preis je Einheit in €	(Preis · Verbrauch) in €
10	900	1.000	0,70	700
8	979	4.000	0,20	800
1	105	3.000	3,80	11.400
4	113	6.000	1,00	6.000
3	121	1.000	7,00	7.000
2	129	16.000	0,50	8.000
7	137	9.000	0,10	900
5	189	400	3,00	1.200
6	194	600	2,00	1.200
9	215	4.000	0,20	800
	$\sum$			38.000

2. Schritt:
Sortierung des Zahlenmaterials entsprechend der Rangzahl in fallender Reihenfolge.

Rang-zahl	Artikel-Gruppe	Verbrauch je Monat in Einheiten (E)	Preis je Einheit in €	(Preis · Verbrauch) in €
1	105	3.000	3,80	11.400
2	129	16.000	0,50	8.000
3	121	1.000	7,00	7.000
4	113	6.000	1,00	6.000
5	189	400	3,00	1.200
6	194	600	2,00	1.200
7	137	9.000	0,10	900
8	979	4.000	0,20	800
9	215	4.000	0,20	800
10	900	1.000	0,70	700
	∑			38.000

3. Schritt:

- Ermittlung des wertmäßigen Monatsbedarfs in Prozent zum gesamten wertmäßigen Monatsbedarfs sowie kumuliert.
- Anteil der Artikelgruppe in Prozent zur Gesamtzahl der Artikelgruppen sowie kumuliert.

Rang-zahl	Artikel-Gruppe	(Preis · Verbrauch) in €	%-Anteil Verbrauch	%-Anteil Verbrauch, kumuliert
1	105	11.400	30,00	30,00
2	129	8.000	21,05	51,05
3	121	7.000	18,42	69,47
4	113	6.000	15,78	85,25
5	189	1.200	3,16	88,41
6	194	1.200	3,16	91,57
7	137	900	2,37	93,94
8	979	800	2,11	96,05
9	215	800	2,11	98,16
10	900	700	1,84	100,00
	∑	38.000	100,00	

Rangzahl	Artikelgruppe	%-Anteil, Anzahl	%-Anteil, Anzahl, kumuliert
1	105	10	10
2	129	10	20
3	121	10	30
4	113	10	40
5	189	10	50
6	194	10	60
7	137	10	70
8	979	10	80
9	215	10	90
10	900	10	100
		100	

b) Klassifizierung:

Rangzahl	Artikel-Gruppe	%-Anteil, Verbrauch kumuliert	%-Anteil, Anzahl kumuliert	Klassifikation
1	105	30,00	10	A
2	129	51,05	20	A
3	121	69,47	30	A
4	113	85,25	40	B
5	189	88,41	50	B
6	194	91,57	60	C
7	137	93,94	70	C
8	979	96,05	80	C
9	215	98,16	90	C
10	900	100,00	100	C

c) Grafische Darstellung der Verteilung:

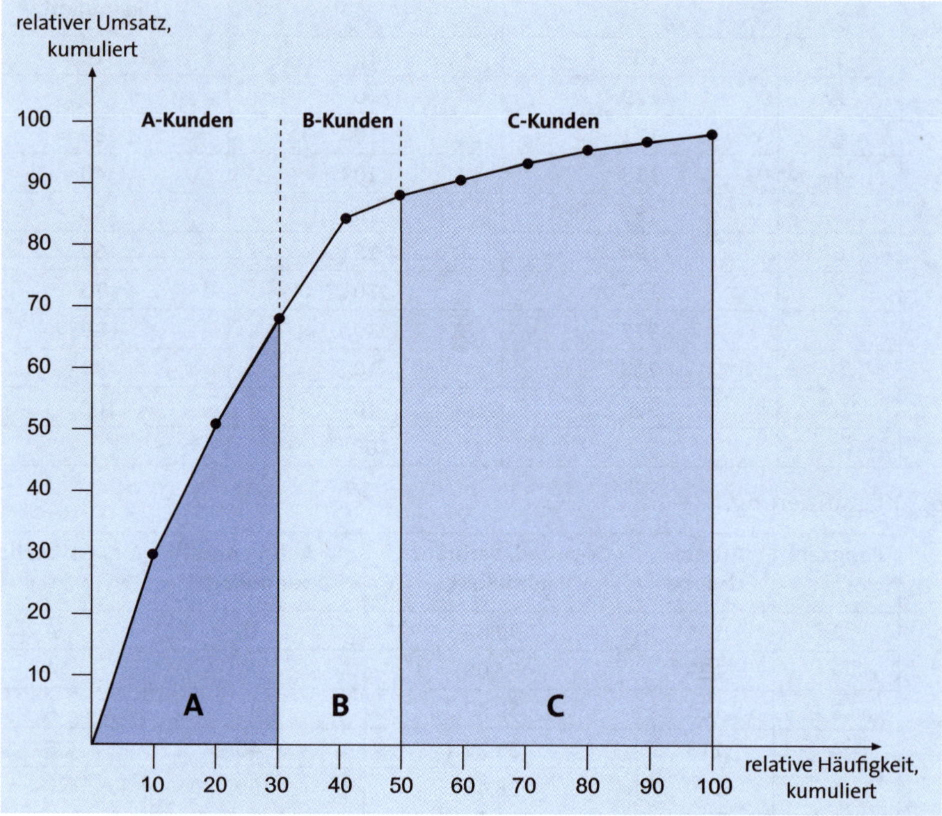

Lösung zu Aufgabe 10: Stichproben-Analyse, grafische Darstellung

a) Analyse des Datenmaterials:

Qualitäts-standard	Stichprobe „alt“		Stichprobe „neu“	
	absolut	in %	absolut	in %
1	10	16,67	24	30,00
2	15	25,00	30	37,50
3	20	33,33	14	17,50
4	10	16,67	8	10,00
5	5	8,33	4	5,00
∑	60	100,00	80	100,00

Darstellung als Säulendiagramm:

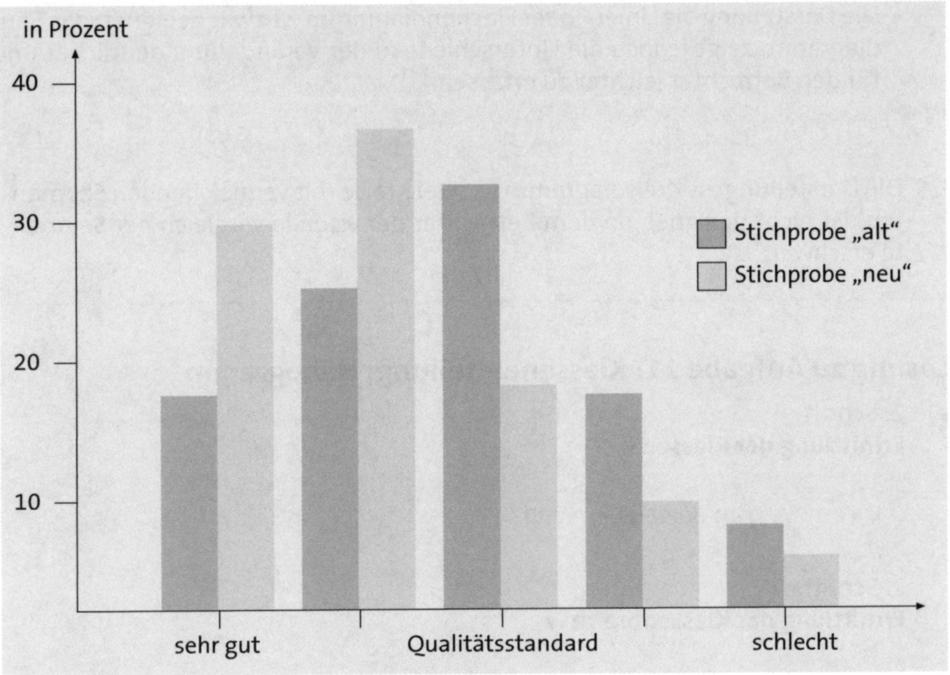

b) Alternativ: Darstellung als Liniendiagramm oder wie unten als Flächendiagramm

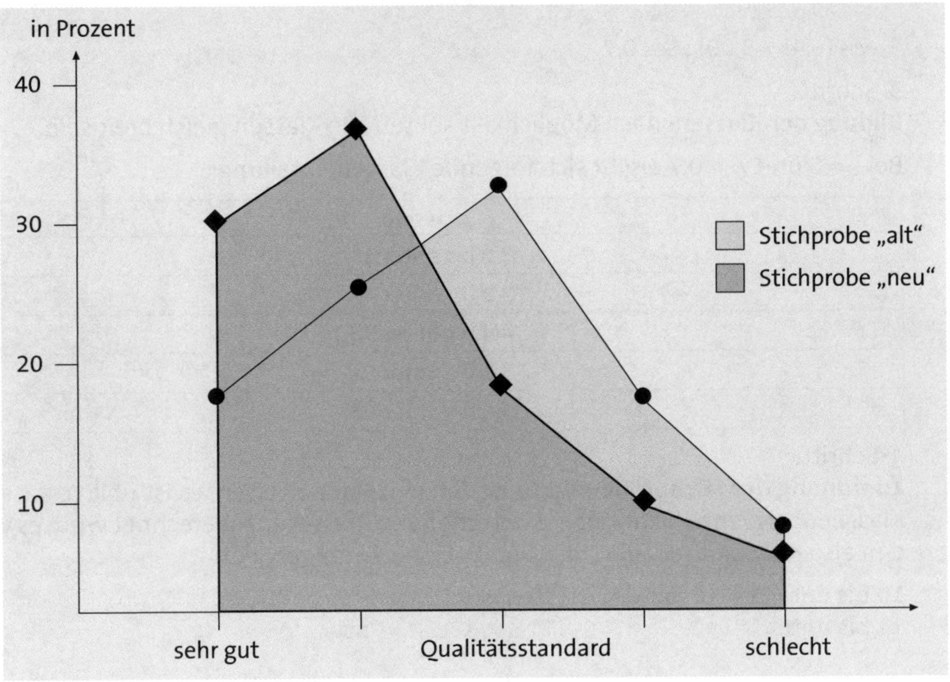

Vergleich:

- Die Darstellung als Linien- oder Flächendiagramm ist zwar geeignet; das Säulendiagramm zeigt jedoch die Unterschiede in der Veränderung deutlicher und ist für den Betrachter leichter zu erfassen.

TIPP

Die Darstellung als Kreisdiagramm (= zwei Kreise mit vergleichenden Segmenten) ist nicht geeignet, da dem Betrachter der visuelle Vergleich der Segmente erschwert ist.

Lösung zu Aufgabe 11: Klasseneinteilung, Histogramm

a) 1. Schritt:
Ermittlung der Klassen k

$k = \sqrt{n}$ Im Beispiel: $k = \sqrt{30} \approx 5$

2. Schritt:
Ermittlung der Klassenbreite w

$w = \frac{R}{k}$ mit R = Spannweite (= Range) = $x_{max} - x_{min}$
= (Maximalwert - Minimalwert)

$w = (6{,}45 - 3{,}00) : 5 \approx 0{,}7$

3. Schritt:
Bildung der Klassen; nach Möglichkeit sollten alle Klassen gleich breit sein.

Bei k = 5 und w = 0,7 ergibt sich folgende Klasseneinteilung:

Klassen
3,0 bis unter 3,7
3,7 bis unter 4,4
4,4 bis unter 5,1
5,1 bis unter 5,8
5,8 bis unter 6,5

4. Schritt:
Zuordnung der Stichprobenwerte zu den einzelnen Klassen; es ist üblich, dass die Klassenobergrenze nicht mit zur betreffenden Klasse hinzugerechnet wird; es werden also Klassenintervalle i. d. R. in folgender Form gebildet:

10 bis unter 11 bzw. $(10 \le x_j < 11)$
11 bis unter 12 $(11 \le x_j < 12)$ usw.

Klassen	Strichliste	absolute Häufigkeit
3,0 bis unter 3,7	||||	4
3,7 bis unter 4,4	||||| |	6
4,4 bis unter 5,1	||||| ||||	9
5,1 bis unter 5,8	||||| |||	8
5,8 bis unter 6,5	|||	3
∑		30

b) Zeichnen des Histogramms:

- Das Histogramm ist die grafische Darstellung der Häufigkeiten eines klassierten, quantitativen Merkmals durch rechteckige Flächen über den Klassen; dabei entspricht die Größe der Flächen der Häufigkeit der jeweiligen Klasse.
- Sind alle Klassen gleich breit, können die Häufigkeiten durch die Höhe der Fläche dargestellt werden (häufig gewählter Fall in der Praxis).

Klassen	Strichliste	absolute Häufigkeit	absolute Häufigkeit, kumuliert	relative Häufigkeit	relative Häufigkeit, kumuliert
3,0 bis unter 3,7	||||	4	4	0,1333	0,1333
3,7 bis unter 4,4	||||| |	6	10	0,2000	0,3333
4,4 bis unter 5,1	||||| ||||	9	19	0,3000	0,6333
5,1 bis unter 5,8	||||| |||	8	27	0,2666	0,8999
5,8 bis unter 6,5	|||	3	30	0,1000	1,00000[1]
∑		30		1,0000[1]	

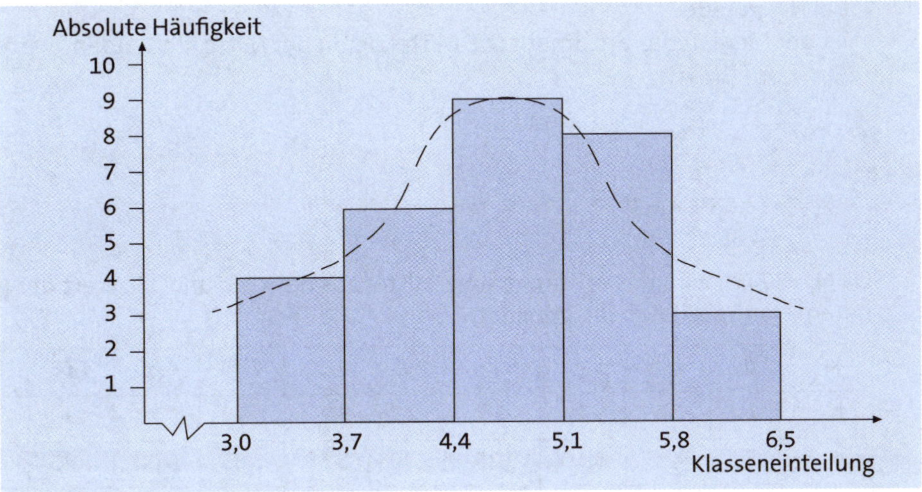

Im vorliegenden Fall hat das Histogramm annähernd die Form einer Normalverteilung.

[1] Rundungsdifferenzen

Lösung zu Aufgabe 12: Mittelwerte, Streuungsmaße

a) **Das arithmetische Mittel μ**
einer Häufigkeitsverteilung ist die Summe aller Merkmalsausprägungen dividiert durch die Anzahl der Beobachtungen:

- μ, ungewogen:

$$\mu = \frac{\sum x_i}{N} \qquad i = 1, 2, ..., N$$

Liste der Merkmalsausprägungen

										∑
4,35	4,80	3,75	4,95	4,20	5,10	4,65	6,00	4,05	5,25	47,10
5,10	4,50	3,15	5,25	4,65	3,45	5,85	4,50	5,55	4,80	46,80
6,45	4,05	3,00	4,20	5,10	3,15	5,40	4,65	5,10	4,50	45,60
∑										139,50

$$\mu = \frac{139{,}50}{30}$$

$$= 4{,}65$$

b) **Median Mz (= Zentralwert):**
Ordnet man die Werte einer Urliste der Größe nach, so ist der Median dadurch gekennzeichnet, dass 50 % der Merkmalsausprägungen kleiner/gleich und 50 % der Merkmalsausprägungen größer/gleich dem Zentralwert M_z sind. Der Median teilt also die der Größe nach geordneten Werte in zwei „gleiche Hälften“:

- **bei N = gerade**
ist der Median das arithmetische Mittel der in der Mitte stehenden Werte:

$$M_Z = \frac{1}{2}(x_{N/2} + x_{N/2+1})$$

$$= (4{,}65 + 4{,}65) : 2$$
$$= 4{,}65$$

Da N = 30 ist, wird das arithmetische Mittel aus dem 15. und 16. Wert der (geordneten) Häufigkeitstabelle gebildet:

x_j	3,00	3,15	3,45	3,75	4,05	4,20	4,35	4,50	**4,65**	$\sum N_j$
N_j	1	2	1	1	2	2	1	3	3	16
x_j	4,80	4,95	5,10	5,25	5,40	5,55	5,85	6,00	6,45	
N_j	2	1	4	2	1	1	1	1	1	14
$\sum N_j$										30

j = 1, ... , 18

Da es sich beim Median um einen **relativ „groben" Lageparameter** zur Charakterisierung einer Verteilung handelt, sollte er **nur bei einer kleinen Messreihe** ermittelt werden. Im vorliegenden Fall von 30 Urlistenwerten ist er eher nicht zu empfehlen.

c) Als **Modalwert** M_o (= dichtester Wert = Modus) bezeichnet man innerhalb einer Häufigkeitsverteilung die Merkmalsausprägung mit **der größten Häufigkeit** (soweit vorhanden):

x_j	3,00	3,15	3,45	3,75	4,05	4,20	4,35	4,50	4,65	$\sum N_j$
N_j	1	2	1	1	2	2	1	3	3	16
x_j	4,80	4,95	**5,10**	5,25	5,40	5,55	5,85	6,00	6,45	
N_j	2	1	**4**	2	1	1	1	1	1	14
$\sum N_j$			↑							30
j = 1, ..., 18										

Aus der vorliegenden Häufigkeitstabelle lässt sich der Modalwert direkt ablesen: Es ist die Merkmalsausprägung mit der maximalen Häufigkeit

$N_j = 4$

$M_o = 5{,}10$

d) Mittelwerte, die die Lage einer Verteilung beschreiben, reichen allein nicht aus, um eine Häufigkeitsverteilung zu charakterisieren. Es wird nicht die Frage beantwortet, wie weit oder wie eng sich die Merkmalsausprägungen um den Mittelwert gruppieren.

Man berechnet daher so genannte **Streuungsmaße**, die kleine Werte annehmen, wenn die Merkmalsbeträge stark um den Mittelwert konzentriert sind bzw. große Werte bei weiter Streuung um den Mittelwert.

Die **Spannweite** R (= Range) ist das **einfachste Streuungsmaß**. Sie wird als die **Differenz zwischen dem größten und dem kleinsten Wert** definiert. Die Aussagekraft der Spannweite ist sehr gering und sollte daher nur für eine kleine Anzahl von Messwerten berechnet werden (im vorliegenden Beispiel also eher nicht geeignet).

$R = x_{max} - x_{min}$ oder bei geordneter Urliste:

$R = x_N - x_1$

$$R = x_{30} - x_1 = 6{,}45 - 3{,}00 = 3{,}45$$

e) **Mittlere quadratische Abweichung σ^2** (= Varianz):
Bei der Varianz σ^2 wird das jeweilige Quadrat der Abweichungen zwischen der Merkmalsausprägung x_i und dem Mittelwert berechnet. Durch den Vorgang des Quadrierens erreicht man, dass große Abweichungen stärker und kleine Abweichungen weniger berücksichtigt werden. Die Summe der Quadrate wird durch N dividiert.

- σ^2, ungewogen:

$$\sigma^2 = \frac{\sum (x_i - \mu)^2}{N} \qquad i = 1, 2, ..., N$$

- σ^2, gewogen:

$$\sigma^2 = \frac{\sum (x_j - \mu)^2 \cdot N_j}{N} \qquad j = 1, 2, ..., r$$

Durch Umrechnung gelangt man zu folgender Formel; damit lässt sich die Varianz leichter berechnen:

$$\sigma^2 = \frac{1}{N} \sum N_j x_j^2 - \mu^2$$

Bei einer hohen Zahl von Messwerten empfiehlt sich eine Arbeitstabelle zur Berechnung der Varianz:

x_j	N_j	x_j^2	$N_j\, x_j^2$	$x_j - \mu$	$(x_j - \mu)^2$	$(x_j - \mu)^2\, N_j$
3,00	1	9,00	9,00	- 1,65	2,72	2,72
3,15	2	9,92	19,84	- 1,50	2,25	4,50
3,45	1	11,90	11,90	- 1,20	1,44	1,44
3,75	1	14,06	14,06	- 0,90	0,81	0,81
4,05	2	16,40	32,80	- 0,60	0,36	0,72
4,20	2	17,64	35,28	- 0,45	0,20	0,40
4,35	1	18,92	18,92	- 0,30	0,09	0,09
4,50	3	20,25	60,75	- 0,15	0,02	0,06
4,65	3	21,62	64,87	0,00	0,00	0,00
4,80	2	23,04	46,08	0,15	0,02	0,04
4,95	1	24,50	24,50	0,30	0,09	0,09
5,10	4	26,01	104,04	0,45	0,20	0,80
5,25	2	27,56	55,12	0,60	0,36	0,72
5,40	1	29,16	29,16	0,75	0,56	0,56
5,55	1	30,80	30,80	0,90	0,81	0,81
5,85	1	34,22	34,22	1,20	1,44	1,44
6,00	1	36,00	36,00	1,35	1,82	1,82
6,45	1	41,60	41,60	1,80	3,24	3,24
$\sum$	30		668,97			20,26

Daraus folgt:

$$\sigma^2 = \frac{\sum (x_j - \mu)^2 \cdot N_j}{N}$$

$$= \frac{20{,}26}{30}$$

$$\approx 0{,}68$$

bzw.

$$\sigma^2 = \frac{1}{N} \sum N_j x_j^2 - \mu^2$$

$$= \frac{668{,}97}{30} - 21{,}6225$$

$$\approx 0{,}68$$

f) Die **Standardabweichung** σ (kurz: „Streuung“) ist die positive Wurzel aus der Varianz; sie ist das wichtigste Streuungsmaß:

$$\sigma = \sqrt{\sigma^2}$$

$$\sigma = \sqrt{0{,}68}$$

$$\approx 0{,}82$$

Lösung zu Aufgabe 13: Mittelwerte, Streuungsmaße einer Stichprobe

Die Formeln zur Berechnung der Maßzahlen in Stichproben sind – bis auf die Berechnung der Varianz – **analog** zur Berechnung von Maßzahlen einer Grundgesamtheit. Zur Kennzeichnung von Stichprobenparametern wird

$\bar{x}$	statt	μ,	
n	statt	N,	
s^2	statt	σ^2	und
s	statt	σ	verwendet.

► Somit modifizieren sich die Formeln für den **Mittelwert der Stichprobe** zu:

$$\bar{x} = \frac{\sum x_i}{n} \quad \text{bzw.} \quad \bar{x} = \frac{\sum x_j n_j}{n}$$

- Bei der Berechnung der **Varianz einer Stichprobe** wird – genau genommen – keine mittlere quadratische Abweichung berechnet, sondern man verwendet die Formel

$$s^2 = \frac{\sum (x_i - \overline{x})^2}{n - 1}$$

Man dividiert also die Summe der Quadrate durch den um Eins verminderten Stichprobenumfang (= so genannte **empirische Varianz**). Für die Standardabweichung s gilt Entsprechendes. Es lässt sich mathematisch zeigen, dass diese Berechnungsweise notwendig ist, wenn von der Varianz der Stichprobe auf die Varianz der Grundgesamtheit geschlossen werden soll.

Lösung zu Aufgabe 14: Trendermittlung***

a)

$$\mu_6 = \frac{\sum x_i}{n}$$

$$= \frac{300 + 360 + 340 + 380 + 400}{5}$$

$$= 356$$

Für die 6. Periode wird ein Planwert von 356 Einheiten gewählt.

t_2	t_3	t_4	t_5	t_6
360	340	380	400	420

$$\mu_7 = \frac{\sum x_i}{n}$$

$$= \frac{360 + 340 + 380 + 400 + 420}{5}$$

$$= 380$$

t_3	t_4	t_5	t_6	t_7
340	380	400	420	480

$$\mu_8 = \frac{\sum x_i}{n}$$

$$= \frac{340 + 380 + 400 + 420 + 480}{5}$$

$$= 404$$

b) Berechnungsweise:

MERKE

Gewogener gleitender Mittelwert

Man berechnet den Planwert analog zum Verfahren „Gleitender Mittelwert“ – mit dem Unterschied, dass die einzelnen Vergangenheitswerte gewichtet werden. Dabei erhalten die Werte der jüngeren Vergangenheit eine stärkere Gewichtung. Auf diese Weise kann eine vorliegende Trendentwicklung besser berücksichtigt werden.

Es wird von den bekannten Absatzwerten ausgegangen und folgende Gewichtungen gewählt: g1 = 1, g2 = 2, g3 = 3 usw.

t_1	t_2	t_3	t_4	t_5	t_6	t_7
300	360	340	380	400	420	480

Als Planwert für die Periode t_6 wird der gewogene Mittelwert μ der Perioden t_1 bis t_5 genommen (so genannter gewogener gleitender 5er-Durchschnitt):

$$\mu_6 = \frac{\sum g_i \cdot x_i}{\sum g_i}$$

$$= \frac{1 \cdot 300 + 2 \cdot 360 + 3 \cdot 340 + 4 \cdot 380 + 5 \cdot 400}{1 + 2 + 3 + 4 + 5}$$

$$= 5.560 : 15$$

$$= 370{,}7$$

Analog werden die Planwerte (μ_7, μ_8) für die 7. und 8. Periode ermittelt. Es ergibt sich:

$$\mu_7 = 5.880 : 15 = 392{,}0$$

$$\mu_8 = 6.380 : 15 = 425{,}3$$

c)

MERKE

Exponentielle Glättung 1. Ordnung

Zur Berechnung des Prognosewertes für die kommende Periode wird nur der Ist-Wert und der Prognosewert der Vorperiode herangezogen:

$$\text{Prognosewert}_{neu} = \text{Prognosewert}_{Vorperiode} + \alpha\,(\text{Istwert} - \text{Prognosewert}_{Vorperiode})$$

Dabei ist α der sog. Glättungsfaktor. Er nimmt Werte zwischen 0 und 1 an. Je kleiner α gewählt wird, desto weniger werden Absatzschwankungen berücksichtigt.

Periode	t_1	t_2	t_3	t_4	t_5	t_6	t_7
Istwert	300	360	340	380	400	420	480
Prognosewert	*310,0*[1]	*305,0*	*332,5*	*336,5*	*358,13*	*379,06*	*399,53*

Berechnung:

$$\text{Prognosewert}_2 = \text{Prognosewert}_1 + \alpha\,(\text{Istwert}_1 - \text{Prognosewert}_1)$$

$$= 310 + 0{,}5\,(300 - 310) = 305{,}00$$

$$\text{Prognosewert}_3 = 305 + 0{,}5\,(360 - 305) = 332{,}50$$

$$\text{Prognosewert}_4 = 332{,}5 + 0{,}5\,(340 - 332{,}5) = 336{,}25$$

$$\text{Prognosewert}_5 = 336{,}25 + 0{,}5\,(380 - 336{,}25) = 358{,}13$$

$$\text{Prognosewert}_6 = 358{,}13 + 0{,}5\,(400 - 358{,}13) = 379{,}06$$

$$\text{Prognosewert}_7 = 379{,}06 + 0{,}5\,(420 - 379{,}06) = 399{,}53$$

d) Allgemein hat eine Gerade die Gleichung

$$y = b \cdot x + a$$

dabei ist: a: der Schnittpunkt der Geraden mit der Ordinate (y-Achse)

b: der Steigungskoeffizient

Es lässt sich mathematisch zeigen, dass Folgendes gilt:

$$a = y - b \cdot x$$ mit x, y = Mittelwert

und

$$b = \frac{n \sum x_i y_i - (\sum x_i)(\sum y_i)}{n \sum x2_i - (\sum x_i)^2}$$

Zur Berechnung der Variablen a und b der Geraden wird zu den vorliegenden Istwerten eine Arbeitstabelle gebildet:

	x_i	y_i	$x_i\,y_i$	x^2_i
	1	300	300	1
	2	360	720	4
	3	340	1.020	9
	4	380	1.520	16
	5	400	2.000	25
	6	420	2.520	36
	7	480	3.360	49
∑	**28**	**2.680**	**11.440**	**140**
	x = 28 : 7 = **4**	y = 2.680 : 7 = **382,86**		

[1] vorgegeben

$$a = y - b \cdot x$$

$a = 382{,}86 - 4b \rightarrow a = 382{,}86 - 4 \cdot 25{,}7$

$a = 280{,}06$

$$b = \frac{n \sum x_i y_i - (\sum x_i)(\sum y_i)}{n \sum x_i^2 - (\sum x_i)^2}$$

$$b = \frac{7 \cdot 11.440 - 28 \cdot 2.680}{7 \cdot 140 - 784}$$

$b = 25{,}7$

Die Regressionsgerade schneidet also die y-Achse (für $x_i = 0$) im Punkt 280,06 und hat eine Steigung von 25,7: daher lautet die Gleichung der Regressionsgeraden:

$$y = 25{,}7x + 280{,}06$$

e) Grafische Darstellung:

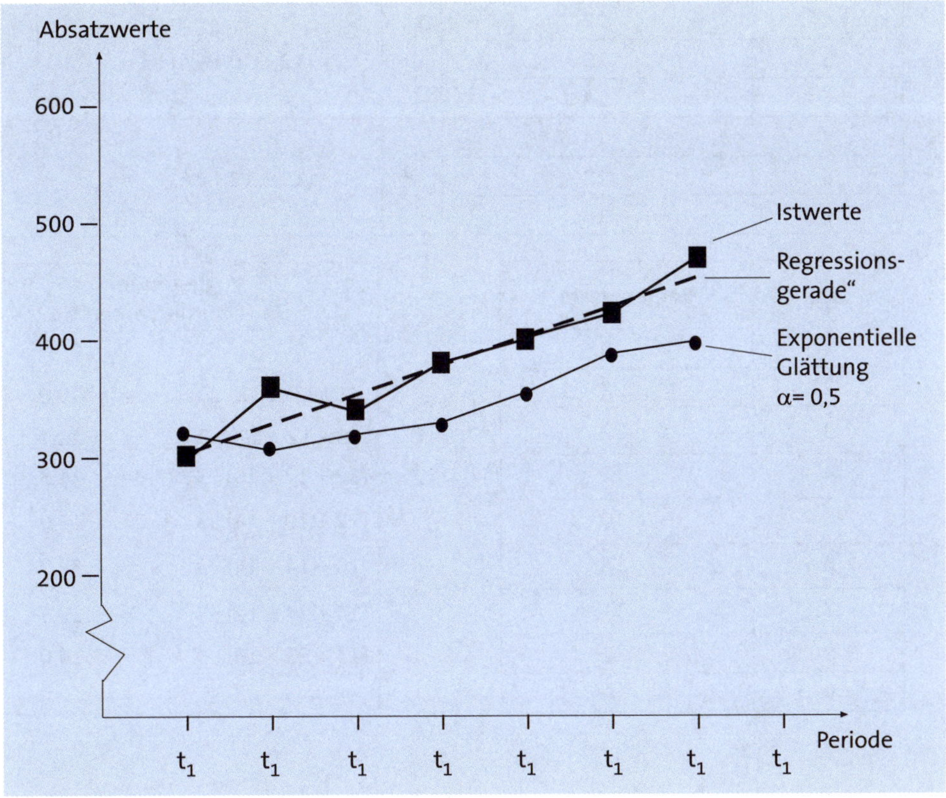

f)

Trendermittlung, Gesamtbetrachtung
Die Gesamtbetrachtung führt (verkürzt dargestellt) zu folgendem Vergleich: 1 **Gleitender 5er-Durchschnitt:** Das Verfahren ist nicht geeignet. 2 **Gewogener gleitender 5er-Durchschnitt:** Das Verfahren ist nicht geeignet. 3 **Exponentielle Glättung 1. Ordnung:** Das Verfahren ist bedingt geeignet – z. B. mit α = 0,5 oder größer. 4 **Regressionsgerade:** Bei einem trendförmigen Verlauf – wie im vorliegenden Fall – ist das Verfahren am besten geeignet.

Lösung zu Aufgabe 15: Trendermittlung, 3er-Durchschnitte

a)

Jahr	Reihenwerte	3er-Oberdurchschnitte	
1	10	(10 + 8 + 12) : 3 =	10
2	8		
3	12		
4	12	(12 + 10 + 14) : 3 =	12
5	10		
6	14		
7	14	(14 + 12 + 16) : 3 =	14
8	12		
9	16		

b)

Jahr	Reihenwerte
1	10
2	8
3	12
4	12
5	10
6	14
7	14
8	12
9	16

gleitende 3er-Oberdurchschnitte		
(10 + 8 + 12) : 3	=	10,0
(8 + 12 + 12) : 3	=	10,7
(12 + 12 + 10) : 3	=	11,3
(12 + 10 + 14) : 3	=	12,0
(10 + 14 + 14) : 3	=	12,7
(14 + 14 + 12) : 3	=	13,3
(14 + 12 + 16) : 3	=	14,0

c) Grafische Darstellung:

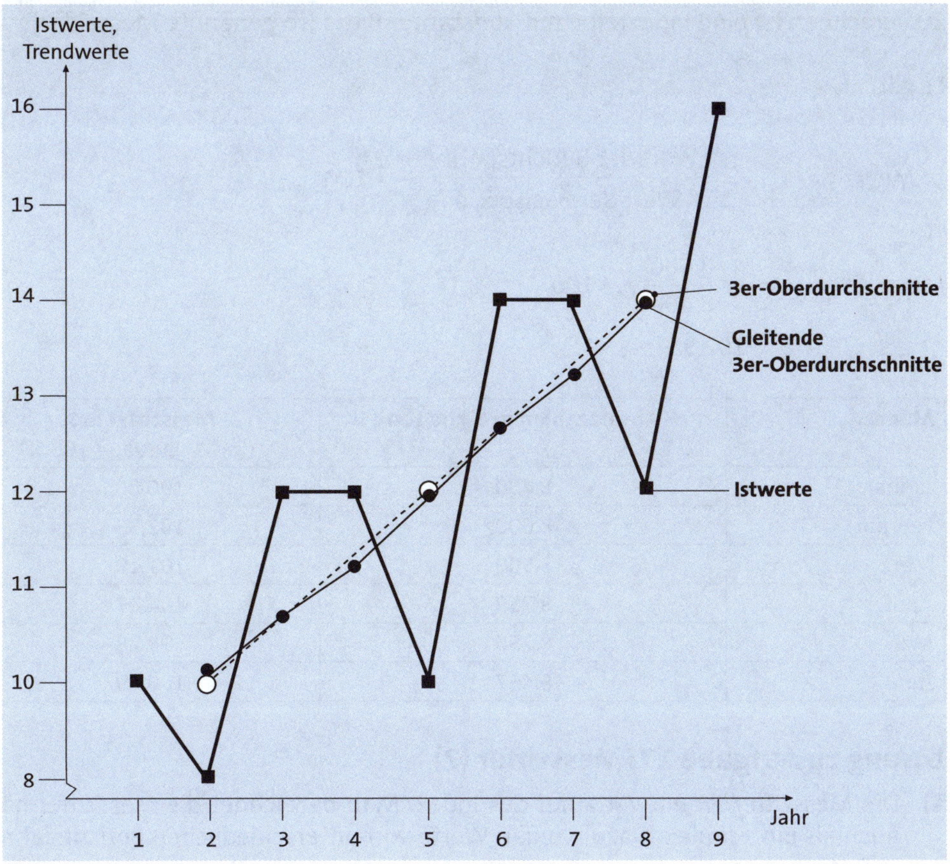

d) Die Berechnung gleitender Durchschnitte (auch: Oberdurchschnitte) erfordert zwar einigen Rechenaufwand, ist aber eine einfache und für viele Anwendungsgebiete zweckmäßige Methode der angenäherten Trendermittlung. Allerdings gehen die Randwerte der Reihen verloren, was bei größerem k (z. B. gleitende 5er-Durchschnitte) problematisch wird.

Lösung zu Aufgabe 16: Messziffer (1)

Zu berechnen ist eine Indexreihe mit konstanter Basis (so genannte Messziffer):

Es gilt:

$$\text{Messziffer} = \frac{\text{Wert der Berichtsperiode}}{\text{Wert der Basisperiode}} \cdot 100$$

$$\text{Messziffer}_{\text{Feb.}} = \frac{8.600}{8.400} \cdot 100$$

$$= 102{,}38$$

Monat	**Absatzzahlen in Einheiten**	**Messziffer in %** (Basis: Januar = 100 %)
Januar	8.400	100,00
Februar	8.600	102,38
März	8.500	101,19
April	8.759	104,27
Mai	8.256	98,28
Juni	8.467	100,79

Lösung zu Aufgabe 17: Messziffer (2)

a) Die Messziffer ist ein Vorläufer des Index. Man bezeichnet die Messziffer häufig auch als Einzelindex. Dazu werden Werte von unterschiedlichen Berichtsjahren t_i in Beziehung zum Wert des Basisjahres gesetzt. Das Ergebnis wird mit 100 multipliziert.

b)

Jahre	01	02	03	04	05	06
Index	100	120	137,50	150	162,50	168,75

Erläuterung und Berechnung:

z. B.: Jahr 02:

$$= \frac{96 \cdot 100}{80} = 120$$

d. h. der Umsatz des Jahres 02 ist um 20 % (= Index - 100 = 120 - 100) gegenüber dem Basisjahr gestiegen.

Probe: 80 • 1,2 = 96 Mio. €.

Lösung zu Aufgabe 18: Indices nach Paasche und Laspeyres***

a) Nach Laspeyres werden die Preise mit den Mengen der Basisperiode bewertet.

Es gilt:

$$\text{Preisindex} = \frac{\sum p_t \cdot x_0}{\sum p_0 \cdot x_0} \cdot 100$$

$$= \frac{13 \cdot 1{,}8 + 12 \cdot 2{,}5 + 11 \cdot 1{,}8}{11 \cdot 0{,}8 + 11 \cdot 2{,}5 + 10 \cdot 1{,}8} \cdot 100$$

$$= 110{,}87\ \%$$

Die Preise der Produkttypen sind vom Jahr 01 zum Jahr 02 um durchschnittlich 10,87 % gestiegen.

Der Preisindex kann auch nach Paasche berechnet werden (die Preise werden gewichtet mit den Mengen der Berichtsperiode):

Es gilt:

$$\text{Preisindex} = \frac{\sum p_t \cdot x_t}{\sum p_0 \cdot x_t} \cdot 100$$

$$= \frac{13 \cdot 1{,}8 + 12 \cdot 0{,}8 + 11 \cdot 2{,}0}{11 \cdot 1{,}8 + 11 \cdot 0{,}8 + 10 \cdot 2{,}0} \cdot 100$$

$$= 113{,}17\ \%$$

Die Preise der Produkttypen sind vom Jahr 01 zum Jahr 02 um durchschnittlich 13,17 % gestiegen.

Lösung zu Aufgabe 19: Gliederungszahlen, Beziehungszahlen

a) Zu berechnen ist eine Gliederungszahl:

$$\text{Gliederungszahl} = \frac{\text{Teilmasse X1}}{\text{Gesamtmasse X}}$$

$$= \frac{987}{12.567} \cdot 100$$

$$= 7{,}85\ \%$$

Der Anteil der in Mecklenburg-Vorpommern abgesetzten Produkte beträgt 7,85 %.

b) Während bei den Gliederungszahlen gleichartige Massen miteinander verglichen werden, dienen Beziehungszahlen zum Vergleich verschiedenartiger, aber in einer sachlich sinnvollen Beziehung zueinander stehenden Massen.

$$\text{Beziehungszahl} = \frac{\text{Masse X}}{\text{Masse Y}} \cdot 100$$

c)

$$\text{Gesamtkapitalrentabilität} = \frac{\text{Gewinn + FK-Zinsen}}{\text{Gesamtkapital}} \cdot 100$$

$$= \frac{100.000\ € + 60.000\ €}{1.950.000\ €} \cdot 100$$

$$= 8{,}21\ \%$$

Die Gesamtkapitalrentabilität beträgt 8,21 %.

Formeln und Begriffe

1. Abgrenzung: Finanzbuchhaltung/KLR

Betriebliches Rechnungswesen

- **Finanzbuchhaltung**
  - Buchhaltung
  - Bilanzierung, GuV-Rechnung
- **Betriebsbuchhaltung (KLR)**
  - **Betriebsabrechnung**
    - ► Kostenartenrechnung
    - ► Kostenstellenrechnung
  - **Kostenträgerrechnung** (Kalkulation)
    - ► Vor- und Nachkalkulation
    - ► Produkte und Prozesse
  - **Betriebsergebnisrechnung**
- **Investitions- und Wirtschaftlichkeitsrechnung**

Die **Finanzbuchhaltung** erfasst zahlenmäßig als langfristige Gesamtabrechnung die gesamte Unternehmenstätigkeit unter Zugrundelegung der Zahlungsvorgänge. Sie ist nach bestimmten Gesetzesvorschriften durchzuführen. Ihr Ziel ist die Erfolgsermittlung durch Gegenüberstellung von Aufwand und Ertrag bzw. die Gegenüberstellung von Vermögensherkunft und Vermögensverwendung.

Die **Betriebsbuchhaltung** ist eine (kurzfristige) Abrechnung, die den eigentlichen betrieblichen Leistungsprozess zahlenmäßig erfassen will. Ihr Ziel ist (stark vereinfacht) die Feststellung, wer im Betrieb welche Kosten in welcher Höhe und wofür verursacht (hat).

Bilanzierung ist die ordnungsgemäße Gegenüberstellung aller Vermögensteile und Schulden einer Unternehmung.

Gewinn- und Verlustrechnung (GuV) ist die Gegenüberstellung aller Aufwendungen und Erträge zum Zwecke der Erfolgsermittlung.

Die **Betriebsabrechnung** hat die Aufgabe, die Kosten nach Gruppen getrennt zu sammeln (Kostenartenrechnung) und auf die Kostenstellen zu verteilen (Kostenstellenrechnung).

Mit der **Kalkulation** versucht man, Produkten oder Leistungen ihre Kosten verursachungsgerecht zuzuordnen, um damit eine Grundlage für ihren Wert oder ihren Preis zu erhalten.

Die **Betriebsergebnisrechnung** ist eine kurzfristige Erfolgsrechnung, die die angefallenen Kosten und Leistungen einer Periode gegenüberstellt.

Mit **Investitionsrechnungen** versucht man, die Erfolgsträchtigkeit von Investitionsobjekten zu ermitteln. Sie vergleichen die Kosten und Leistungen oder Aus- und Einzahlungen, die durch ein Investitionsobjekt verursacht werden.

Wirtschaftlichkeitsrechnungen sind mit den Investitionsrechnungen eng verwandt; sie dienen insbesondere dem Vergleich von Verfahren und Projekten.

2. Zweikreissystem

Im Industriekontenrahmen (IKR) ist das Zweikreissystem vorgegeben. Die Verrechnung zwischen beiden Buchhaltungskreisen wird folgendermaßen vorgenommen:

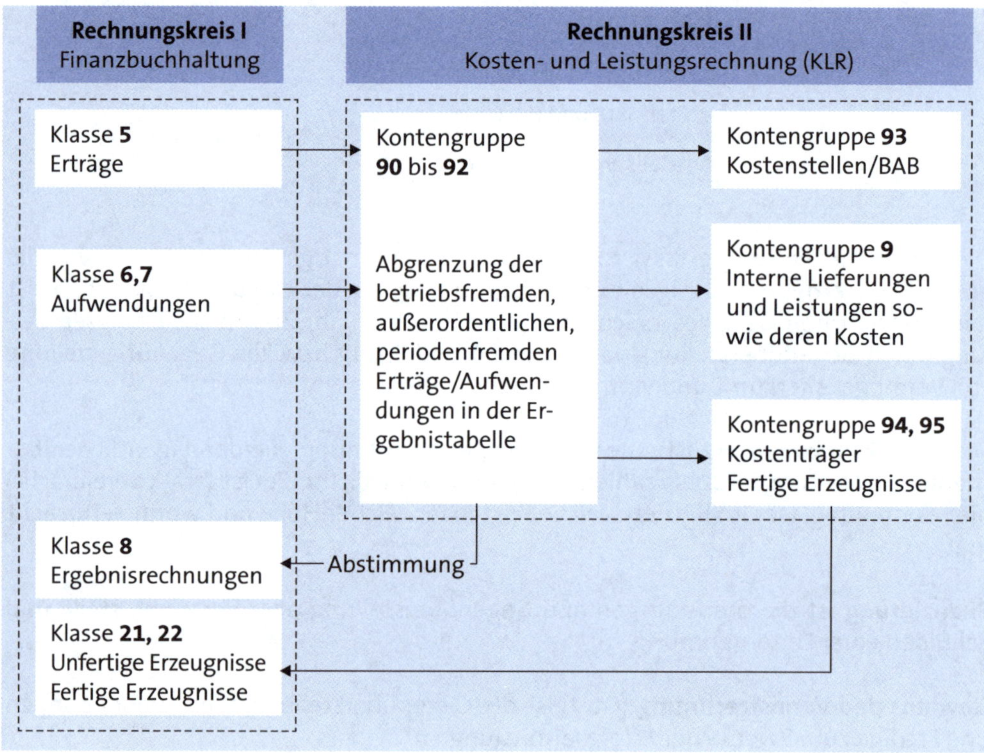

MERKE

Finanzbuchhaltung = unternehmensbezogen → = Gesamtergebnis
→ = Erträge - Aufwendungen

KLR = betriebsbezogen → = Betriebsergebnis
→ = Leistungen - Kosten

3. Abgrenzungsrechnung

1	Aus den gesamten Aufwendungen der Abrechnungsperiode sind die **neutralen Aufwendungen** auszusondern.
2	Von den Zweckaufwendungen sind die **Grundkosten** unverändert zu übernehmen.
3	Die übrigen **Zweckaufwendungen** werden nicht mit dem Wert der FiBu übernommen; es wird ein geeigneter Wert veranschlagt (Anderskosten).
4	Aufwendungen, die nicht in der FiBu erfasst wurden, sind als **Zusatzkosten** zu ergänzen.

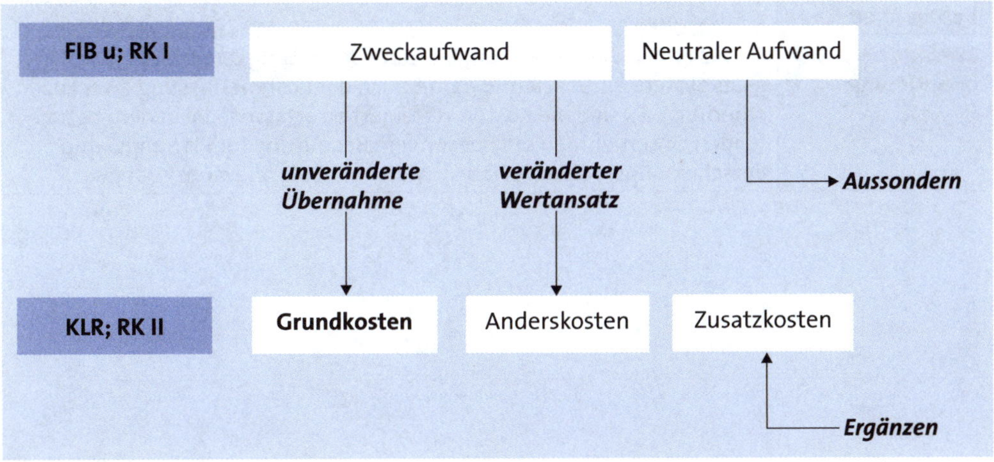

4. Prinzipien der Kostenerfassung

Prinzipien der Kostenerfassung	
Deckungs-gleichheit	Die real anfallenden Kosten und die in der KLR erfassten Kosten müssen sich entsprechen.
Vollständigkeit	Es sind alle Kosten zu erfassen.
Genauigkeit	Die Kosten müssen mit einem möglichst hohen Grad an Genauigkeit erfasst werden.
Aktualität	Die Daten müssen möglichst zeitnah erfasst werden.
Wirtschaftlichkeit	Der Informationsgewinn muss in einem angemessenen Verhältnis zu den durch die Erfassung entstehenden Kosten stehen. Bei jeder Veränderung der Kostenerfassung bzw. der Neuentwicklung des Kostenrechnungssystems ist eine Kosten-Nutzen-Analyse anzustellen.
Kontinuität **auch:** ► **Einheitlichkeit** ► **Stetigkeit**	Die Prinzipien der Kostenerfassung dürfen nicht laufend verändert werden, da sonst eine Vergleichbarkeit der Daten und der gewonnenen Erkenntnisse über mehrere Rechnungsperioden unmöglich wird.
Eindeutigkeit	Die Festlegung der Kostenarten muss so erfolgen, dass eine zweideutige Zuordnung vermieden wird.
Perioden-bezogenheit	Die Kosten müssen sich auf eine Rechnungsperiode beziehen und abgegrenzt sein.
Zweck-orientierung	Dieses Prinzip hat eine übergeordnete Bedeutung und besagt, dass jedes System einer KLR und damit auch der Kostenerfassung zweckbestimmt ist: Es sind die Kosten verfeinert zu erfassen, die in dem betreffenden Unternehmen eine besondere Bedeutung für Planungs- und Entscheidungsprobleme haben. Man nennt sie relevante Kosten.

5. Einteilung der Kosten

	Beispiele:	Hinweise:
Nach der Art der **verbrauchten Produktionsfaktoren**	► Personalkosten ► Materialkosten ► Abgaben	Produktionsfaktoren
Nach **betrieblichen Funktionen**	► Beschaffungskosten ► Fertigungskosten ► Verwaltungskosten ► Vertriebskosten	Betriebliche Funktionen
Nach der **Bezugsgröße** (auch: Grad der Mengenverrechnung)	► Gesamtkosten ► Sortenkosten	Kosten einer Gesamtheit, z. B. Unternehmen, Abteilung, Sorte
	► Stückkosten	Kosten einer einzelnen Leistungseinheit
Nach der **Zurechenbarkeit** der Kosten zu den Leistungen	► Einzelkosten ► Gemeinkosten ► Sonderkosten	
Nach der **Abhängigkeit von der Beschäftigung**	► Fixe Kosten ► Variable Kosten ► Mischkosten	
Nach dem **Zeitbezug**	► Istkosten	tatsächlich angefallene Kosten
	► Normalkosten	Kosten, die sich als Durchschnitt der Istkosten vergangener Perioden ergeben.
	► Plankosten	geplante, d. h. angestrebte Kosten
Nach der **Herkunft**	► Primäre Kosten	ursprüngliche Kosten der auf Beschaffungsmärkten bezogenen Faktoren
	► Sekundäre Kosten	abgeleitete Kosten für den Verbrauch innerbetrieblicher Leistungen
Nach dem **Umfang der verrechneten Kosten**	► Vollkosten	Es werden bei der Kalkulation die gesamten Kosten einer Periode berücksichtigt.
	► Teilkosten	Es werden nur bestimmte, relevante Teile der Kosten auf die Kostenträger verrechnet.
In Abhängigkeit **von der Produktionsstufe**	► Materialkosten ► Fertigungskosten ► Herstellkosten ► Selbstkosten	Kostenträgerstückrechnung (Kalkulation)

6. Einzel-, Gemein- und Sonderkosten

- **Einzelkosten** (direkte Kosten) können der Bezugsgröße (Kostenträger, Kostenstelle) direkt zugerechnet werden, z. B.:

Einzelkosten, z. B.	Zurechnung, z. B. über
► Fertigungsmaterial	→ Materialentnahmescheine, Stücklisten
► Fertigungslöhne	→ Lohnzettel/-listen, Auftragszettel
► Sondereinzelkosten	→ Auftragszettel, Eingangsrechnung

- **Gemeinkosten** (indirekte Kosten) fallen für das Unternehmen insgesamt an und können daher nicht einer bestimmten Bezugsgröße direkt zugerechnet werden. Dazu zählen u. a. Materialgemeinkosten, Abschreibungen, Zinsen, Steuern, Versicherungen, Gehälter, Hilfslöhne usw.

- **Unechte Gemeinkosten:**
  Von den echten Gemeinkosten sind die so genannten unechten Gemeinkosten zu unterscheiden: Dies sind von der Entstehung her Einzelkosten, die man eigentlich direkt verrechnen könnte. Aus wirtschaftlichen Überlegungen rechnet man sie aber zusammen mit den echten Gemeinkosten der Bezugsgröße indirekt zu.

Beispiel

Bei der Möbelherstellung wird z. B. Leim benötigt. Eine gesonderte Erfassung der Leimmenge pro Objekt oder Auftrag ist zu aufwändig. Deshalb wird die gesamte Leimmenge wertmäßig den echten Gemeinkosten zugeschlagen und mit diesen verrechnet.

- **Sonderkosten:**
  Gelegentlich gibt es Kosten, die nur bei einem bestimmten Produkt oder einem bestimmten Auftrag anfallen. Man bezeichnet sie als Sonderkosten und unterscheidet:

Sondereinzelkosten	Sie können einem Auftrag direkt zugeordnet werden.
	Sondereinzelkosten der Fertigung sind z. B. Spezialwerkzeuge für den Auftrag, Modellbauten/Gussformen für den Auftrag.
	Sondereinzelkosten des Vertriebs sind z. B. Zölle, Sonderfrachten, Sonderverpackungen.
Sondergemeinkosten	Sie lassen sich nur mehreren Aufträgen zuordnen; z. B. ein Spezialwerkzeug, das für mehrere Aufträge verwendet wurde.

7. Kostenverläufe

$Kosten_{ges}$	= Fixe Kosten + variable Kosten
K	$= K_f + K_v$
	$= K_f + x \cdot k_v$
	$= x \cdot k$

Stückkosten, k	$= \frac{Kosten_{ges}}{Stück}$	$= \frac{K}{x}$	$= k_f + k_v$
	= Fixe Stückkosten + variable Stückkosten		

Fixe Kosten pro Stück, k_f	$= \frac{\text{Fixe Kosten}}{\text{Stück}}$	$= \frac{K_f}{x}$
Fixe Kosten, K_f	Stück • fixe Stückkosten	$= x \cdot k_f$

Variable Kosten pro Stück, k_v	$= \frac{\text{Variable Kosten}}{\text{Stück}}$	$= \frac{K_v}{x}$
Variable Kosten, K_v	Stück • variable Stückkosten	$= x \cdot k_v$

MERKE

Allgemein gilt:

- Großbuchstaben = Gesamtwerte, z. B.: K (Kosten)
- Kleinbuchstaben = Werte pro Einheit, z. B.: k (Stückkosten)

Man unterscheidet:

Absolut fixe Kosten	sind Bereitschaftskosten, die auch bei Nichtproduktion anfallen. Sie sind für ein bestimmtes Zeitintervall (absolut) fix. **Beispiele:** Gehälter, Miete.
Sprungfixe Kosten	(= intervallfixe) sind nur innerhalb eines bestimmten Beschäftigungsintervalls konstant. Bei Überschreiten der Grenze steigen die Kosten sprunghaft an. **Beispiel:** Aufgrund steigender Beschäftigung ist die Maschine völlig ausgelastet. Es muss eine zweite angeschafft und zusätzlich ein Maschinenbediener eingestellt werden.
Kostenremanenz	Mit diesem Begriff bezeichnet man die verzögerte Kostenanpassang bei sinkender Beschäftigung. **Beispiel:** Sinkt nach einem Kapazitätsaufbau die Beschäftigung wieder, so können die zusätzlichen Kapazitäten nicht sofort abgebaut werden. Die erhöhten Kosten existieren noch für eine gewisse Zeit (verzögerte Anpassung). Beispiele: Kündigung von Mietverträgen bzw. Arbeitsverträgen.

Man unterscheidet folgende Verläufe der variablen Gesamtkosten:

Proportionaler Verlauf	Die Kosten steigen im gleichen Verhältnis wie die Beschäftigung; z. B. Akkordlöhne.
Degressiver Verlauf	(unterproportional) Die Kosten steigen in geringerem Maße als die Beschäftigung; z. B. Rabattstaffel beim Materialeinkauf.
Progressiver Verlauf	(überproportional) Die Kosten steigen in stärkerem Maße als die Beschäftigung; z. B. Mehrarbeitszuschläge bei hoher Auslastung.
Regressiver Verlauf	Die Kosten fallen mit zunehmender Beschäftigung. Hat in der Praxis kaum eine Bedeutung. **Fiktives Beispiel:** Bei zunehmender Auslastung einer Fertigungshalle werden mehr Maschinen und Mitarbeiter eingesetzt. Dadurch sinken die Heizkosten.

Darstellung der Kostenverläufe:

		Gesamtkosten	Durchschnittskosten	Grenzkosten
Fixe Kosten	Absolut fixe Kosten	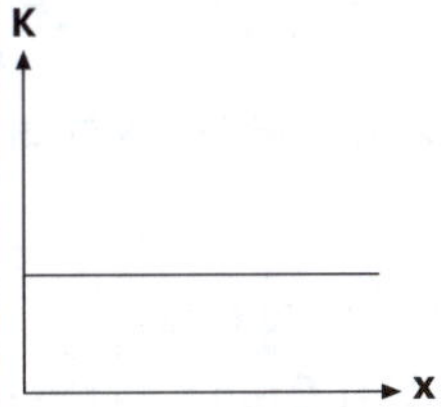 verlaufen konstant	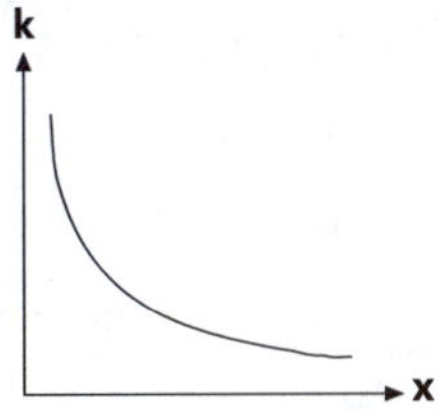 verlaufen degressiv	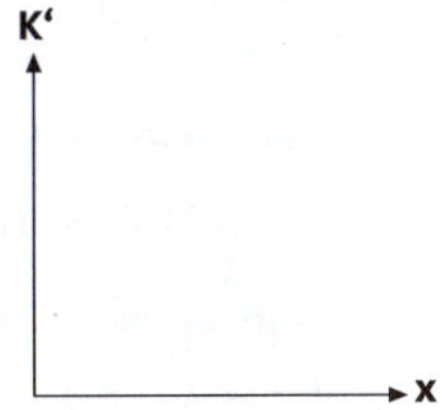 fallen nicht an
	Sprungfixe Kosten	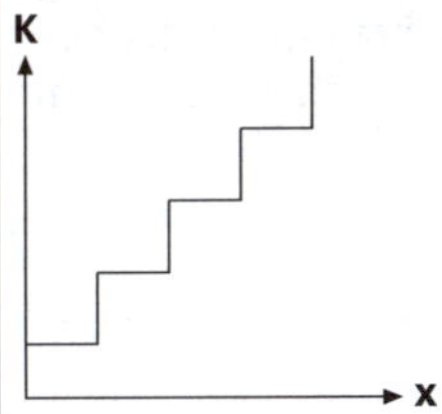 konstant je Intervall	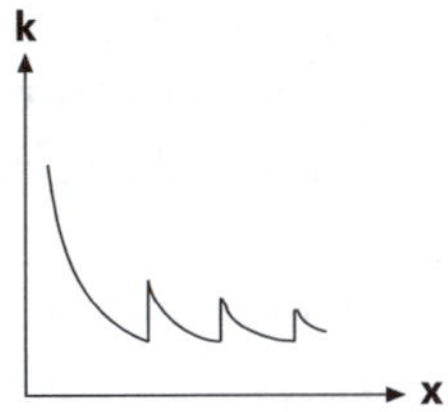 sinken degressiv je Intervall mit sprungweisem Anstieg	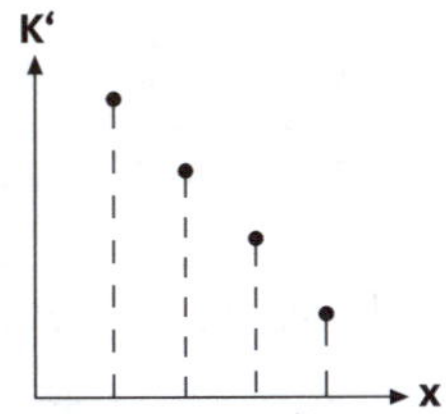 fallen nur an bei Anstieg der Gesamtkosten
Variable Kosten	Proportionaler Verlauf	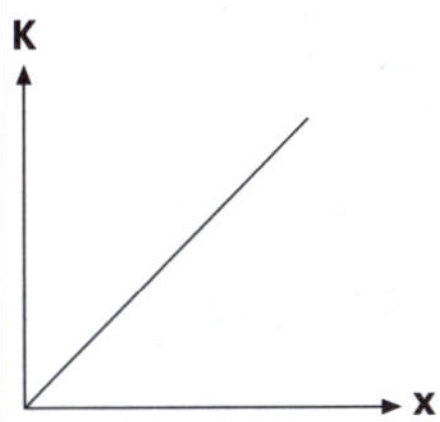 steigen in gleichem Maß wie die Beschäftigung	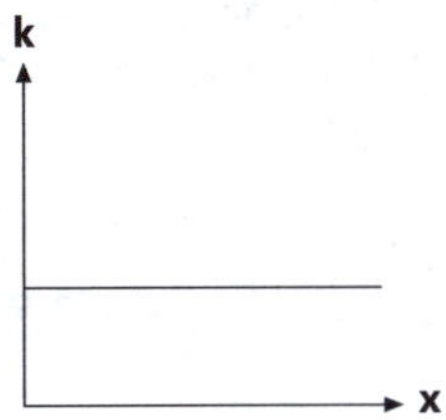 konstant	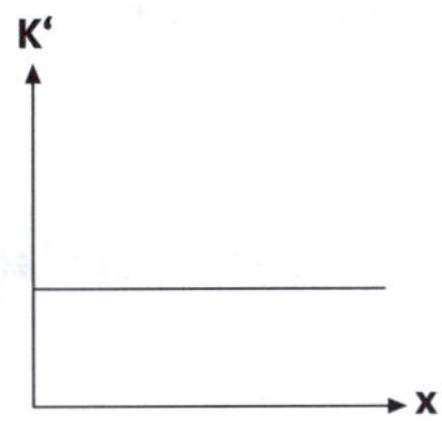 konstant
	Degressiver Verlauf	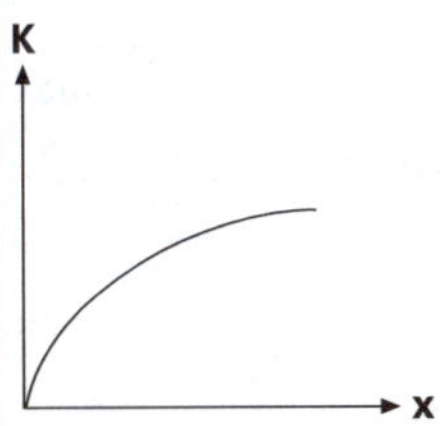 steigen geringer als die Beschäftigung	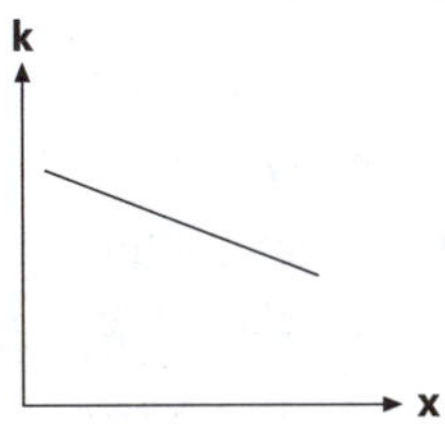 fallen degressiv	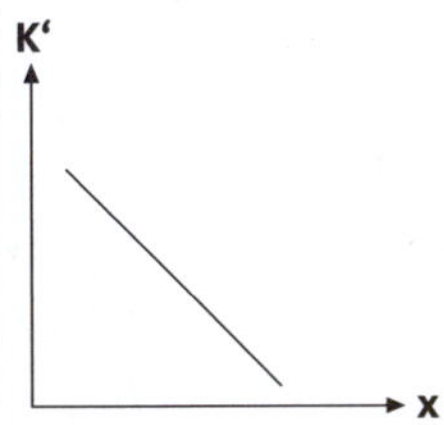 fallen degressiv mit $K' < k$
	Progressiver Verlauf	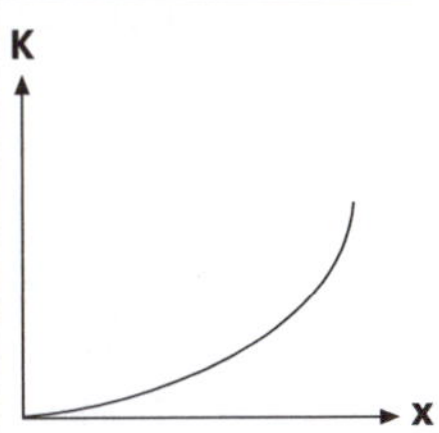 steigen stärker als die Beschäftigung	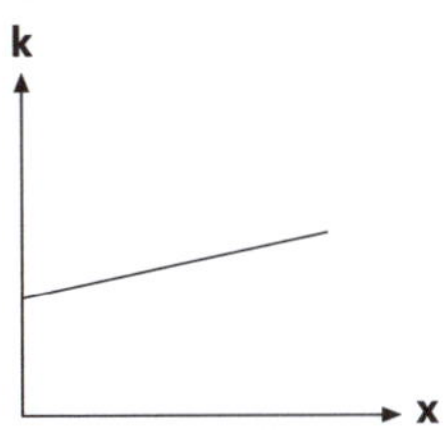 steigen	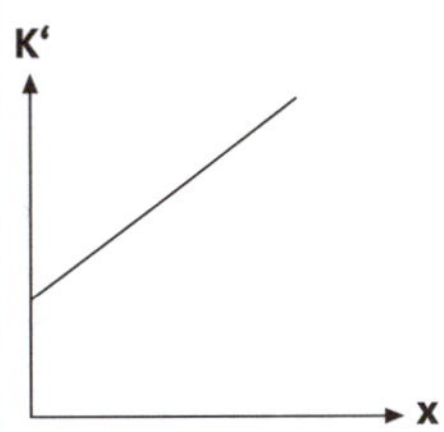 steigen mit $K' > k$

8. Kalkulatorische Wagniskosten

1. Das **allgemeine Unternehmerrisiko** (-wagnis) ist aus dem Gewinn abzudecken.
2. **Spezielle Einzelwagnisse**, die sich aufgrund von Erfahrungswerten oder versicherungstechnischen Überlegungen bestimmen lassen:
   - 2.1 Deckung auftretender Schäden durch Dritte (Versicherungen)
   - 2.2 Deckung durch kalkulatorische Wagniszuschläge

Einzelwagnis	Beschreibung, Beispiele	Bezugsbasis
Anlagenwagnis	Ausfälle von Maschinen aufgrund vorzeitiger Abnutzung/Überalterung, Beschädigung, Diebstahl	Anschaffungskosten
Beständewagnis	Senkung des Marktpreises, Überalterung, Schwund, Verderb, Diebstahl; im Handel: Manipulationswagnis durch Ab- und Umfüllen	Bezugskosten
Entwicklungswagnis	Fehlentwicklungen	Entwicklungskosten
Fertigungswagnis	Mehrkosten durch Ausschuss, Nacharbeit, Fehler	Herstellungskosten
Vertriebswagnis	Forderungsausfälle, Währungsrisiken, Transportrisiken bei Freihauslieferung	Umsatz zu Selbstkosten
Gewährleistungsrisiko	Preisnachlässe aufgrund von Mängeln, Zusatzleistungen, Ersatzlieferungen	

$$\text{Wagniszuschlag (\%)} = \frac{\text{geschätzter Verlust} \cdot 100}{\text{Bezugsgröße}}$$

9. Abschreibungsmethoden

	Kalkulatorische AfA → KLR	Bilanzielle AfA → FiBu
Objekt	nur betriebsnotwendige Anlagegüter	alle Güter des Anlagevermögens
Bezugsbasis	WB (Wiederbeschaffungswert)	AW oder HK
Dauer	solange das Objekt betrieblich genutzt wird	bis zum Erinnerungswert von 1 €
Methode	AfA = tatsächlicher Werteverzehr (Gebrauchsverschleiß oder Zeitverschleiß)	nach gewinnpolitischer Zweckmäßigkeit im Rahmen steuerlicher Vorgaben

Degressive Abschreibung	Im Rahmen der Unternehmensteuerreform war die degressive Abschreibung ab 01.01.2008 abgeschafft worden. Aufgrund des Konjunkturpakets I vom November 2009 war die degressive Abschreibung für bewegliche Wirtschaftsgüter des Anlagevermögens, die in den Jahren 2009 und 2010 angeschafft oder hergestellt wurden, wieder mit maximal 25 % zulässig. Seit Januar 2011 ist die degressive AfA für alle neuen Güter abgeschafft. Geometrisch degressive AfA: Der Abschreibungsprozentsatz bezieht sich auf den Restwert. $\text{AfA-Satz in \%} = 100 \cdot (1 - \sqrt[n]{\frac{R}{B}})$ mit R = Restwert B = Basiswert
GWG	mit AW/HK ≤ 150 € muss sofort als Betriebsausgabe gebucht werden.
	mit AW/HK ≥ 150,01 € bis 1.000 € wird in einem „Pool" gebucht. Der Pool wird über fünf Jahre linear abgeschrieben.
Linerare Abschreibung	AW/HK > 1.000 €
	$\text{AfA-Betrag} = \frac{\text{Basisbetrag - Restwert}}{\text{geschätzte Nutzungsdauer (Jahre)}} = \frac{\text{AW (WB) - RW}}{n}$
Abschreibung nach Leistungseinheiten	AW/HK > 1.000 €; nur auf Antrag und bei entsprechender Begründung.
	$\text{AfA-Betrag} = \frac{\text{Basisbetrag - Restwert}}{\text{Gesamtleistung}_{(\text{€/Lebensdauer})}} \cdot \text{Periodenleistung}_{(\text{€/Periode})}$

10. Kalkulatorischer Unternehmerlohn

„Seifenformel"	$18 \cdot \sqrt{\text{Jahresumsatz}}$
1 Unternehmer	$18 \cdot \sqrt{\text{Umsatz}}$
2 Unternehmer	$1{,}5 \cdot 18 \cdot \sqrt{\text{Umsatz}}$
3 Unternehmer	$2{,}0 \cdot 18 \cdot \sqrt{\text{Umsatz}}$
4 Unternehmer	$2{,}4 \cdot 18 \cdot \sqrt{\text{Umsatz}}$

11. Kalkulatorische Mieten

Kalkulatorische Miete als Zusatzkosten	Werden eigene Räume des Gesellschafters oder des Einzelunternehmers für betriebliche Zwecke zur Verfügung gestellt, sollte dafür eine kalkulatorische Miete in ortsüblicher Höhe angesetzt werden.
Kalkulatorische Miete als Anderskosten	Analog gilt dies für Raummieten, die über oder unter dem ortsüblichen Niveau liegen.
Die unentgeltlich genutzten Räume gehören zum Eigentum des Unternehmens (Aktivierung in der Bilanz).	Eine Doppelbelastung in der KLR ist zu vermeiden, d. h. neben der kalkulatorischen Miete dürfen nicht zusätzlich kalkulatorische AfA und/oder kalkulatorische Zinsen verrechnet werden.
Die genutzten Räume sind von Dritten gemietet.	In der G+V wird die tatsächlich gezahlte Miete als Aufwand gebucht.

12. Kalkulatorische Zinsen

Das betriebsnotwendige Kapital kann folgendermaßen ermittelt werden:

			Beispiel:
	Betriebsnotwendiges Anlagevermögen	nach kalkulatorischen Restwerten	8.000.000 €
+	Betriebsnotwendiges Umlaufvermögen	nach kalkulatorischen Mittelwerten (AB + EB) : 2	5.000.000 €
=	Betriebsnotwendiges Vermögen		13.000.000 €
-	Abzugskapital	Kapitalposten, die dem Unternehmen zinslos zur Verfügung stehen, z. B. Kundenanzahlungen, Lieferantenkredite (ohne Skontierungsmöglichkeit), Rückstellungen	1.000.000 €
=	Betriebsnotwendiges Kapital		12.000.000 €
Bei einem Zinssatz von 8 % betragen die kalkulatorischen Zinsen für das Jahr daher: 12.000.000 € • 0,08 =			960.000 €

$$\text{Kalk. Zinsen} = \frac{\text{Anschaffungswert}}{2} \cdot i$$

i = Zinssatz in Dezimalform pro Jahr

oder:

$$\text{Kalk. Zinsen} = \frac{\text{AW} + \text{Restwert (RW)}}{2} \cdot i$$

$$\text{Wiederbeschaffungswert} = \text{AW} \cdot \text{Preissteigerungsindex}$$

$$\text{Preissteigerungsindex} = \frac{\text{Preisindex im Jahr der Wiederbeschaffung}}{\text{Preisindex im Jahr der Anschaffung}}$$

13. Kapazität, Beschäftigungsgrad, Nutzkosten, Leerkosten

$$\text{Beschäftigungsgrad}_{\text{kritisch}} = \frac{\text{Kritische Menge}}{\text{Kapazitätsgrenze}}$$

$$\text{Auslastungsgrad} = \frac{\text{Kapazitätsbedarf}}{\text{Kapazitätsbestand}} \cdot 100$$

auch:

$$\text{Beschäftigungsgrad} = \frac{\text{eingesetzte Kapazität}}{\text{vorhandene Kapazität}} \cdot 100$$

oder:

$$\text{Beschäftigungsgrad} = \frac{\text{Ist-Leistung}}{\text{Normal-Kapazität}} \cdot 100$$

oder bei Plankostenrechnung:

$$\text{Beschäftigungsgrad} = \frac{\text{Istbeschäftigung}}{\text{Planbeschäftigung}} \cdot 100$$

Dabei ist:

$$\text{Kapazitätsbedarf (Std.)} = \frac{\text{Zeit (Std.)}}{\text{Vorgang}} \cdot \text{Anzahl der Vorgänge}$$

z. B.

$$= \frac{4.200 \text{ Stk.} \cdot 30 \text{ min/Stk.}}{60 \text{ min/Std.}}$$

$$= 2.100 \text{ Stunden}$$

$$\text{Kapazitätsbestand}_{real} = \frac{\text{Arbeitszeit (Std.)}}{\text{Tag}} \cdot \text{Anzahl Personen} \cdot \text{Anzahl Tage}$$

$$\text{Kapazitätsbestand}_{real} = \text{Kapazitätsbestand (theoretisch)} - \text{nicht nutzbare Kapazität}$$

$$\text{Planungsfaktor, P} = \frac{\text{Kapazitätsbestand (real)}}{\text{Kapazitätsbestand (theoretisch)}}$$

Deckungsbetrag	= Kapazitätsbestand (real) - Kapazitätsbedarf
Deckungsbetrag > 0	→ Überdeckung = Unterbelegung (zu geringe Auslastung)
Deckungsbetrag < 0	→ Unterdeckung = Überbelegung (Belegung > 100 %)
Deckungsbetrag = 0	→ Deckung = Belegung ist 100 %

$$\text{Personalbedarf} = \frac{\text{Kapazitätsbedarf}}{\text{Kapazitätsbestand (real)/Person}}$$

$$\text{Nutzkosten} = \text{Fixkosten} \cdot \frac{\text{Beschäftigungsgrad (in \%)}}{100}$$

Genutzter Teil der Kapazität

$$\text{Leerkosten} = \text{Fixkosten} - \text{Nutzkosten}$$

Nicht genutzter Teil der Kapazität

14. Mischkosten (Kostenauflösung)

Verfahren der Kostenauflösung

- Buchtechnisch-statistische Methode
- Mathematische Methode
- Grafische Methode
- Methode der kleinsten Quadrate

Buchtechnisch-statistisches Verfahren:

$$R = \frac{\text{Prozentuale Kostenänderung}}{\text{Prozentuale Beschäftigungsänderung}}$$

Je nach der Größe des **Reagibilitätsgrades (R)** lässt sich folgende Zuordnung vornehmen:

Variable Kosten:

Proportionaler Verlauf:	$R = 1$
Regressiver Verlauf:	$R < 0$
$R = 0$ →	Fixe Kosten

Degressiver Verlauf:	$0 < R < 1$
Progressiver Verlauf:	$R > 1$

Mathematisches Verfahren:

Die **Grenzkosten K´** zeigen an, um welchen Betrag die Kosten steigen (bzw. fallen), wenn die Leistungsmenge sich um eine Einheit verändert. Bei linearem Verlauf der Kostenkurve gilt der Differenzenquotient:

$$K' = \frac{\text{Kostendifferenz}}{\text{Mengendifferenz}} = \frac{K_2 - K_1}{x_2 - x_1} = \frac{\Delta K}{\Delta x}$$

sog. **Differenzenquotient**

MERKE

Bei linearem Verlauf der Gesamtkostenfunktion sind die Grenzkosten gleich den variablen Stückkosten.

$$k_v = \frac{K_2 - K_1}{x_2 - x_1}$$

sog. Differenzenquotient

Mithilfe dieser Aufspaltung in fixe und variable Kosten lässt sich die Kostenfunktion ableiten:

$$K = K_f + x \cdot k_v$$

Grafische Methode (Streupunktdiagramm):

Es wird ein linearer Kostenverlauf unterstellt: Man kumuliert über ein Jahr die monatliche Ausbringung x_i und die damit verbundenen Kosten K_i. Die Werte (x_i; K_i) werden in das Koordinatensystem eingetragen. Durch die „Punktwolke" wird freihändig eine Gerade so gezeichnet, dass möglichst kleine Abstände zwischen ihr und den realen Werten entstehen. Im Schnittpunkt der Geraden mit der Ordinate (Kostenachse) lassen sich die fixen Kosten pro Monat ablesen.

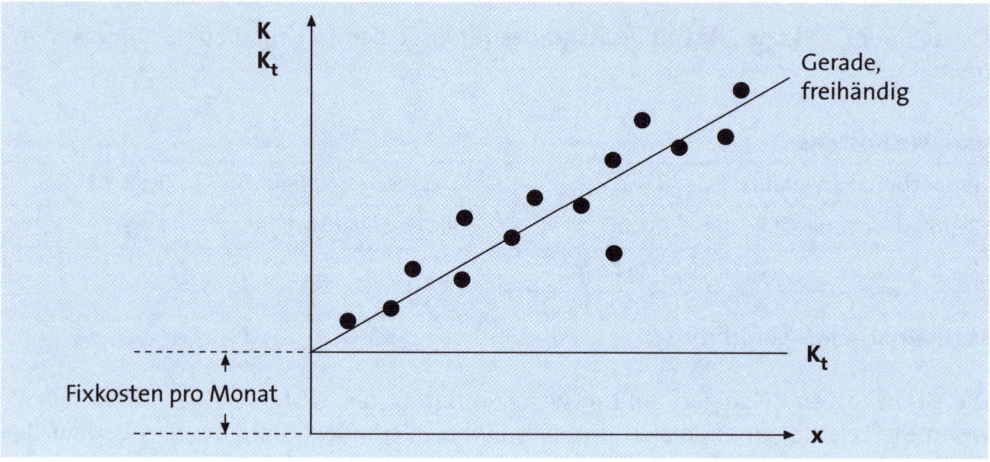

Die Fixkosten K_f ergeben sich als:

$$K_f = K - k_v \cdot x$$

Methode der kleinsten Quadrate, **Regressionsgerade**

→ Die Berechnung der Regressionsgerade wird – in anderem Zusammenhang – auf S. 199 dargestellt.

15. Verfahren zur Erfassung der Verbrauchsmengen

Verfahren zur Erfassung der Verbrauchsmengen

- Skontraktionsmethode
- Inventurmethode
- Retrograde Methode

Skontraktions-methode	auch: Fortschreibungsmethode Alle Zu- und Abgänge werden fortlaufend erfasst und zwar in Lagerkarteien, auf Lagerbegleitkarten oder mithilfe der EDV. Die Verbrauchsmengen ergeben sich aus der Summe der Abgänge lt. Materialentnahmescheine. **Verbrauch = Summe der Abgänge** lt. Materialentnahmescheine. Der buchmäßige Endbestand ergibt sich als: Endbestand = Anfangsbestand + Zugang - Abgang Der buchmäßige Endbestand ist mit dem Ergebnis der Inventur zu vergleichen.
Inventur-methode	auch: Bestandsdifferenzrechnung, Befundrechnung Hierbei wird auf die laufende Erfassung der Zu- und Abgänge verzichtet. Der Lagerbestand wird mithilfe von körperlichen Inventuren ermittelt. Verbräuche können dann entsprechend errechnet werden. Verbrauch = Anfangsbestand + Zugang - Endbestand
Retrograde Methode	auch: Rückrechnung Hierbei wird der Verbrauch erst nach dem Produktionsprozess aus der tatsächlich hergestellten Stückzahl ermittelt. Von der Anzahl der hergestellten Erzeugnisse wird mithilfe von Stücklisten oder Rezepturen auf den Verbrauch geschlossen. (Soll-)Verbrauch = Erzeugnismenge • (Soll-)Verbrauch je Einheit

16. Bewertung des Materialverbrauchs

Die Bewertung des Materialverbrauchs kann erfolgen zu:

1. Anschaffungskosten	
1.1 Die anrechenbare **Vorsteuer gehört nicht zu den Anschaffungskosten** (bei vorsteuerabzugsberechtigten Steuerpflichtigen). Diese Einzelbewertung bietet sich an, wenn die Materialien sofort verbraucht werden bzw. keinen Preissteigerungen unterliegen.	Laut § 255 Abs. 1 HGB gehören zu den Anschaffungskosten sämtliche Aufwendungen, die geleistet werden, um einen Vermögensgegenstand zu erwerben und ihn in einen betriebsbereiten Zustand zu versetzen: Anschaffungspreis + Anschaffungsnebenkosten (Frachten, Provisionen, Versicherungen, Montage) - Anschaffungspreisminderungen (Skonti, Rabatte, Boni, Preisnachlässe) ± Nachträgliche Anschaffungskosten = **Anschaffungskosten**
1.2 Sammelbewertungsverfahren	Es werden zur Bewertung des Materialverbrauchs Durchschnittswerte verwendet, z. B.: permanenter Durchschnitt (nach jedem Zugang wird der Durchschnittspreis ermittelt) periodischer Durchschnitt (Mittelwert des gewogenen Preises des Anfangsbestandes und aller Zugänge einer Periode)
1.3 Verbrauchsfolgeverfahren	Es werden – je nach Verbrauchsfolge – fiktive Anschaffungspreise unterstellt. Bekannt sind u. a.: ► Fifo: First in first out; die zuerst gekauften Materialien werden auch zuerst verbraucht. ► Lifo: Last in first out; die zuletzt gekauften Materialien werden zuerst verbraucht. ► Hifo: Highest in first out; die am teuersten gekauften Materialien werden zuerst verbraucht. ► Lofo: Lowest in first out; die am billigsten gekauften Materialien werden zuerst verbraucht.
2. einem festen Verrechnungspreis	Nach innerbetrieblichen Gesichtspunkten werden feste Verrechnungspreise gebildet, die für eine längere Zeit konstant bleiben. Damit sollen bewusst externe Preisschwankungen ausgeglichen werden (Kontinuität der Kostenrechnung). Verrechnungspreise haben besondere Bedeutung bei der Kuppelproduktion, der innerbetrieblichen Leistungsverrechnung (IBL) und der Abrechnung zwischen Konzernunternehmen.

3. dem erwarteten Wiederbeschaffungspreis.	Mit diesem Wertansatz soll die Substanzerhaltung gesichert werden. Der Wiederbeschaffungswert kann allerdings nur geschätzt werden. Vereinfachend kann daher auch bei Materialzugängen der jeweils aktuelle Tageswert angesetzt werden.

17. (einfacher) Betriebsabrechnungsbogen (BAB), Struktur

Allgemein:

Beispiel

Gemeinkostenarten	Zahlen der Buchhaltung in €	Verteilungsschlüssel	**Kostenstellen**			
			I	II	III	IV
			Material	**Fertigung**	**Verwaltung**	**Vertrieb**
Hilfsstoffe	18.398	Mat.entn.scheine	1.850	16.350	0	198
Hilfslöhne	41.730	Lohnlisten	14.150	26.580	520	480
AfA	63.460	Anlagendatei	6.210	43.450	6.380	7.420
...	...		...	...	...	...
usw.	...		...	...	...	...
Summe	245.396	*aufgeschlüsselt:*	**23.903**	**142.700**	**60.610**	**18.183**
			MGK	FGK	VwGK	VtGK
		Zuschlagsgrundlage:	MEK	FEK	HKU	
			217.300	170.000	• 363.660	363.660
		Zuschlagssätze:	*11,00 %*	*83,94 %*	*16,67 %*	*5,00 %*

	MEK	217.300
+	MGK	23.903
+	FEK	170.000
+	FGK	142.700
-	BV	- 190.243
=	HKU	**363.660**

18. (erweiterter) Betriebsabrechnungsbogen (BAB), Struktur

Mehrstufiger BAB								
Gemeinkosten	**Zahlen der KLR**	**Allgemeine Kostenstelle**	**Hilfskostenstelle**	**Material**	**Fertigungsstellen**		**Verwaltung**	**Vertrieb**
					A	**B**		
GKM	50.000	3.125	9.375	25.000	12.500	–	–	–
Gehälter	200.000	16.000	32.000	24.000	24.000	16.000	64.000	24.000
Sozialkosten	45.000	3.600	7.200	5.400	5.400	3.600	14.400	5.400
Steuer	60.000	5.000	10.000	15.000	10.000	5.000	10.000	5.000
AfA	160.000	12.800	25.600	38.400	44.800	12.800	19.200	6.400
Summe	515.000	40.525	84.175					
Umlage der Allgemeinen Kostenstelle →			4.863	12.157,50	8.105,00	6.484,00	4.863,00	4.052,50
Summe			89.038					
Umlage der Fertigungshilfskostenstelle →					53.422,80	35.615,20		
Summe				119.957,50	158.227,80	79.499,20	112.463,00	44.852,50

19. Ermittlung der Ist-Zuschlagssätze aus dem BAB

Bei der differenzierten Zuschlagskalkulation (auch: selektive Zuschlagskalkulation) werden die Gemeinkosten nach Bereichen getrennt erfasst und die Zuschlagssätze differenziert ermittelt:

Materialgemeinkostenzuschlag	= Materialgemeinkosten • 100 : Materialeinzelkosten
MGKZ	= MGK • 100 : MEK

Fertigungsgemeinkostenzuschlag	= Fertigungsgemeinkosten • 100 : Fertigungseinzelkosten
FGKZ	= FGK • 100 : FEK

Verwaltungsgem.kostenzuschlag	= Verwaltungsgem.kosten • 100 : Herstellkosten des Umsatzes
VwGKZ	= VwGK • 100 : HKU

Vertriebsgemeinkostenzuschlag	= Vertriebsgemeinkosten • 100 : Herstellkosten des Umsatzes
VtrGKZ	= VtrGK • 100 : HKU

Dabei sind die Herstellkosten des Umsatzes:

	Materialeinzelkosten
+	Materialgemeinkosten
+	Fertigungseinzelkosten
+	Fertigungsgemeinkosten
=	Herstellkosten der Erzeugung
±	Bestandsveränderungen (+ Minderbestand/- Mehrbestand)
=	**Herstellkosten des Umsatzes**

Sind keine Bestandsveränderungen zu berücksichtigen – sind also alle in der Periode hergestellten Erzeugnisse verkauft worden – so gilt:

Herstellkosten der Erzeugung = Herstellkosten des Umsatzes

20. Innerbetriebliche Leistungsverrechnung (IBL)

Innerbetriebliche Leistungsverrechnung (IBL)

1. Einseitige Leistungsverrechnung

- Kostenartenverfahren
- Kostenstellenumlageverfahren
- Kostenstellenausgleichsverfahren
- Kostenträgerverfahren

2. Gegenseitige Leistungsverrechnung

- Verrechnungspreisverfahren
- Mathematisches Verfahren

Kostenarten-verfahren	Das Verfahren ist einfach aber ungenau und nur anwendbar, wenn die innerbetrieblichen Leistungen in Hauptkostenstellen erbracht werden: Nur die Einzelkosten der Eigenleistungen werden erfasst und auf die leistungsempfangenden Kostenstellen als Gemeinkosten verrechnet. Die Gemeinkosten der leistenden Kostenstelle werden nicht weiterverrechnet, sondern verbleiben an diesen Stellen.
Kostenstellen umlage-verfahren	Im Gegensatz zum Kostenartenverfahren werden die gesamten primären Gemeinkosten der Hilfskostenstellen erfasst und als sekundäre Gemeinkosten auf die Hauptkostenstellen weiterverrechnet.
	Anbauverfahren: Hilfskostenstellen werden nur über die Hauptkostenstellen abgerechnet.
	Stufenleiterverfahren: Näherungsmethode zur schrittweisen Berechnung der innerbetrieblichen Verrechnungssätze. Dabei werden bei jeder abzurechnenden Hilfskostenstelle die empfangenen Leistungen der Hilfskostenstellen, die noch nicht abgerechnet sind, vernachlässigt.
Kostenstellen ausgleichs-verfahren	Ebenso wie beim Kostenartenverfahren werden den leistungsempfangenden Kostenstellen die Einzelkosten unmittelbar berechnet. Es werden allerdings auch die Gemeinkosten auf die empfangenden Kostenstellen verrechnet. Da diese aber schon in den Gemeinkosten der leistenden Stellen verbucht sind, müssen sie bei den leistenden Stellen abgesetzt (Gutschrift) und den empfangenden Stellen zugeschrieben (Belastung) werden.
Kostenträger-verfahren	Innerbetriebliche Leistungen werden als Kostenträger behandelt und wie Absatzleistungen abgerechnet. Die entstandenen Kosten werden, wenn die Leistungen in der gleichen Periode verbraucht werden, den empfangenen Stellen belastet und den leistenden Stellen gutgeschrieben.

Das Beispiel eines BAB mit Stufenleiterverfahren ist auf der nächsten Seite dargestellt.

Erläuterungen zum Beispiel „Stufenleiterverfahren“:	
Das Stufenleiterverfahren ist ein einfaches Abrechnungsverfahren und besteht in der Vorwärtsverrechnung aller Allgemeinen und Hilfskostenstellen unter Vernachlässigung der Rückverrechnungen. Nach jeder einzelnen Verrechnungsstufe ist eine Zwischensumme zu bilden. Da sich auf diese Art ein treppen- oder stufenartiges Rechenschema ergibt, spricht man auch von der so genannten Treppenumlage.	
Zeile 12	Im Beispiel gibt es die allgemeinen Kostenstellen Wache (Werkschutz), Kantine und Reparatur. Die Summe der direkt der Wache zugeordneten Kosten betragen 23.921,78 €. Diese Summe wird in Zeile 13 nach einem Verrechnungsschlüssel auf die anderen Kostenstellen übertragen. Dadurch wird die Wache abgerechnet.
Zeile 14	Die Kosten der Kantine betragen 18.738,46 €, zzgl. der von der Wache empfangenen Leistung im Wert von 498,37 €. Insgesamt ist die Kantine also 19.236,83 € wert. Diese Summe wird ebenfalls auf die nachfolgenden Kostenstellen verrechnet, aber nicht zurück an die Wache. Die Kosten der Leistung der Kantine an die Wache wird also vernachlässigt.
Zeile 16	Die Reparaturkostenstelle verursacht zunächst Kosten in Höhe von 13.534,01 €, zu denen aber noch 498,37 € Leistung der Wache und 739,88 € Leistung der Kantine hinzukommen. Insgesamt verrechnet die Reparatur also eine Kostensumme von 14.772,26 € auf den Rest des Betriebes. Rückverrechnungen, d. h., eine Leistung der Reparatur an die Wache und die Kantine oder eine Leistung der Kantine an die Wache, werden vernachlässigt. Das macht das Rechenverfahren einfach, aber ungenau.
Zeilen 3 bis 11	Die Summe der Gemeinkosten in Zeile 12 des Beispieles (GK 1) heißt **Primärgemeinkosten**, weil sie durch die Primärverrechnung in den Zeilen 3 bis 11 entstanden sind.
Zeilen 13, 15,17	Die in den Zeilen 13, 15 und 17 verrechneten Umlagen heißen auch **Sekundärgemeinkosten**, weil sie erst im Wege einer innerbetrieblichen Leistungsverrechnung den Kostenstellen zugeordnet worden sind.
Zeilen 18, 21	Die Gemeinkostensumme in Zeile 18 (GK 4) enthält die Summe aller Gemeinkosten der Hauptkostenstellen. In dieser Zeile kommen keine Allgemeinen oder Hilfskostenstellen mehr vor. Die Summe „GK 4“ eignet sich also zur Anwendung der Zuschlagsformeln. Die Zuschlagssätze in Zeile 21 weisen also die zur Erzielung einer Vollkostendeckung erforderlichen Höhe auf. Auch in den Herstellkos-ten des Umsatzes sind die Sekundärgemeinkosten enthalten.

Nr.	Kostenart	Summe	Mengenverteilung							Allgemeine Kostenstellen			Hauptkostenstellen			
			W	K	R	H	P	V	V	Wache	Kantine	Reparatur	Hauptlager	Produktion	Verwaltung	Vertrieb
1	Fert.material	330.000											330.000			
2	Fert.löhne	150.000												150.000		
3	LohnGK	18.000	2	1	2	4	12	2	6	1.241,38	620,69	1.241,38	2.482,76	7.448,28	1.241,38	3.724,14
4	Sozialkosten	60.000	3	1	2	5	10	2	7	6.000,00	2.000,00	4.000,00	10.000,00	20.000,00	4.000,00	14.000,00
5	Instandhalt.	10.000	1	2	1	3	8	5	4	416,67	833,33	416,67	1.250,00	3.333,33	2.083,33	1.666,67
6	Energie	77.000	2	4	2	3	20	3	5	3.948,72	7.897,44	3.948,72	5.923,08	39.487,10	5.923,08	9.871,79
7	KFZ	65.000	8	0	1	12	2	15	22	8.666,67	0,00	1.083,33	13.000,00	2.166,67	16.250,00	23.833,33
8	Versicherung	35.000	2	3	1	32	15	4	10	1.044,78	1.567,16	522,39	16.716,42	7.835,82	2.089,55	5.223,88
9	Sonstiges	51.000	2	5	2	12	28	5	3	1.789,47	4.473,68	1.789,47	10.736,84	25.052,63	4.473,68	2.684,21
10	Kalk. AfA	22.000	2	3	1	14	42	10	6	564,10	846,15	282,05	3.948,72	11.846,15	2.820,51	1.692,31
11	Kalk. Zins	12.000	1	2	1	8	16	12	8	250,00	500,00	250,00	2.000,00	4.000,00	3.000,00	2.000,00
12	Summe GK 1	350.000,00								23.921,78	18.738,45	13.534,01	66.057,81	121.170,06	41.881,53	64.696,33
13	Uml. Wache	23.921,78		1	1	12	25	6	3		498,37	498,37	5.980,45	12.459,26	2.990,22	1.495,11
14	Summe GK 2	350.000,00									19.236,83	14.032,38	72.038,26	133.629,32	44.871,76	66.191,44
15	Uml. Kant.	19.236,83			2	8	32	2	8			739,88	2.959,51	11.838,05	739,88	2.959,51
16	Summe GK 3	350.000,00										14.772,26	74.997,77	145.467,37	45.611,64	69.150,96
17	Uml. Reparatur.	14.772,26				10	33	0	2				3.282,72	10.832,99	0,00	656,54
18	Summe GK 4	350.000,00											78.280,50	156.300,36	45.611,64	69.807,50
19	Gesamtkosten	830.000,00											408.280,50	306.300,36	45.611,64	69.807,50
20	HKU														740.580,86	
21	Ist-Zuschlagssätze												**23,72 %**	**104,20 %**	**6,16 %**	**9,43 %**

Informationen		Wert	Bestandsänderung
Lager Halbprodukte	AB	45.000	- 20.000
	SB	25.000	
Lager Fertigprodukte	AB	66.000	- 6.000
	SB	60.000	

2. Gegenseitige Leistungsverrechnung

- **Verrechnungspreis-Verfahren:**
  Es werden im Voraus innerbetriebliche Verrechnungspreise gebildet, die dann für einen längeren Zeitraum gelten (fester Verrechnungspreis). Nachteil: Die Abrechnung führt auf den Hilfskostenstellen zu Kostenüber-/Kostenunterdeckungen. Die Festpreisbildung kann sich orientieren an Marktpreisen, Plankosten oder Normalkosten.

- **Mathematisches Verfahren** (auch: Gleichungsverfahren):***
  Es wird ein Gleichungssystem aufgestellt. Für n verschiedene in den Leistungsaustausch einbezogene Kostenstellen soll z. B. folgendes Gleichungssystem gelten:

$$A_1x_1 = B_1 + a_{11}x_1 + a_{12}x_2 + ... + a_{1n}x_n$$
$$A_2x_2 = B_2 + a_{21}x_1 + a_{22}x_2 + ... + a_{2n}x_n$$
$$A_nx_n = B_n + a_{n1}x_1 + a_{n2}x_2 + ... + a_{nn}x_n$$

  Dabei ist:

  A_i Gesamtleistung der Kostenstelle i in Mengeneinheiten pro Abrechnungsperiode
  B_i Primäre Kosten der Kostenstelle i
  a_{ij} Leistung der Kostenstelle j an Kostenstelle i in Mengeneinheiten pro Abrechnungsperiode
  x_i Verrechnungspreis pro Leistungseinheit der Kostenstelle i

  A_i, B_i und a_{ij} müssen bekannt sein.

- **Iterationsverfahren:*****
  Anstelle des Gleichungsverfahrens lässt sich auch das **Iterationsverfahren** einsetzen: Man wendet den Rechengang der Divisionskalkulation mehrfach auf die verflochtenen Kostenstellen an, bis der entstehende Fehlbetrag klein genug ist:

Beispiel

Vereinfacht: Angenommen ein Kraftwerk gibt innerbetrieblich 200.000 kWh ab, davon 50 kWh an das Wasserwerk. Die anteilige Leistungsabgabe an das Wasserwerk beträgt also 50/200. Das Wasserwerk gibt insgesamt 40.000 cbm ab, davon 10 cbm an das Kraftwerk. Seine anteilige Leistungsabgabe beträgt also 10/40. Die umzulegenden Gemeinkosten beim Kraftwerk sind 3.000 €, die beim Wasserwerk sind 6.000 €.

	Kraftwerk	**Wasserwerk**
Gemeinkosten	3.000,00	6.000,00
Umlage	+ 1.790,00	**- 7.198,00**
	- 4.790,00	+ 1.198,00
Gemeinkosten	0,00	0,00

Kraftwerk	Leistungsabgabe 50/200 →	← 10/40 Leistungsabgabe	Wasserwerk
3.000,00 €	3.000 : 50/200 = 750	6.000 • 10/40 = 1.500	6.000,00 €
1.500,00 €	usw.	usw.	750,00 €
187,50 €			375,00 €
93,75 €			46,88 €
11,72 €			23,44 €
5,86 €			2,98 €
0,73 €			1,47 €
0,37 €			0,18 €
0,01 €			0,09 €
0,05 €			0,00 €
0,00 €			0,01 €
4.799,99 €			**7.200,05 €**

21. Kostenträgerstückrechnung (Kalkulationsverfahren)

Kalkulationsverfahren

Einprodukt-betriebe	**Sorten-fertigung**	**Kuppel-produktion**	**Handels-betriebe**	**Mehrprodukt-betriebe**
Divisionskalkulation: ► einstufig ► mehrstufig	Äquivalenzziffernkalkulation: ► einstufig ► mehrstufig		► Kalkulationsschema ► Vorwärts-/Rückwärtskalkulation ► Differenzkalkulation ► Kalkulationszuschlag/-faktor ► Handelsspanne	Zuschlagskalkulation: ► kumulativ/summarisch ► differenziert ► mit Maschinenstundensatz ► Platzkostenrechnung

21.1 Einstufige Divisionskalkulation

$$\text{Stückkosten, } k = \frac{\text{Gesamtkosten}}{\text{Ausbringungsmenge}} = \frac{\text{Selbstkosten}}{\text{hergestellte Einheiten}} = \frac{K}{x} \text{ €/Stk.}$$

Anwendung: 1-Produktunternehmen mit Massenfertigung ohne Kostenstellen, ohne Aufteilung in Einzel- und Gemeinkosten.

21.2 Mehrstufige Divisionskalkulation

$$\text{Stückkosten} = \frac{\text{Herstellkosten}}{\text{produzierte Menge}} + \frac{\text{Vertriebs- und Verwaltungskosten}}{\text{abgesetzte Menge}}$$

$$= \frac{KH}{x_P} + \frac{K_{Vertr.} + K_{Verw.}}{x_A}$$

Bei n-stufiger Fertigung:

$$\text{Stückkosten} = \frac{K_{H1}}{x_{P1}} + \frac{K_{H2}}{x_{P2}} + \frac{K_{Hn}}{x_{Pn}} + \frac{K_{Vertr.} + K_{Verw.}}{x_A}$$

Anwendung: 1-Produktunternehmen mit mehreren Produktionsstufen; Berücksichtigung von Bestandsveränderungen.

21.3 Divisionskalkulation mit Äquivalenzziffern

Voraussetzung: produzierte Menge = abgesetzte Menge; $x_P = x_A$

1. Ermittlung der Äquivalenzziffern bezogen auf die Einheitssorte.
2. Die Multiplikation der Menge je Sorte mit der Äquivalenzziffer ergibt die Recheneinheit je Sorte (= Umrechnung der Mengen auf die Einheitssorte).
3. Die Division der Gesamtkosten durch die Summe der Recheneinheiten (RE) ergibt die Stückkosten der Einheitssorte: 104.400 € : 87.000 RE = 1,20 €/Stk.
4. Die Multiplikation der Stückkosten der Einheitssorte mit der Äquivalenzziffer je Sorte ergibt die Stückkosten je Sorte: 1,20 • 1,4 = 1,68

Beispiel

Sorte	Produzierte Menge (in Stk.)	Äquivalenzziffer	Recheneinheiten (RE)	Stückkosten (in €/Stk.)	Gesamtkosten (in €)
	(1)	*(2)*	*(3)*	*(4)*	*(5)*
A	30.000	1,0	30.000	**1,20**	36.000
B	15.000	1,4	21.000	1,68	25.200
C	20.000	1,8	36.000	2,16	43.200
∑			87.000		104.400

$$\text{Recheneinheit} = \frac{\text{Gesamtkosten}}{\sum \text{Recheneinheiten}} = 1{,}2$$

21.4 Kuppelproduktion

In der Praxis werden vor allem zwei Methoden eingesetzt:

<table>
<tr><td rowspan="2">Restwertmethode
↓
Durchschnittsprinzip</td><td>auch: Subtraktionsmethode

Sie wird dann eingesetzt, wenn man die unterschiedlichen Kuppelprodukte in ein Hauptprodukt und ein oder mehrere Nebenprodukte unterteilen kann. Die Erlöse der Nebenprodukte (evt. gemindert um Entsorgungs-/Weiterverarbeitungskosten) werden von den Gesamtkosten des Kuppelprozesses subtrahiert und die sich ergebenden Restkosten durch die Menge des Hauptproduktes dividiert.</td></tr>
<tr><td>$$\text{Kosten pro E des Hauptprodukts} = \frac{\text{Gesamtkosten - Erlöse der Nebenprodukte}}{\text{Produktionsmenge des Hauptprodukts}}$$</td></tr>
</table>

Verteilungsrechnung ↓ Tragfähigkeitsprinzip	auch: Marktpreismethode Sie wird dann eingesetzt, wenn man nicht eindeutig in Haupt- und Nebenprodukte unterscheiden kann. Man ermittelt Äquivalenzziffern, die das Verhältnis der Kostenverteilung auf die Kuppelprodukte wiedergeben. Das rechnerische Verfahren ist analog zur Äquivalenzziffernkalkulation bei der Sortenfertigung. Es besteht jedoch vom Ansatz her ein wesentlicher Unterschied: Bei der Sortenkalkulation sind die Äquivalenzziffern Maßstäbe der Kostenverursachung der einzelnen Sorten; bei der Kuppelkalkulation sind sie dagegen Maßstäbe der Kostentragfähigkeit. Als Äquivalenzziffern werden z. B. Marktpreise, Heizwerte oder andere technische Größen genommen, die in etwa die marktmäßige Verwertbarkeit der Kuppelprodukte widerspiegeln.

21.5 Handel (differenzierte Zuschlagskalkulation)

Handelskalkulation		Vorwärtskalkulation	Differenzkalkulation	Rückwärtskalkulation
Listeneinkaufspreis		↓	↓	↑
-	Lieferer-Rabatt			
=	Zieleinkaufspreis			
-	Lieferer-Skonto			
=	Bareinkaufspreis			
+	Bezugskosten			
=	Bezugspreis			
+	Handlungskosten			
=	Selbstkostenpreis		↓	
+	Gewinn			
=	Barverkaufspreis		↑	
+	Kundenskonto			
+	Vertreterprovision			
=	Zielverkaufspreis			
+	Kundenrabatt			
=	Listenverkaufspreis	↓		

21.6 Handel (summarische Zuschlagskalkulation)

	Einstandspreis
+	Handlungskostenzuschlag
=	**Selbstkosten**

21.7 Handel (Kalkulation mit Handelsspanne und Kalkulationszuschlag)

Im Großhandel: Der **Kalkulationszuschlag** (in Prozent) ist die Differenz zwischen Nettoverkaufspreis (= Netto VP) und Bezugspreis (= BP) in Prozent vom Bezugspreis. Man bezieht sich auf den **Nettoverkaufspreis** wegen des getrennten Umsatzsteuerausweises.

$$\text{Handelsspanne} = \frac{(\text{Nettoverkaufspreis} - \text{Bezugspreis}) \cdot 100}{\text{Nettoverkaufspreis}}$$

$$\text{Kalkulationszuschlag} = \frac{(\text{Nettoverkaufspreis} - \text{Bezugspreis}) \cdot 100}{\text{Bezugspreis}}$$

$$\text{Kalkulationsfaktor} = 1 + \text{Kalkulationszuschlag}$$

Im Großhandel besteht zwischen der Handelsspanne, dem Kalkulationszuschlag und dem Kalkulationsfaktor folgender Zusammenhang:

$$\text{Handelsspanne} = \frac{\text{Kalkulationszuschlag}}{\text{Kalkulationsfaktor}}$$

Im Einzelhandel: Hier ist der Verkaufspreis immer einschließlich der Umsatzsteuer anzugeben; als Berechnungsgröße ist daher der Bruttoverkaufspreis heranzuziehen:

$$\text{Kalkulationszuschlag} = \frac{(\text{Bruttoverkaufspreis} - \text{Bezugspreis}) \cdot 100}{\text{Bezugspreis}}$$

$$\text{Kalkulationsfaktor} = 1 + \text{Kalkulationszuschlag}$$

21.8 Handel (Bezugspreiskalkulation, Angebotskalkulation)

Bezugspreiskalkulation

	Einkaufspreis
-	Lieferrabatt
=	Zieleinkaufspreis
-	Liefererskonto
=	Bareinkaufspreis
+	Bezugskosten
=	**Einstandspreis (Bezugspreis)**

Angebotskalkulation

	Bezugspreis
+	Handlungskosten
=	Selbstkosten
+	Gewinn
=	Barverkaufspreis
+	Kundenskonto
+	Vertreterprovision
=	Zielverkaufspreis
+	Kundenrabatt
=	**Listenpreis**

21.9 Fertigungsunternehmen (differenzierte Zuschlagskalkulation)

Differenzierte Zuschlagskalkulation				
Zeile		Kostenart	Abkürzung	Berechnung (Z = Zeile)
1		Materialeinzelkosten	MEK	direkt
2	+	Materialgemeinkosten	MGK	Z 1 • MGK-Zuschlag
3	=	Materialkosten	MK	Z 1 + Z 2
4		Fertigungseinzelkosten	FEK	direkt
5	+	Fertigungsgemeinkosten	FGK	Z 4 • FGK-Zuschlag
6	+	Sondereinzelkosten der Fertigung	SEKF	direkt
7	=	Fertigungskosten	FK	∑ Z 4 bis 6
8	=	Herstellkosten der Fertigung/Erzeugung	HKF	Z 3 + Z 7
9	-	Bestandsmehrung, fertige/unfertige Erzeugnisse	BV+	direkt
10	+	Bestandsminderung, fertige/unfertige Erzeugnisse	BV-	direkt
11	=	Herstellkosten des Umsatzes	HKU	∑ Z 8 bis 10

Differenzierte Zuschlagskalkulation				
12	+	Verwaltungsgemeinkosten	VwGK	Z 11 • VwGK-Zuschlag
13	+	Vertriebsgemeinkosten	VtrGK	Z 11 • VtrGK-Zuschlag
14	+	Sondereinzelkosten des Vertriebs	SEKV	direkt
15	=	Selbstkosten des Umsatzes	SKU	∑ Z 11 bis 14

21.10 Fertigungsunternehmen (Kalkulation mit Maschinenstundensätzen)

$$\text{Maschinenstundensatz} = \frac{\text{maschinenabhängige Fertigungsgemeinkosten}}{\text{Maschinenlaufstunden}}$$

MERKE

Bei steigenden Maschinenlaufstunden sinkt der Maschinenstundensatz.

	Fertigungslöhne	
+	Restgemeinkosten	(in Prozent der Fertigungslöhne)
+	Maschinenkosten	(Laufzeit des Auftrages • Maschinenstundensatz)
=	**Fertigungskosten**	

Beispiele für maschinenabhängige Fertigungsgemeinkosten:

fixe/variable Kosten	Kostenart	Berechnung
fix: → lineare AfA variabel: → AfA nach Leistungseinheiten	**Kalkulatorische Abschreibung** pro Jahr (AfA; Absetzung für Abnutzung)	$= \frac{\text{Wiederbeschaffungswert - Restwert}}{\text{Nutzungsdauer (in Jahren)}}$ $= \frac{\text{Anschaffungswert} \cdot \text{Jahresleistung}}{\text{geschätzte Gesamtleistung}}$
fix	**Kalkulatorische Zinsen** p. a.	$= \frac{\text{Anschaffungswert + Restwert}}{2} \cdot \frac{\text{Zinssatz}}{100}$

fixe/variable Kosten	Kostenart	Berechnung
meist variabel oder gemischt	Energiekosten p. a.	= Grundkosten + Verbrauchskosten
		= Grundkosten + (Verbrauch • Energietarif) (€/kWh)
fix	Raumkosten p. a.	= Monatsmiete (€/m²) • 12
fix: → bei Wartungsvertrag variabel: → bei IH nach Aufwand	Instandhaltungskosten p. a.	$= AW \cdot \frac{\text{Instandhaltungskostensatz (\%/p. a.)}}{100}$
fix	Werkzeugkosten	meist als fester Wert p. a. vorgegeben

INFO

Bei der kalkulatorischen Abschreibung wird der Wiederbeschaffungswert zu Grunde gelegt, wenn er bekannt ist. Hier steht die Substanzerhaltung im Vordergrund. Ist der Wiederbeschaffungswert nicht bekannt, wird alternativ der Anschaffungswert verwendet.

Ein evtl. **Restwert** ist bei der **kalkulatorischen Abschreibung** zu **subtrahieren** (er wird nicht mit abgeschrieben) und bei den **kalkulatorischen Zinsen** zu **addieren** (Mittelwert aus Anschaffungs- und Restwert). Achtung: Häufiger Fehler in der Prüfung.

$$\text{Minutensatz} = \frac{\text{Maschinenstundensatz €/Std.}}{\text{60 min/Std.}}$$

Für die auftragsbezogenen Maschinenkosten gilt:

$$\text{Maschinenkosten}_{\text{Auftrag}} = \text{Minutensatz} \cdot \text{Belegungszeit}$$

22. Kostenträgerzeitrechnung (Kurzfristige Erfolgsrechnung; KER)

Kostenträgerzeitrechnung – Verfahren

Gesamtkostenverfahren HGB § 275 Abs. 2	
Umsatzerlöse	
±	Bestandsveränderungen zu Herstellkosten
-	Kosten (gesamte primäre Kosten)
=	Betriebsergebnis

Umsatzkostenverfahren HGB § 275 Abs. 3	
Umsatzerlöse	
-	Herstellkosten der zur Erzielung der Umsatzerlöse erbrachten Leistungen
-	Vertriebskosten und Verwaltungsgemeinkosten
=	Betriebsergebnis

MERKE

Umsatzergebnis **+** Kosten**überdeckung** lt. BAB = Betriebsergebnis
Umsatzergebnis **-** Kosten**unterdeckung** lt. BAB = Betriebsergebnis

22.1 Handel

Selbstkosten des Auftrags

	Warenkosten
+	auftragsvariable Kosten
+	auftragsfixe Kosten
+	Bestandsminderung
-	Bestandsmehrung
=	Selbstkosten des Auftrags
	Umsatzerlöse
-	Selbstkosten des Auftrags
=	**Betriebsergebnis**

oder:

	Umsatzerlöse
-	Wareneinsatz
=	**Rohertrag**
-	Personalkosten
-	Kalk. Unternehmerlohn
-	Miete
-	Steuern, Beiträge
-	Kalk. Zinsen
-	Werbungskosten
-	Verkaufsprovision
-	Kosten des Fuhrparks
-	Allgem. Verwaltungskosten
-	Kalk. AfA
=	**Betriebsgewinn/-verlust**

22.2 Fertigungsunternehmen

Herstellkosten des Umsatzes

	Materialeinzelkosten
+	Materialgemeinkosten
=	**Materialkosten**
	Fertigungseinzelkosten
+	Fertigungsgemeinkosten
+	Sondereinzelkosten der Fertigung
=	**Fertigungskosten**
	Summe
=	**Herstellkosten der Fertigung**
-	Bestandsmehrung
+	Bestandsminderung
=	**Herstellkosten des Umsatzes**
+	Verwaltungsgemeinkosten
+	Vertriebsgemeinkosten
+	Sondereinzelkosten des Vertriebs
=	**Selbstkosten des Umsatzes**
	Erlöse
-	Selbstkosten des Umsatzes
=	**Betriebsergebnis**

22.3 Artikelerfolgsrechnung

Als Artikelerfolgsrechnung (auch: Artikelergebnisrechnung) bezeichnet man ein Verfahren, in dem die Vollkosten oder Teilkosten der abgesetzten Produkte den für diese erzielten Nettoerlösen gegenübergestellt werden.

Artikelerfolgsrechnung, auf Vollkostenbasis (in €)					
		Produkt 1	Produkt 2	Produkt 3	Σ
Erlöse		33.400	16.500	13.600	63.500
- Materialkosten	- Selbstkosten	13.400	4.500	5.800	23.700
- Personalkosten		6.500	4.800	2.500	13.800
- Sonstige Kosten		11.200	6.200	4.800	22.200
= Gewinn/Verlust		2.300	1.000	500	3.800
Betriebsergebnis		3.800			

Artikelerfolgsrechnung, auf Teilkostenbasis (in €)				
	Produkt 1	Produkt 2	Produkt 3	Σ
Erlöse	33.400	16.500	13.600	63.500
- variable Kosten, K_v	25.000	9.600	8.100	42.700
= DB pro Produkt	8.400	6.900	5.500	20.800
Summe DB	20.800			
- Fixe Kosten	17.000			
Betriebsergebnis	3.800			

23. Kennzahlen für Steuerungszwecke

23.1 Wirtschaftlichkeit, Umsatzrendite

$$\text{Wirtschaftlichkeit} = \frac{\text{Leistungen}}{\text{Kosten}} = \frac{\text{Nettoumsatzerlöse}}{\text{Selbstkosten}}$$

z. B. bei Produkt 1:

$$= \frac{302.000,00}{249.934,40}$$

$$= 1,208$$

$$\text{Umsatzrendite} = \frac{\text{Gewinn} \cdot 100}{\text{Umsatz}} = \frac{\text{Umsatzergebnis} \cdot 100}{\text{Nettoumsatzerlöse}}$$

z. B. bei Produkt 1:

$$= \frac{52.065{,}60 \cdot 100}{302.000{,}00}$$

$$= 17{,}24\,\%$$

23.2 Break-even-Analyse (1-Produktunternehmen)

Break-even-Analyse	
Zielsetzung: ↓ **Ermittlung der Gewinnschwelle**	Zielsetzung: ↓ **Planung des Gewinns**

Da im Break-even-Punkt G = 0 und U = K ist, gilt:

$$K_f = x\,(p - k_v).$$

$$DB = x \cdot db$$

(1) Die **kritische Menge** x^* ist daher:

$$x^* = \frac{K_f}{p - k_v} = \frac{K_f}{db} = \frac{\text{Fixkosten}}{\text{Deckungsbeitrag pro Stück}}$$

(2) **Planung des Gewinns** (G^*) mithilfe der Break-even-Analyse:

$$G = U - K_f - x \cdot k_v = x \cdot p - K_f - x \cdot k_v$$

$$x^* = \frac{K_f + G^*}{db} = \frac{\text{Fixkosten} + \text{Zielgewinn}}{\text{Deckungsbeitrag pro Stück}}$$

Weiterhin gilt:

(3) **Kritischer Erlös U*:**

$$U^* = \frac{K_f}{DB} \cdot U$$

$$U^* = x^* \cdot p$$

(4) **Kritischer Beschäftigungsgrad B*** in Prozent:

$$B^* = \frac{K_f}{DB} \cdot 100$$

$$B^* = \frac{\text{Kritische Menge}}{\text{Kapazitätsgrenze}} \cdot 100$$

(5) **Deckungsgrad** in Prozent:

$$\text{Deckungsgrad} = \frac{DB}{U} \cdot 100$$

23.3 Gewinnschwelle (2-Produktunternehmen)

MERKE

Bei einem Zwei-Produkt-Unternehmen liegt die kritische Absatzmenge auf einer Geraden bzw. sie besteht aus unendlich vielen Punkten. Diese Punkte sind eine Linearkombination der mit ihren Stückdeckungsbeiträgen gewichteten Produktmengen:

$$K_f = db_1 \cdot x_1 + db_2 \cdot x_2$$

Beispiel

k_{v1} = 60 €/Stk. k_{v2} = 40 €/Stk. K_f = 120.000 €
p_1 = 100 €/Stk. p_2 = 50 €/Stk.

Daraus ergeben sich folgende Deckungsbeiträge:

db_1 = 100 - 60 = 40 €/Stk.
db_2 = 50 - 40 = 10 €/Stk.

Die Gewinnschwelle ist also:

K_f = 120.000 = $40\,x_1 + 10\,x_2$

Daraus ergibt sich:

$x_1 = 0 \longrightarrow 120.000 = 0 \cdot x_1 + 10\,x_2$
$x_2 = 12.000$

Analog ergeben sich für die Gewinnschwelle z. B. folgende Kombinationsmöglichkeiten von x_1 und x_2:

x_1	x_2	db_{gesamt}
0	12.000	120.000
3.000	0	120.000
1.000	8.000	120.000
2.750	1.000	120.000

Grafische Lösung:

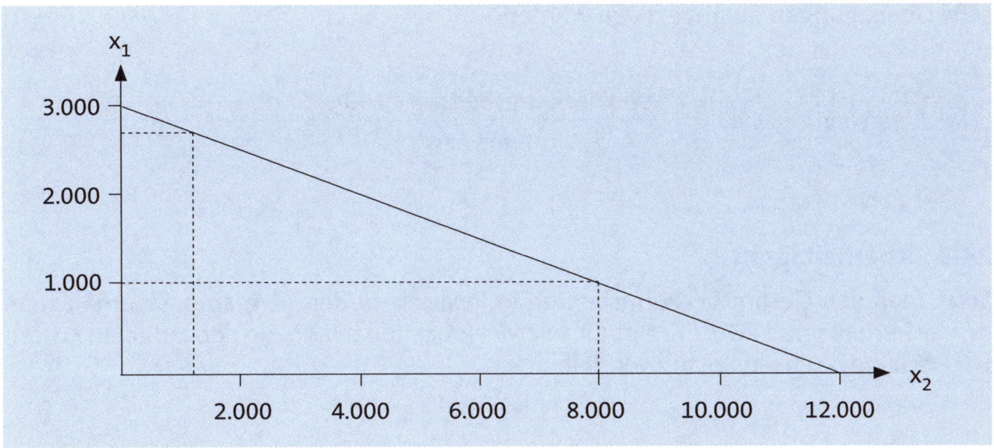

24. Deckungsbeitragsrechnung (DB-Rechnung; Teilkostenrechnung)

Deckungsbeitrag = Umsatzerlöse - variable Kosten

$$DB = x \cdot p - K_v$$
$$= x \cdot p - x \cdot k_v$$
$$= x\,(p - k_v)$$
$$= x \cdot db$$

24.1 DB-Rechnung als Periodenrechnung und als Stückrechnung

DB-Periodenrechnung

$DB = U - K_v$

$DB = G + K_f$

$G = DB - K_f$

DB-Stückrechnung

$db = p - k_v$

$db = g + k_f$

$g = db - k_f$

$k = \frac{K_f}{x} + k_v$

24.2 Deckungsbeitragssatz

Der Deckungsbeitragssatz zeigt, wie viel Prozent des Marktpreises eines Produktes zur Deckung der Fixkosten verbleiben. Der Deckungsbeitragssatz kann z. B. für preispolitische Überlegungen herangezogen werden.

$$\text{Deckungsbeitragssatz} = \frac{\text{Stückdeckungsbeitrag} \cdot 100}{\text{Preis}} = \frac{db \cdot 100}{p}$$

24.3 Sicherheitsgrad

Setzt man den Gesamtdeckungsbeitrag in Relation zu den Fixkosten, so erhält man den Sicherheitsgrad (SG). Er zeigt an, wie viel Prozent nach Abzug der variablen Kosten zur Deckung der fixen Kosten verbleiben.

$$\text{Sicherheitsgrad} = \frac{\text{Gesamtdeckungsbeitrag} \cdot 100}{\text{Fixkosten}} = \frac{\text{DB} \cdot 100}{K_f}$$

Der Sicherheitsgrad ist aussagekräftiger als der Deckungsbeitragssatz.

24.4 DB-Rechnung im Handel

	Nettoverkaufspreis
-	Kundenrabatt
=	Zielverkaufspreis
-	Kundenskonto
=	Barverkaufspreis
-	variable Kosten
=	Deckungsbeitrag (DB)
-	fixe Kosten
=	Gewinn

oder:

	Deckungsbeitrag (DB)
+	variable Kosten
=	Barverkaufspreis
+	Kundenskonto
+	Vertreterprovision
=	Zielverkaufspreis
+	Kundenrabatt
=	Nettoverkaufspreis

Warengruppe 1	
	Nettoverkaufspreis
-	Kundenrabatt
=	Zielverkaufspreis
-	Kundenskonto
=	Barverkaufspreis
-	variable Kosten
=	Deckungsbeitrag 1

Warengruppe 2	
	Nettoverkaufspreis
-	Kundenrabatt
=	Zielverkaufspreis
-	Kundenskonto
=	Barverkaufspreis
-	variable Kosten
=	Deckungsbeitrag 2

	Deckungsbeitrag 1
+	Deckungsbeitrag 2
=	Deckungsbeitrag, gesamt
-	Fixkosten, gesamt
=	**Betriebsergebnis**

24.5 Preisuntergrenzen (PUG)

Kurzfristige Preisuntergrenze bei Unterbeschäftigung ohne Engpass	Kurzfristig müssen mindestens die variablen Kosten (K_v) eines Produkts über seinen Preis (p) gedeckt sein. Der Verkaufspreis entspricht also gerade den variablen Stückkosten. Es gilt: $\mathbf{p_{min}}$ **= variable Stückkosten =** $\mathbf{k_v}$

Langfristige Preisuntergrenze	Langfristig müssen über den Preis (p) die variablen und die direkt zurechenbaren fixen Kosten (oder zumindest Teile der fixen Kosten) eines Produkts gedeckt sein. Es gilt: $\mathbf{p_{min} = k_v + K_f : x}$ oder $\mathbf{p_{min} = k_v +}$ **Teile von** $\mathbf{K_f : x}$

24.6 Relativer Deckungsbeitrag, Produktionsprogramm

MERKE

(1) Kurzfristig gilt: **Liegt kein Engpass vor**, so sollte das Unternehmen alle Produkte herstellen, die einen positiven (absoluten) Deckungsbeitrag erwirtschaften.

(2) Kurzfristig gilt: **Liegt ein Engpass vor**, so ist das Produktionsprogramm in der Rangfolge der relativen Deckungsbeiträge aufzustellen.

Beispiel

$$\text{Relativer db} = \frac{\text{(absoluter) db}}{\text{min/Stück}} \quad | \text{ Engpass} = \text{Fertigungsminuten}$$

= 90,00 € : 20 min/Stück
= 4,5 €/min
= 270 €/Std.

24.7 Relativer Deckungsbeitrag, Sortimentsgestaltung

relativer DB = (absoluter) DB • 100 : Erlöse

oder z. B.:

relativer DB = (absoluter) DB : Lagerfläche pro Artikel

24.8 Einstufige Deckungsbeitragsrechnung

Bereiche	**Bereich I**				**Bereich II**		**gesamt**
Gruppen	**Erzeugnisgruppe 1**		**Erzeugnisgruppe 2**		**Erzeugnisgruppe 3**		
Produkte	**Produkt 1**	**Produkt 2**	**Produkt 3**	**Produkt 4**	**Produkt 5**	**Produkt 6**	
Umsatzerlöse	30.000	28.000	8.000	31.000	64.000	52.000	213.000
- variable Kosten	12.000	14.000	6.000	16.000	29.000	21.000	98.000
= DB	18.000	14.000	2.000	15.000	35.000	31.000	**115.000**
- Fixkosten							84.000
= Betriebsergebnis							31.000

24.9 Mehrstufige Deckungsbeitragsrechnung[1]

	Erlöse	
-	variable Kosten	
=	**Deckungsbeitrag I (Rohertrag)**	
-	erzeugnisfixe Kosten	Der Teil der fixen Kosten, der sich dem Kostenträger direkt zuordnen lässt, z. B. Kosten einer spezifischen Fertigungsanlage, Spezialwerkzeuge.
=	**Deckungsbeitrag II (Wertschöpfung)**	
-	erzeugnisgruppenfixe Kosten	Der Teil der fixen Kosten, der sich zwar nicht einem Kostenträger, jedoch einer Kostenträgergruppe (Erzeugnisgruppe), zuordnen lässt.
=	**Deckungsbeitrag III**	
-	unternehmensfixe Kosten	Ist der restliche Fixkostenblock, der sich weder einem Erzeugnis noch einer Erzeugnisgruppe direkt zuordnen lässt, z. B. Kosten der Geschäftsleitung/der Verwaltung.
=	Betriebsergebnis	

1 Eine weitere Untergliederung ist möglich.

24.10 Entscheidungsorientierte Teilkostenrechnung

24.10.1 Kritische Stückzahl

Allgemein gilt für die kritische Stückzahl x_{krit}:

$$K_1 = K_2$$ 1, 2: Verfahren 1, 2

$$K_{f1} + x \cdot k_1 = K_{f2} + x \cdot k_2$$

$$\rightarrow \quad x_{krit} = \frac{K_{f1} - K_{f2}}{k_2 - k_1} = \frac{K_{f2} - K_{f1}}{k_1 - k_2}$$

$$\text{Kritische Stückzahl} = \frac{\text{Fixkosten 1 - Fixkosten 2}}{\text{var. Stückkosten 2 - var. Stückkosten 1}}$$

MERKE

Bei Überschreiten der kritischen Menge ist das kostengünstigere Verfahren zu wählen; es ist das Verfahren, das zwar höhere Fixkosten aber geringere variable Kosten hat.

24.10.2 Zusatzauftrag

Als Zusatzauftrag bezeichnet man alle Aufträge, die zu Preisen unterhalb der derzeitigen Verkaufspreise angenommen werden. Dadurch soll erreicht werden:

- bessere Nutzung der zurzeit nicht ausgelasteten Kapazität
- Verbesserung des Periodenerfolgs
- zusätzliche Ausschöpfung des Marktpotenzials.

Die Annahme eines Zusatzauftrages ist dann vorteilhaft, wenn der Gewinn bei Annahme mindestens so hoch ist, wie bei Ablehnung. Der Erlös des Zusatzauftrages muss also mindestens seine variablen Kosten decken. Die fixen Kosten sind bereits durch die Erlöse der bisherigen Fertigung gedeckt. Die Fragestellung ist mithilfe der Deckungsbeitragsrechnung zu beantworten.

24.10.3 Optimale Maschinenbelegung

Bedingungen	Lösung
► Es liegt kein Engpass vor. ► Die Anlagen sind insgesamt nicht ausgelastet. ► Kurzfristig können oder sollen keine neuen Anlagen beschafft werden. ► Das oder die Erzeugnisse können auf allen Anlagen gefertigt werden.	Es werden die Anlagen genutzt, die die geringsten variablen Stückkosten haben bzw. die den höchsten Deckungsbeitrag erwirtschaften. Die fixen Kosten je Anlage bleiben unberücksichtigt, da sie kurzfristig unveränderbar sind.

Beispiel

Derzeit wird auf zwei Anlagen unter folgenden Bedingungen gefertigt:

		Anlage 1	Anlage 2	gesamt
Kapazität	Stück/Monat	8.000	4.000	
Fertigungsmenge (= Absatzmenge)	Stück/Monat	8.000	4.000	12.000
Variable Kosten	€/Stück	2,50	4,50	
Fixe Kosten	€/Monat	10.000	14.000	24.000
Verkaufspreis	€/Stück	6,50	6,50	

Bedingung: Im kommenden Monat wird mit einer Verringerung des Absatzes um 3.000 Stück gerechnet. Bei Teilkostenbetrachtung ergibt sich daher folgende Situation:

		Anlage 1	Anlage 2
Umsatzerlöse	€/Stück	6,50	6,50
- variable Kosten	€/Stück	2,50	4,50
= db	€/Stück	**4,00**	**2,00**

Bei dem Auswahlproblem wird auf Anlage 1 die unveränderte Menge gefertigt, da sie den höchsten Deckungsbeitrag erwirtschaftet. Der Absatzrückgang geht zu Lasten der Anlage 2.

Ergebnis:

Variante 1		Anlage 1/8.000 Stk.	Anlage 2/1.000 Stk.	
Deckungsbeitrag	€/Monat	4,00 • 8.000	2,00 • 1.000	
		32.000	2.000	34.000

Im Vergleich dazu würde der Absatzrückgang zu Lasten der Anlage 1 einen insgesamt geringeren Deckungsbeitrag ergeben:

Variante 2		Anlage 1/5.000 Stk.	Anlage 2/4.000 Stk.	
Deckungsbeitrag	€/Monat	4,00 • 5.000	2,00 • 4.000	
		20.000	8.000	28.000

24.10.4 Eigen- oder Fremdfertigung (Make-or-Buy; MoB)

Folgende Variablen entscheiden über Eigen- oder Fremdfertigung:

- **Qualitative Gesichtspunkte:**
  Zum Beispiel: Abhängigkeit von Lieferanten, Qualitätssicherung beim Lieferanten, Zuverlässigkeit.
- **Kostengesichtspunkte:**

Kurzfristige Entscheidung	Kurzfristig wird die vorhandene Produktionsausstattung als Datum gesehen. Liegt kein Engpass vor, so wird eigengefertigt, wenn der Einkaufspreis pro Stück (p) über den variablen Stückkosten (k_v) liegt. Die fixen Kosten werden bei der kurzfristigen Betrachtung nicht beachtet, da sie unabhängig vom Fremd- oder Eigenbezug anfallen. **Eigenfertigung, wenn $p > k_v$**
Langfristige Entscheidung	Hier werden die Produktionsbedingungen als veränderbar gesehen. Eigenfertigung und Fremdbezug werden meist im Wege der **Kostenvergleichsrechnung** (statische Investitionsrechnung) gegenübergestellt unter Einbeziehung der fixen und variablen Kosten bei der Eigenfertigung und den Bezugskosten der Fremdfertigung. Alternativ können dynamische Verfahren der Investitionsrechnung eingesetzt werden. Die Berechnung ist aufwändiger aber geeigneter.

25. Plankostenrechnung (PKR)

Die Istkosten der Plankostenrechnung (PKR) unterscheiden sich von den Istkosten der Istkostenrechnung (IKR):

IKR Istkostenrechnung (K_{IKR}) → Istkosten = Istmenge • **Istpreis**

PKR Plankostenrechnung (K_{PKR}) → Istkosten = Istmenge • **Planpreis**

Daher gilt:

IKR	Istkosten	= Istmenge • Istpreis = $x_i \cdot \mathbf{p_i}$
PKR	Istkosten	= Istmenge • Planpreis = $x_i \cdot \mathbf{p_p}$
PKR	Plankosten	= Planmenge • Planpreis = $\mathbf{x_p \cdot p_p}$

Preisabweichung
$|x_i \cdot p_i| \longleftrightarrow |x_i \cdot p_p|$

Verbrauchsabweichung
$|x_i \cdot p_p| \longleftrightarrow |x_p \cdot p_p|$

25.1 Starre Plankostenrechnung

- Merkmale:
  - Sie führt keine Auflösung der Kosten in fixe und proportionale Bestandteile durch.
  - Die Vorgabe der Kosten (Planwerte) erfolgt primär auf der Basis zukünftiger Entwicklungen (Erwartungen).
- Vorteile:
  - Das Verfahren ist relativ einfach. Die Plankosten werden mit den Istkosten verglichen.
- Nachteile:
  - Der Beschäftigungsgrad wird nicht berücksichtigt.
  - Bei Beschäftigungsschwankungen ist keine exakte Kostenkontrolle möglich.
  - Abweichungen (Soll - Ist) können nur als Ganzes dargestellt werden.

Es gelten bei der starren Plankostenrechnung folgende Beziehungen:

Starre Plankostenrechnung (Formeln)			
1	**Plankosten**	=	Planmenge • Planpreis
2	**Istkosten**	=	Istmenge • Planpreis
3	**Plankosten-verrechnungssatz**	=	$\frac{\text{Plankosten}}{\text{Planbeschäftigung}}$
4	**Verrechnete Plankosten**	=	Istbeschäftigung • Plankostenverrechnungssatz
		=	Beschäftigungsgrad • Plankosten dabei ist: $\text{Beschäftigungsgrad} = \frac{\text{Istbeschäftigung} \cdot 100}{\text{Planbeschäftigung}}$
5	**Abweichung** oder:[1]	=	Istkosten - verrechnete Plankosten
		=	verrechnete Plankosten - Istkosten

Interpretation:

Istkosten > verrechnete Plankosten → Kostenunterdeckung („zu wenig verrechnet“)

Istkosten < verrechnete Plankosten → Kostenüberdeckung („zu viel verrechnet“)

[1] Möglich sind beide Berechnungsverfahren. Entscheidend ist die Interpretation der Abweichung.

25.2 Flexible Plankostenrechnung

- Merkmale:
  - Sie führt eine Auflösung der Kosten in fixe und proportionale Bestandteile durch.
  - Durch die Einführung der **Sollkosten** lässt sich die Gesamtabweichung differenziert in die Verbrauchsabweichung und die Beschäftigungsabweichung darstellen: Die Sollkosten enthalten die geplanten Fixkosten in voller Höhe und die geplanten variablen Kosten in Abhängigkeit vom Beschäftigungsgrad. Dadurch lassen sich Verbrauchsabweichungen ermitteln.
- Vorteile:
  - Die Kostenkontrolle ist wirksam – in der Kostenarten- und auch in der Kostenstellenrechnung.
  - Durch die Berücksichtigung von Beschäftigungsschwankungen während der laufenden Periode wird erreicht:
    - Die Genauigkeit der Kalkulation wird verbessert.
    - Die Abweichung kann differenziert als Verbrauchs- und als Beschäftigungsabweichung ermittelt werden.
- Nachteil:
  - Die fixen Kosten haben die gleichen Bezugsgrößen wie die variablen Kosten („erzwungene Proportionalisierung" der fixen Kosten).
- Vorgehensweise:
  1. Errechnung der **Plankosten je Kostenstelle**.
  2. **Aufspaltung der Plankosten** in fixe und variable Bestandteile.

Es gelten bei der flexiblen Plankostenrechnung folgende Beziehungen:

Flexible Plankostenrechnung (Formeln)			
1.1	**Proportionaler Plankosten-verrechnungssatz**	=	$\frac{\text{Proportionale Plankosten}}{\text{Planbeschäftigung}}$
1.2	**Fixer Plankosten-verrechnungssatz**	=	$\frac{\text{Fixe Plankosten}}{\text{Planbeschäftigung}}$
1.3	**Plankostenver-rechnungssatz** (gesamt) bei Plan-beschäftigung	=	Proportionaler Plankostenverrechnungssatz + fixer Plankostenverrechnungssatz
			$\frac{\text{Plankosten gesamt}}{\text{Planbeschäftigung}}$

Flexible Plankostenrechnung (Formeln)			
2	**Verrechnete Plankosten**	=	Istbeschäftigung • Plankostenverrechnungssatz
			Plankosten • Beschäftigungsgrad
3	**Sollkosten**	=	Fixe Plankosten + Prop. Plankostenverrechnungssatz • Istbeschäftigung
		=	Fixe Plankosten + Prop. Plankosten • Beschäftigungsgrad
4	**Beschäftigungs-abweichung (BA)** Abweichung, die auf einer Beschäftigungs-änderung basiert	=	Sollkosten - Verrechnete Plankosten oder: Verrechnete Plankosten - Sollkosten[1]
5	**Verbrauchsab-weichung (VA)** Abweichung, die **nicht** auf einer Beschäftigungs-änderung basiert	=	Istkosten - Sollkosten oder: Sollkosten - Istkosten[1] = (Istverbrauch • Planpreis) - (Sollverbrauch • Planpreis)[1]
6	**Gesamtabweichung (GA)**	=	Istkosten - Verrechnete Plankosten oder: Verrechnete Plankosten - Istkosten
		=	Verbrauchsabweichung + Beschäftigungsabweichung

[1] BA, VA, GA können auch mit vertauschten Größen berechnet werden. Deshalb werden in der Literatur die Abweichungen z. T. auch in Absolutbeträgen ermittelt. Maßgeblich ist allein die Interpretation der Differenzen.

Grafische Lösung:

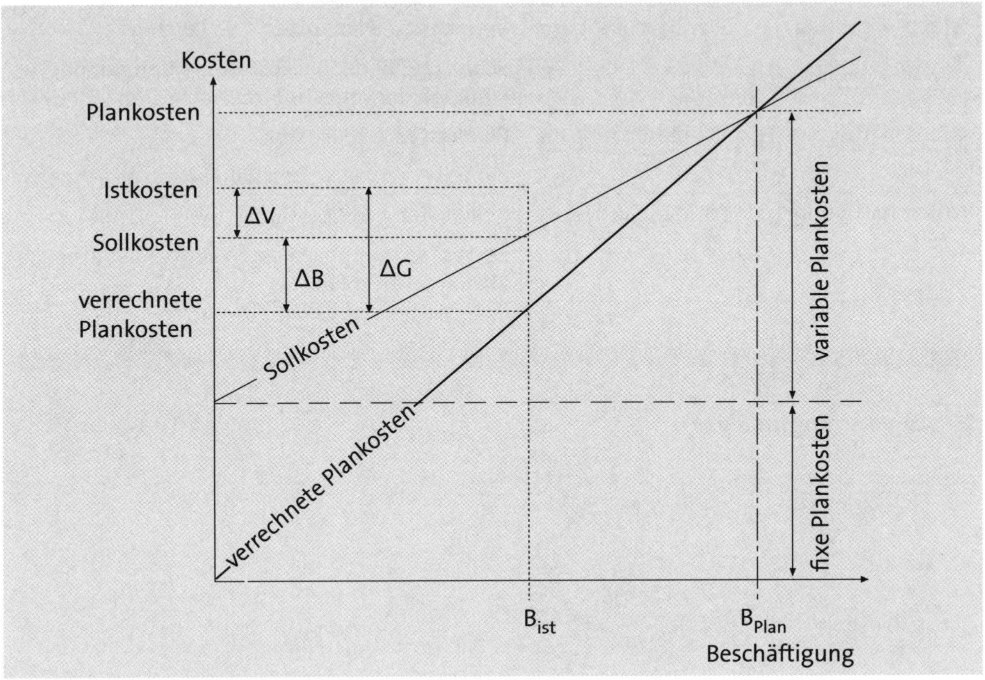

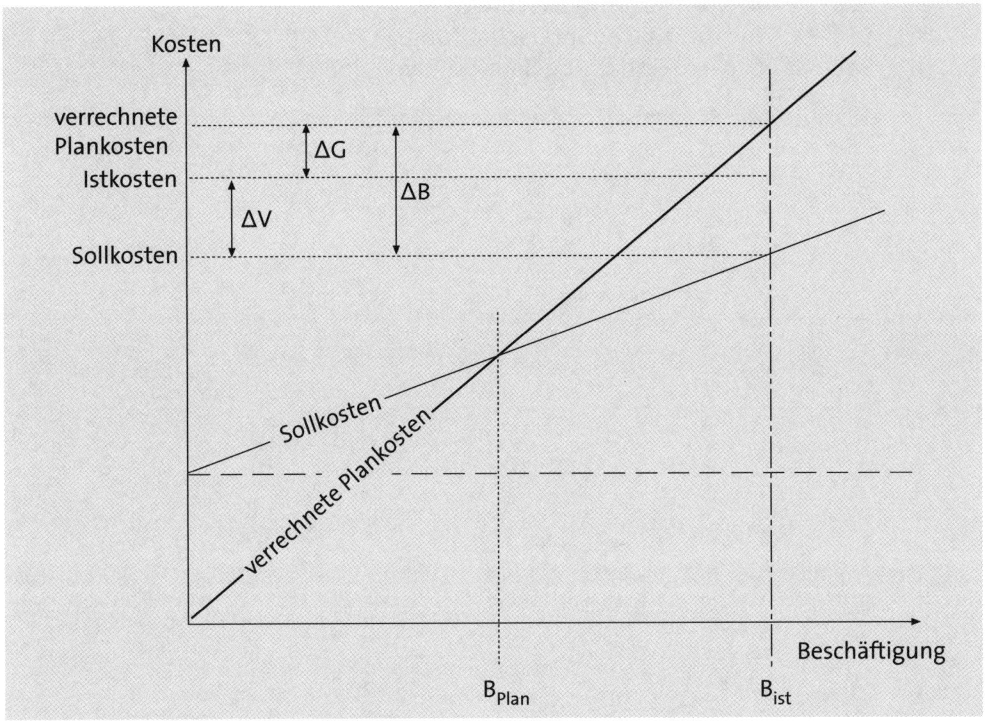

Generell gilt:

Istbeschäftigung	=	Planbeschäftigung	**Verrechnete Plankosten = Sollkosten** Schnittpunkt der Sollkostenfunktion mit der Funktion der verrechneten Plankosten.
Istbeschäftigung	<	Planbeschäftigung	**Plankosten < Sollkosten** Ein Teil der fixen Kosten wird nicht verrechnet.
Istbeschäftigung	>	Planbeschäftigung	**Plankosten > Sollkosten** Es werden mehr fixe Kosten verrechnet als nach Plan anfallen sollen.

MERKE

Abweichungsanalyse

Abweichung absolut = Ist - Soll

$$\text{Abweichung in \%} = \frac{\text{Ist - Soll}}{\text{Soll}} \cdot 100$$

Ist - Soll > 0 → Kostenüberschreitung
Ist - Soll < 0 → Kostenunterschreitung
Ist - Soll = 0 → Einhaltung der Kostenvorgabe

Abweichungen

(1) Preisabweichung (PA)

Istmenge • **Istpreis**
- Istmenge • Planpreis

= Preisabweichung

(2) Verbrauchsabweichung (VA)

Materialabweichung | Lohnabweichung

Istkosten - Sollkosten

Dabei gilt: Istkosten = Istmenge • Planpreis

(3) Beschäftigungsabweichung (BA)

Sollkosten
- Verrechnete Plankosten

= Beschäftigungsabweichung

(1)

PA > 0 → Es sind Mehrkosten entstanden. Es wurden zu wenig Kosten verrechnet.

PA < 0 → Es wurden zu hohe Kosten verrechnet.

(2)

VA > 0 → Istkosten > Sollkosten: Verbrauch ist höher als geplant.

VA < 0 → Istkosten < Sollkosten: Verbrauch ist niedriger als geplant!

Verbrauchsabweichung (VA) positiv:
Istkosten > Sollkosten
Verbrauch höher als geplant

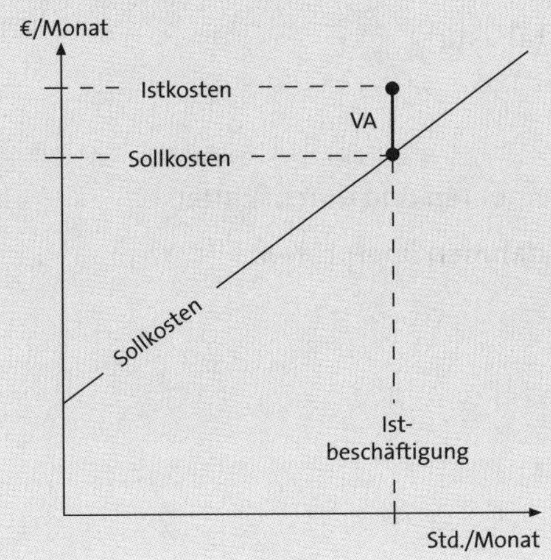

Verbrauchsabweichung (VA) negativ:
Istkosten < Sollkosten
Verbrauch niedriger als geplant

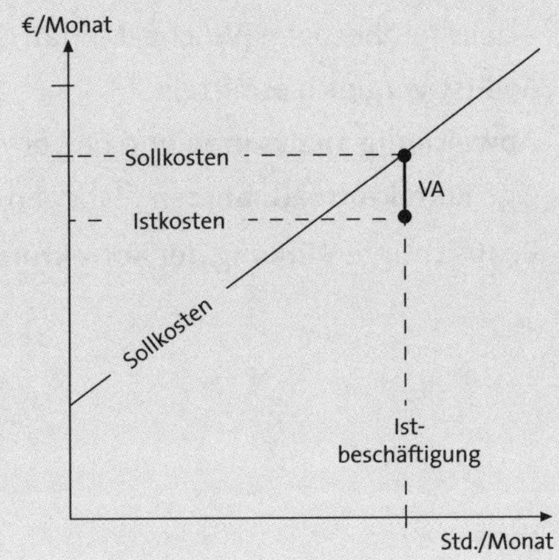

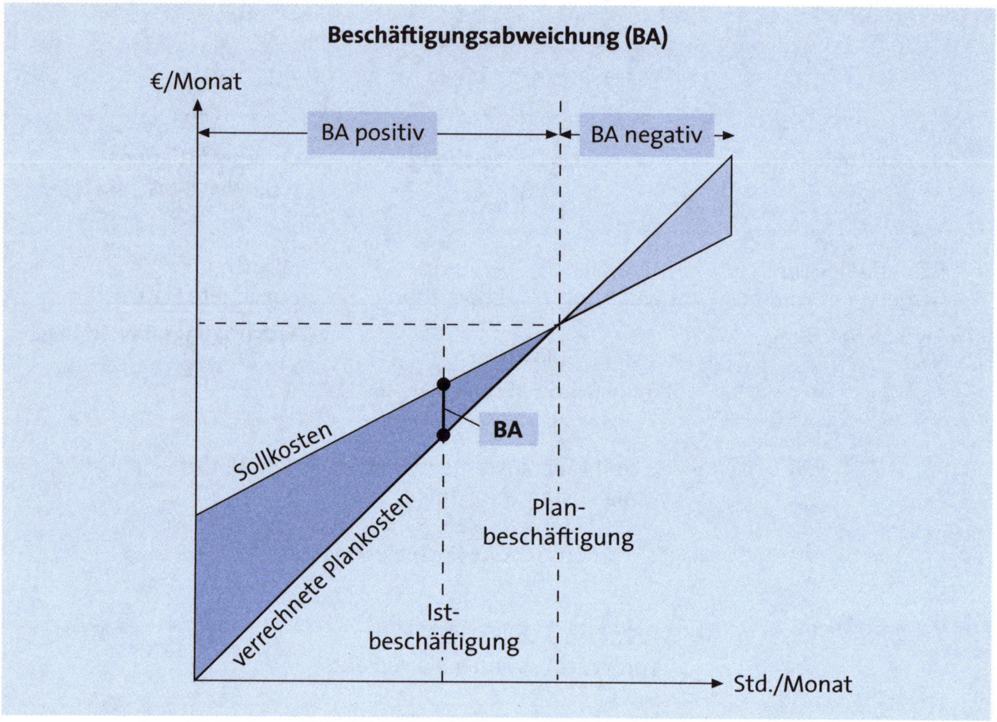

Soll-Ist-Vergleich:

1. **Sollwerte** festlegen.
2. **Istwerte** ermitteln:
   - sachlich zutreffend
   - zeitnah
   - zeitraumbezogen (Woche, Monat, Quartal, Jahr).
3. **Soll-Ist-Vergleich** ermitteln.
4. **Abweichung analysieren** und bewerten.
5. Ggf. **Korrekturmaßnahmen** festlegen/vereinbaren und durchführen.
7. Beabsichtigte **Wirkung der Korrekturmaßnahmen überprüfen**.

Variator:
Bei der Zehnerschreibweise ist der Variator definiert als der Quotient aus den variablen Plankosten und den Plankosten multipliziert mit dem Wert 10:

$$\text{Variator} = \frac{\text{variable Plankosten} \cdot 10}{\text{Plankosten}}$$

$$V = \frac{K_{v/Plan} \cdot 10}{K_{Plan}}$$

$$\text{Variable Kosten} = \frac{\text{Variator} \cdot \text{Plankosten}}{10}$$

$$K_{v/Plan} = \frac{V \cdot K_{Plan}}{10}$$

Der Variator ist eine Kennzahl, die angibt, wie viel Prozent die variablen Kosten an den geplanten Gesamtkosten ausmachen, sofern die Planbeschäftigung realisiert wird und die Gesamtkostenfunktion linear ist.

Plan-Erlös = Planmenge • Planpreis

Plan-Erlös = $x_P \cdot p_P$

} Mengenabweichung

Ist-Erlös = Istmenge • Planpreis

Ist-Erlös = $x_I \cdot p_P$

26. Kostenmanagement

26.1 Phasen des Kostenmanagement

Die Phasen des Kostenmanagement entsprechen im Wesentlichen dem Management-Regelkreis: Ziele setzen → planen → organisieren → durchführen → kontrollieren:

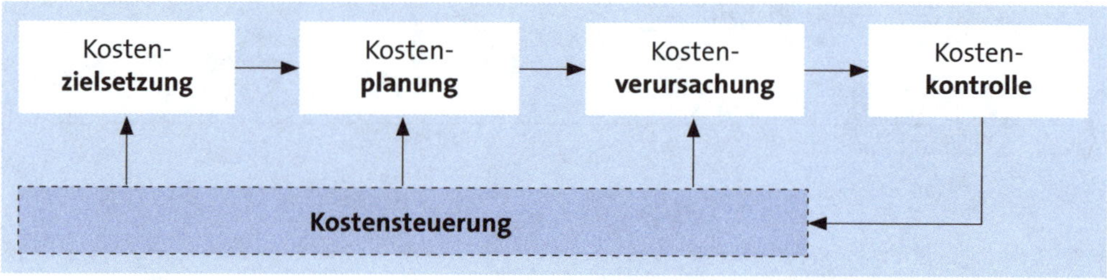

26.2 Einzelaufgaben des Kostenmanagement

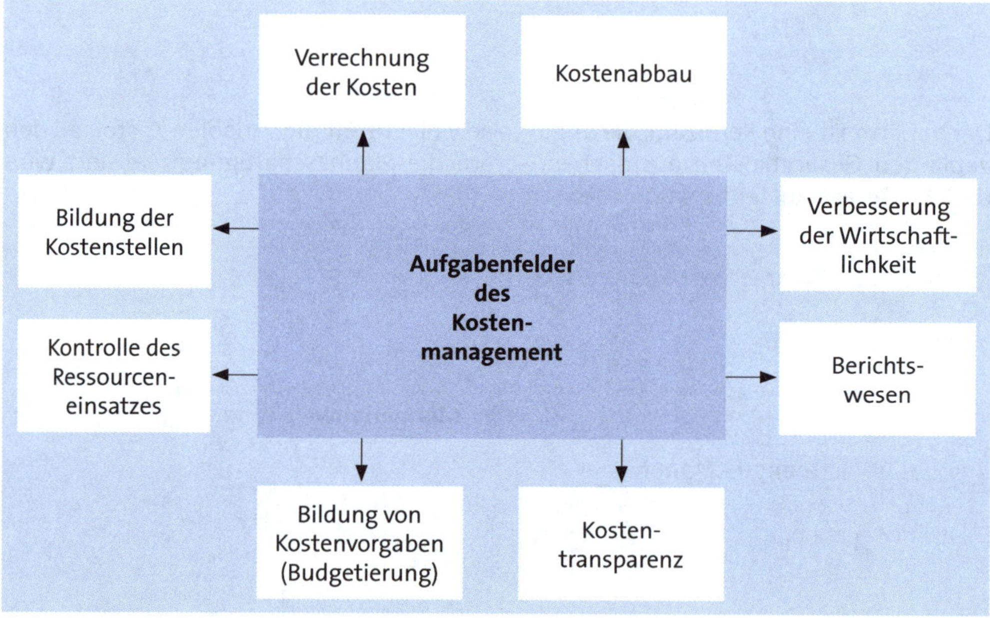

26.3 Instrumente des Kostenmanagement

Kostenmanagement • Instrumente	
zur Herstellung der **Kostentransparenz**	► Betriebsabrechnung ► Deckungsbeitragsrechnung
zum Management der **Gemeinkosten**	► Prozesskostenrechnung ► Gemeinkostenwertanalyse ► Null-Basis-Budgetierung
zum Erkennen von **Kostensenkungspotenzialen**	► ABC-Analyse ► Cost-Benchmarking ► Prozesskostenrechnung ► Target-Costing
Produktorientierte Ansätze	► Target-Costing ► Life-Cycle-Costing

26.4 Kostenkontrolle

Erfolgskontrolle	► Kurzfristige Erfolgskontrolle ► Kontrolle der Unternehmensbereiche ► Produkterfolgskontrolle
Wirtschaftlichkeits-kontrolle	► Umfang und Art der entstandenen Kosten (Kostenartenrechnung) ► Ort der Kostenentstehung (Kostenstellenrechnung) ► Verwendungszweck der Kosten (Kostenträgerrechnung) ► Innerbetrieblicher Vergleich ► Zwischenbetrieblicher Vergleich
Preiskontrolle	► Nachkalkulation auf Vollkostenbasis ► Nachkalkulation auf Teilkostenbasis ► Preisvergleiche

26.5 Kostenstrukturkennzahlen

1 Verhältnis der Einzelkosten zu den Gemeinkosten:

$$\frac{\text{Gemeinkosten} \cdot 100}{\text{Einzelkosten}}$$

2 Verhältnis der fixen zu den variablen Kosten:

$$\frac{\text{beschäftigungsunabhängige Kosten} \cdot 100}{\text{beschäftigungsabhängige Kosten}} = \frac{\text{fixe Kosten} \cdot 100}{\text{variable Kosten}}$$

3 Verhältnis der fixen Kosten zu den Gesamtkosten:

$$\frac{\text{beschäftigungsunabhängige Kosten} \cdot 100}{\text{Gesamtkosten}} = \frac{\text{fixe Kosten} \cdot 100}{\text{Gesamtkosten}}$$

4 Verhältnis einer Kostenart nach dem verbrauchten Produktionsfaktor zu den Gesamtkosten, z. B.:

$$\frac{\text{Materialkosten} \cdot 100}{\text{Gesamtkosten}}$$

5 Verhältnis einer Kostenart nach der betrieblichen Funktion zu den Gesamtkosten, z. B.:

$$\frac{\text{Beschaffungskosten} \cdot 100}{\text{Gesamtkosten}}$$

6 Verhältnis einer Kostenart in Abhängigkeit von der Produktionsstufe zu den Selbstkosten, z. B.:

$$\frac{\text{Materialkosten} \cdot 100}{\text{Selbstkosten}}$$

27. Zielkostenrechnung (Target Costing)

Beim Target Costing (Zielkostenrechnung) wird für ein geplantes Produkt der auf dem Markt zu realisierende Preis ermittelt (Schätzung bzw. Marktstudien). Die Fragestellung lautet also nicht „Was kostet das Produkt?“, sondern „Was darf das Produkt kosten?“ Von der Zielgröße (Marktpreis • Planmenge) wird der gesamte Aufwand subtrahiert. Der traditionelle Bottom-up-Ansatz wird zu einem Top-down-Vorgehen umgekehrt: Forschung & Entwicklung, Fertigung und Vertrieb müssen sich an der Preisbereitschaft der Kunden orientieren. Damit werden die maximal zulässigen Fertigungskosten aus dem möglichen Marktpreis retrograd ermittelt.

28. Prozesskostenrechnung

Prozessarten

nach dem **Inhalt**
- Geschäftsprozesse
- Projektprozesse
- Logistikprozesse
- Fertigungsprozesse

nach der **Bedeutung**
- Kernprozesse
- Supportprozesse

nach der **Hierarchie**
- Hauptprozesse
- Teilprozesse

Beispiele

Die Zusammenfassung von Teilprozessen zu Hauptprozessen (Ausschnitt):

Teilprozesse	Hauptprozesse	
► Material disponieren ► Material bestellen ► Material annehmen, prüfen und lagern	1	**Material beschaffen**
► Fertigung planen ► Fertigung veranlassen ► Fertigung steuern ► Teile/Baugruppen zwischenlagern ► Baugruppen montieren ► Versand vorbereiten ► Versand ausführen (Transport)	2	**Fertigungsaufträge ausführen**
► Fertigungsauftrag fakturieren ► Rechnung versenden ► Zahlungseingang überprüfen ► außergerichtliches Mahnwesen steuern ► ggf. gerichtliche Mahnung veranlassen	3	**Debitorenbuchhaltung steuern**

Beispiel

Typische Kostentreiber sind:

Teilprozesse	Kostentreiber – Beispiele
► Material bestellen	**Anzahl der Bestellungen**
► Fertigung planen	**Anzahl der Fertigungsaufträge**
► Fertigung veranlassen	
► Fertigung steuern	
► Fertigungsabteilung leiten	kein Kostentreiber (lmn)
► Teile/Baugruppen zwischenlagern	**Anzahl der Transportbewegungen** **Anzahl der Teile**
► Baugruppen montieren	**Anzahl der Baugruppen** **Anzahl der Verrichtungen je Montagevorgang**
► Versand vorbereiten	**Anzahl der Versandstücke** **Anzahl der Verrichtungen je Versandvorgang**
► Fertigungsauftrag fakturieren	**Anzahl der Rechnungen**
► Rechnung versenden	
► Zahlungseingang überprüfen	**Anzahl der Kunden**

Für die lmi-Teilprozesse ist der Teilprozesskostensatz:

$$\text{Teilprozesskostensatz} = \frac{\text{lmi-Teilprozesskosten}}{\text{Teilprozessmenge}}$$

Beispiel

Ermittlung der Hauptprozesskostensätze (schematische Darstellung):

Hauptprozess		Teilprozess	Teilprozesskostensatz
		1.1	67,00
		1.2	12,00
		1.3	15,00
1	**Hauptprozesskostensatz**		**94,00**
		2.1	20,00
		2.2	10,00
		2.3	30,00
		2.4	30,00
2	**Hauptprozesskostensatz**		**90,00**
...			

	Grundschema einer Prozesskostenkalkulation				
	Materialeinzelkosten				
+	Materialprozesskosten	Menge/ Cost-Driver	Prozess-kostensatz		
+	Rest-Materialgemeinkosten		Zuschlagssatz		
=	**Materialkosten**				
	Fertigungseinzelkosten				
+	Fertigungsprozesskosten	Menge/ Cost-Driver	Prozess-kostensatz		
+	Rest-Fertigungsgemeinkosten		Zuschlagssatz		
+	Sondereinzelkosten der Fertigung				
=	**Fertigungskosten**				
=	**Herstellkosten**				
	Verwaltungsgemeinkosten		Zuschlagssatz		
+	Vertriebsprozesskosten	Menge/ Cost-Driver	Prozess-kostensatz		
+	Rest-Vertriebsgemeinkosten		Zuschlagssatz		
+	Sondereinzelkosten des Vertriebs				
=	**Selbstkosten** (pro Stück/pro Auftrag)				

29. Betriebsstatistik

29.1 Aufbereitung von Tabellen

- Tabellen bestehen aus Spalten und Zeilen. Zur besseren Übersicht können Zeilen und Spalten nummeriert werden.
- Die Schnittpunkte von Zeilen und Spalten nennt man Felder oder Fächer.
- Der Tabellenkopf ist die Erläuterung der Spalten. Er kann
  - eine Aufgliederung (z. B. „Belegschaft gesamt", „davon weibliche Belegschaft", „davon männliche Belegschaft"),
  - eine Ausgliederung („Belegschaft insgesamt", „darunter weiblich") oder
  - eine mehrstufige Darstellung („Belegschaft gesamt", davon „männlich", „davon ledig", „davon verheiratet") enthalten.
- Tabellen können im Hoch- oder im Querformat wiedergegeben werden.
- Das linke obere Feld (der Schnittpunkt von Vorspalte und Tabellenkopf) kann als
  - Kopf zur Vorspalte,
  - als Vorspalte zum Kopf oder
  - als Kopf zur Vorspalte/Vorspalte zum Kopf

gestaltet sein. Im Zweifelsfall kann dieses Fach auch leer bleiben, bevor eine nicht eindeutig zutreffende Bezeichnung gewählt wird.

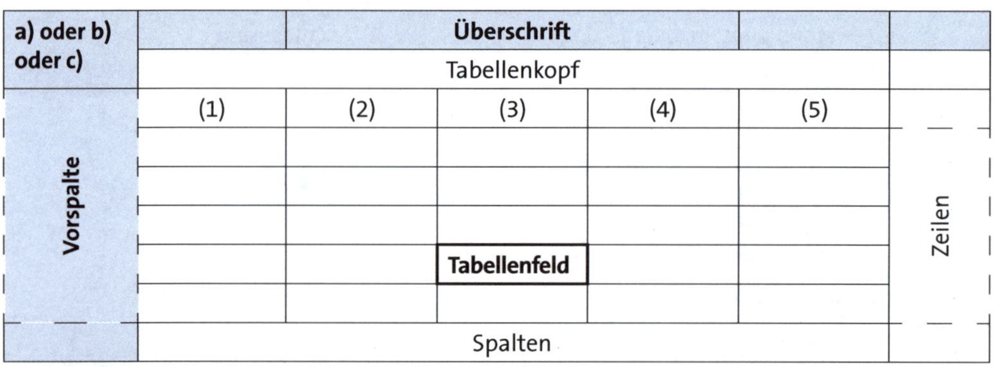

a) Kopf zur Vorspalte (üblich)

b) Vorspalte zum Kopf

c)

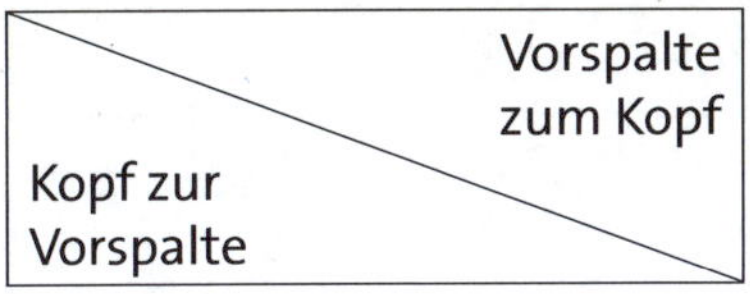

Weitere Grundregeln zur Tabellengestaltung sind:

- Jede Tabelle sollte eine Überschrift enthalten, aus der korrekt der Titel hervorgeht.
- Bei einer quer dargestellten Tabelle sollte die Vorspalte links liegen.

29.2 Kennzahlen

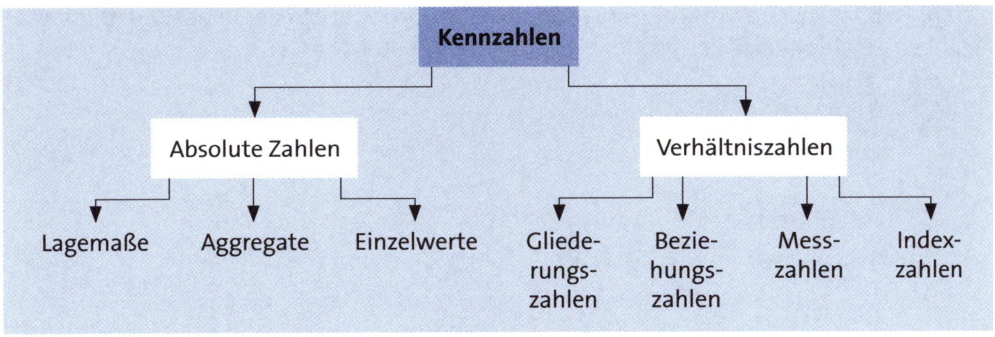

- Bei **Gliederungszahlen (g)**
  werden Teilgesamtheiten (z. B. männliche Mitarbeiter) auf die dazugehörige Grundgesamtheit (Mitarbeiter gesamt) bezogen. Sowohl Teilgesamtheit als auch Grundgesamtheit beziehen sich dabei auf den gleichen Zeitpunkt. Typisches Anwendungsgebiet für Gliederungszahlen sind Strukturvergleiche. In der Regel wird mit 100 multipliziert.

  $$g = \frac{\text{Teilmasse}}{\text{Gesamtmasse}} \cdot 100$$

  z. B. „Anteil der Arbeiter an der Gesamtbelegschaft“:

  = 800 : 1.200 • 100
  = 66,67 %

- Bei **Beziehungszahlen (b)**
  werden die Merkmalsbeträge zweier völlig verschiedener Grundgesamtheiten aufeinander bezogen (z. B. Umsatz : Verkaufsfläche, Kosten : Stückzahl). Im Gegensatz zu den Gliederungszahlen sind also Beziehungszahlen dimensionsbehaftete Werte (z. B. €/qm). Als Hauptregel bei der Bildung von Beziehungszahlen gilt: Beide Größen (Zähler und Nenner) müssen sich auf den gleichen Zeitpunkt oder Zeitraum beziehen; die gebildete Relation muss sinnvoll und den betriebswirtschaftlichen Fragestellungen angemessen sein.

$$b = \frac{\text{Masse X}}{\text{Masse Y}} \cdot 100$$

z. B. „Umsatz pro Mitarbeiter“:

$$b = \frac{66 \text{ Mio. €}}{300 \text{ Mitarbeiter}}$$

$$= 220.000 \text{ €/Mitarbeiter}$$

- **Messzahlen (m)**
  werden dadurch gebildet, dass man eine Grundgesamtheit (z. B. Mitarbeiter gesamt) in zwei Teilgesamtheiten zerlegt und diese beiden Teilgesamtheiten aufeinander bezieht (z. B. weibliche Mitarbeiter : männliche Mitarbeiter). In der Regel wird die Messzahl so gebildet, dass der größere Wert im Zähler steht.

$$m = \frac{\text{Teilmasse } X_1}{\text{Teilmasse } X_2}$$

$$= \frac{\text{Arbeiter}}{\text{Angestellte}}$$

$$= \frac{600}{200}$$

$$= 3 : 1$$

29.3 Zeitreihen, Trendermittlung

Stellt man die unterschiedlichen Merkmalsausprägungen einer Betrachtungsgröße im Zeitverlauf dar, so spricht man von einer Zeitreihe. Im Wesentlichen wird jede Zeitreihe durch vier Einflussgrößen bestimmt:

- durch den Trend
- durch einmalige bzw. zufällige Ereignisse
- durch die Konjunktur
- durch Saisoneinflüsse.

Um die Qualität von Entscheidungen zu verbessern, stellt sich für den Betriebsstatistiker die Aufgabe, die vorliegende Zeitreihe von den genannten Einflussgrößen zu bereinigen. Dazu gibt es eine Reihe von mathematischen Verfahren:

Beispiele

- Oberdurchschnitte
- gleitende Durchschnitte
- gewogene gleitende Durchschnitte
- exponentielle Glättung
- Regressionsgrade.

29.4 Indexzahlen

Es gibt eine Fülle von Fragestellungen, bei denen der Vergleich eines Merkmals zum Zeitpunkt t_t (Berichtsperiode) und zum Zeitpunkt t_o (Basisperiode) von Interesse ist. Es geht also um die zeitliche Veränderung von Durchschnittswerten. Diese Berechnung von Mittelwerten im Zeitablauf ist Gegenstand der Indexlehre. Aus der Fülle der Indexzahlen stehen im Mittelpunkt:

- Messziffern
- ungewogene Indizes sowie
- gewogene Indizes (nach Laspeyres und Paasche).

- Die **Messziffer (M)**
  ist ein Vorläufer des Index (man bezeichnet die Messziffer häufig auch als Einzelindex): Dazu werden die Werte von unterschiedlichen Berichtsjahren in Beziehung zum Wert des Basisjahres gesetzt:

$$M = \frac{\text{Umsatz}_{t_{10}}}{\text{Umsatz}_{t_0}} \cdot 100$$

$$= \frac{9.000}{3.000} \cdot 100$$

$$= 300\ \%$$

Der Umsatzanstieg der Produktgruppe „X“ betrug in t_{10} (in Relation zu t_0) 200 % (= Index - 100).

- **Ungewogene Indizes** ($I_{ungew.}$)

Angenommen, es geht um die Fragestellung „Wie haben sich die durchschnittlichen Umsatzwerte (= Mittelwert über drei Produktgruppen) der Jahre t_3 bis t_{10} zur Basis t_0 verändert?“, so berechnet man den so genannte „ungewogenen Index“. Er ist das Verhältnis zweier Mittelwerte:

Zur Ermittlung der Lösung werden zuerst die arithmetischen Mittelwerte pro Jahr über alle drei Produktgruppen berechnet:

Beispiel

$$\mu_{t_0} = \sum x_i : n$$

$$= (3.000 + 1.000 + 2.000) : 3$$
$$= 2.000$$

$$\mu_{t_{10}} = \sum x_i : n$$

$$= (12.000 + 5.000 + 5.400) : 3$$
$$\approx 7.467$$

Anschließend wird der Mittelwert pro Jahr in Relation zur Basis t_0 gesetzt:

$$\frac{7.466}{2.000} \cdot 100$$

$$= 373,30$$

Allgemein:

$$\frac{\frac{\sum x1}{n}}{\frac{\sum x0}{n}} \cdot 100 = \frac{\sum x_1}{\sum x_0} \cdot 100$$

mit:
t = Berichtsperiode
0 = Basisperiode

z. B.

$$\text{Index}_{t_0/t_6} = \frac{12.000 + 5.000 + 5.400}{3.000 + 1.000 + 2.000} \cdot 100$$

$$= \frac{22.400}{6.000} \cdot 100$$

$$= 373,33$$

d. h. der Umsatz des Jahres t_6 hat sich gegenüber der Basis t_0 um durchschnittlich 273 % (= 373,0 - 100) erhöht.

- **Gewogene Indizes**

  Der ungewogene Index setzt voraus, dass die Umsatzwerte der einzelnen Produktgruppen innerhalb des Gesamtumsatzes das gleiche Gewicht haben. Dies ist jedoch selten der Fall. Daraus ergibt sich, dass richtigerweise die einzelnen Umsatzwerte gewichtet werden müssten. Demzufolge setzt man den ungewogenen Index i.d.R. nur bei Schnellrechnungen ein. Bei einem gewogenen Index stellt sich die Frage, welches Gewichtungsschema zu Grunde zu legen ist, das auch korrekt dem Sachverhalt und der Fragestellung entspricht. Als Gewichtungsschema kommen z.B. Preise, Arbeitsstunden, Mengen oder Kosten infrage. Bei der Gestaltung des Gewichtungsschemas gibt es zwei bekannte Variationen: Das Gewichtungsschema wird

  - auf die Basisperiode oder
  - auf die Berichtsperiode bezogen.

  Beim **Index nach Laspeyres** werden die Werte der Basisperiode und

  beim **Index nach Paasche** werden die Werte der Berichtsperiode als Gewichtungsschema genommen.

	Preisindex	**Mengenindex**
Laspeyres:	Die Preise werden mit den Mengen der Basisperiode gewichtet. $\frac{\sum p_t \cdot x_0}{\sum p_0 \cdot x_0} \cdot 100$	Die Mengen werden mit den Preisen der Basisperiode gewichtet. $\frac{\sum x_t \cdot p_0}{\sum x_0 \cdot p_0} \cdot 100$
Paasche:	Die Preise werden mit den Mengen der Berichtsperiode gewichtet. $\frac{\sum p_t \cdot x_t}{\sum p_0 \cdot x_t} \cdot 100$	Die Mengen werden mit den Preisen der Berichtsperiode gewichtet. $\frac{\sum x_t \cdot p_t}{\sum x_0 \cdot p_t} \cdot 100$

29.5 Grafische Darstellungen der Statistik – Grundformen

Grafische Darstellungen der Statistik · Grundformen

Strecke	**Fläche**	**Bild**
► Säulendiagramm	► Kreisdiagramm	► Kartogramm
► Stabdiagramm	► Flächendiagramm	► Piktogramm
► Balkendiagramm	► Histogramm	
► Kurvendiagramm	► Streuungsdiagramm	

► **Säulendiagramm**

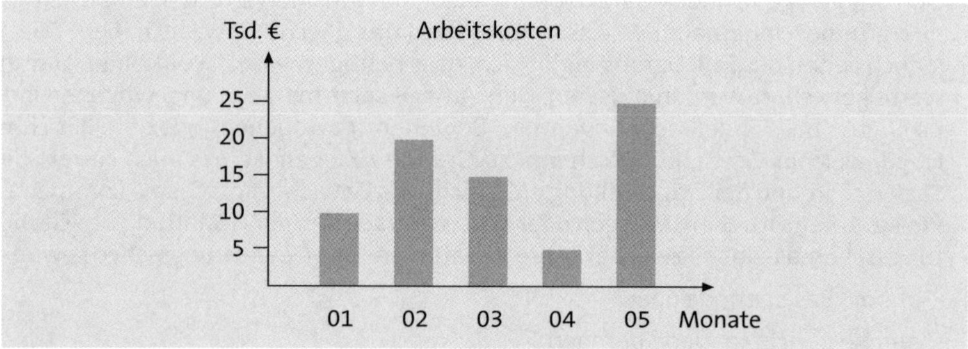

► **Balkendiagramm**

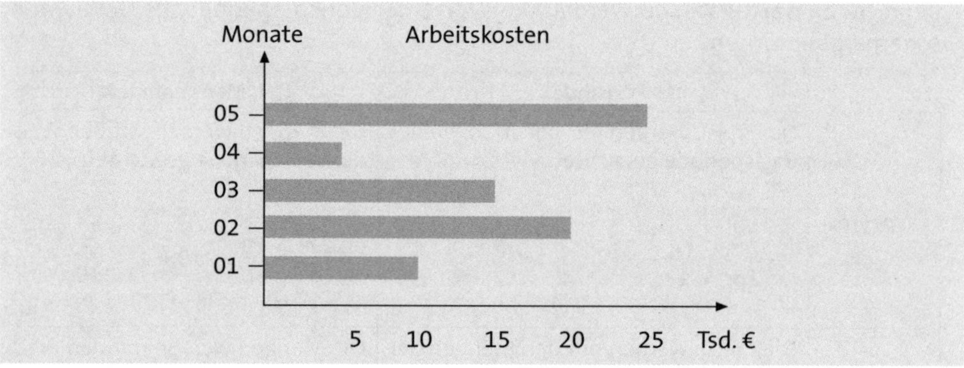

► **Stabdiagramm**

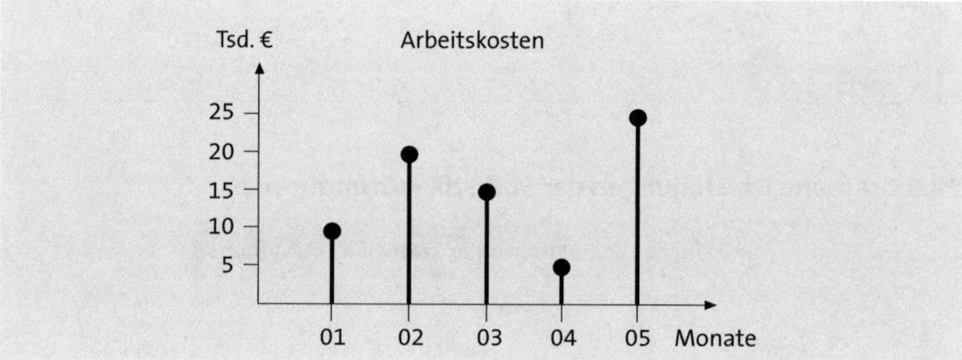

- **Kurvendiagramm**

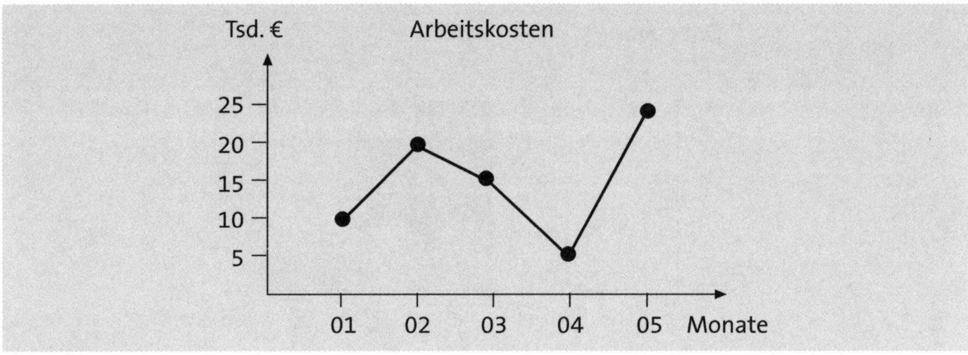

- **Kreisdiagramm**

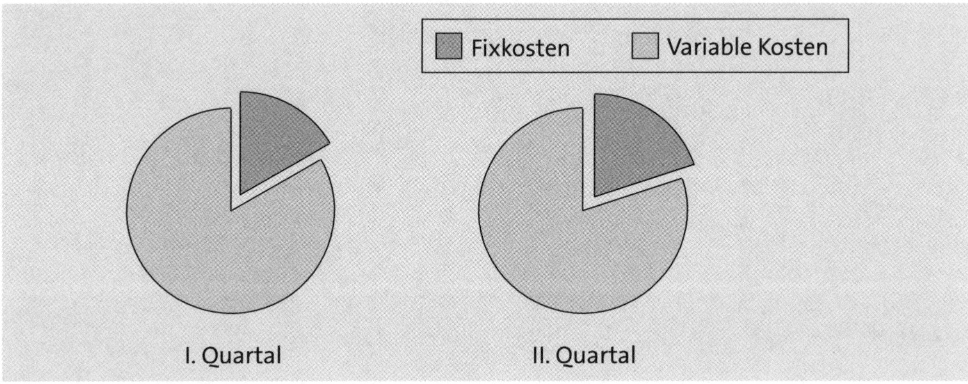

- **Flächendiagramm**

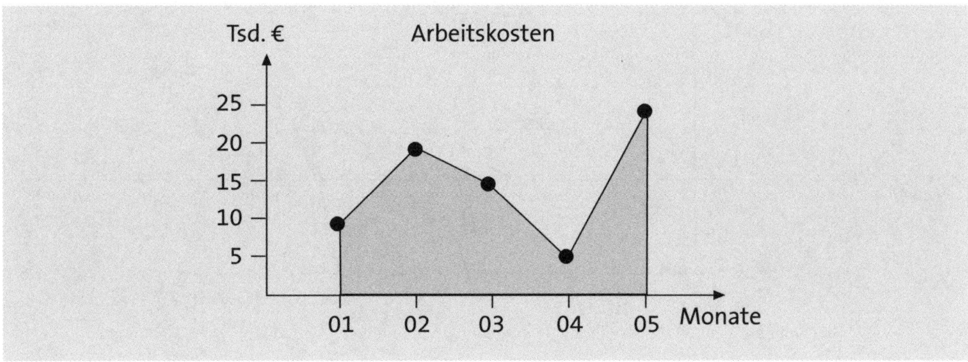

► **Histogramm**

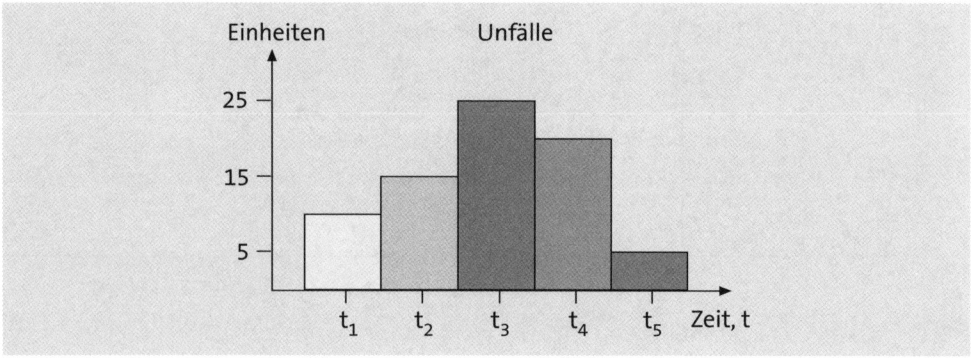

► **Streuungsdiagramm**

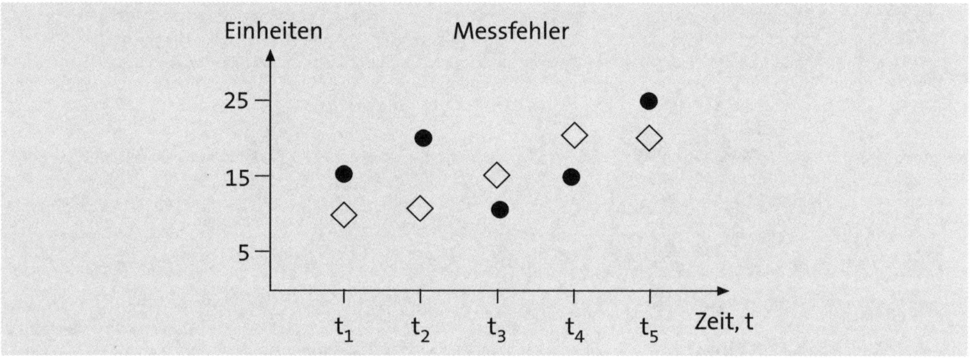

► **Piktogramm**

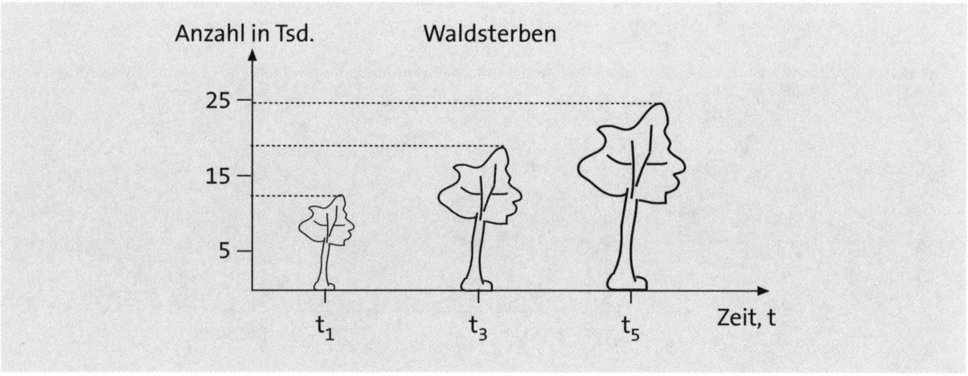

▸ **Kartogramm**

Schleswig-
Holstein
Mecklenburg-
Vorpommern
Hamburg
Bremen
Niedersachsen
Berlin
Brandenburg
Sachsen-Anhalt
Nordrhein-Westfalen
Sachsen
Thüringen
Hessen
Rheinland-Pfalz
Saarland
Bayern
Baden-
Württemberg

29.6 Statistische Mittelwerte

Statistische Mittelwerte

- Median
- Modus
- Arithmetisches Mittel
- Geometrisches Mittel
- Harmonisches Mittel
- Chronologisches Mittel

Beispiel

Ein Unternehmen stellt fest, dass für ein Produkt in den zehn Verkaufsregionen folgende Preise existieren: 5,00; 4,00; 3,50; 2,00; 3,50; 2,00; 2,50; 4,00; 3,50; 5,00.

- **Arithmetisches Mittel (μ; ungewogen)**
  Das arithmetische Mittel einer Häufigkeitsverteilung ist die Summe aller Merkmalsausprägungen dividiert durch die Anzahl der Beobachtungen:

$$\mu = \frac{\sum x_i}{n}$$

$$= (5{,}00 + 4{,}00 + \ldots + 5{,}00) : 10$$
$$= 3{,}50$$

- **Arithmetisches Mittel (μ; gewogen)**
  Liegen die Daten in gruppierter Form vor, ist es zweckmäßiger, das arithmetische Mittel in gewogener Form zu berechnen: Jede der verschiedenen Merkmalsausprägungen x_i (i = 1, ..., r) multipliziert (gewichtet) man mit der entsprechenden Häufigkeit (n_i) und bildet anschließend die Summe:

$$\mu = \frac{\sum x_i \cdot n_i}{n}$$

$i = 1, 2, \ldots, r$
$\sum n_i = n$
$\mu = (2{,}00 \cdot 2 + 2{,}50 \cdot 1 + \ldots + 5{,}00 \cdot 2) : 10 = 3{,}50$

Arbeitstabelle

	x_i	n_i	$x_i \cdot n_i$
	2,00	2	4,00
	2,50	1	2,50
	3,50	3	10,50
	4,00	2	8,00
	5,00	2	10,00
$\sum$		10	35,00

- **Zentralwert (= Median; Mz)**
  Ordnet man die Werte einer Urliste der Größe nach, so ist der Median dadurch gekennzeichnet, dass 50 % der Merkmalsausprägungen kleiner gleich und 50 % der Merkmalsausprägungen größer gleich dem Zentralwert Mz sind; der Median teilt also die der Größe nach geordneten Werte in zwei „gleiche Hälften“:

  geordnete Reihe: 2,00; 2,00; 2,50; 3,50; 3,50; $\sqrt{3}$,50; 4,00; 4,00; 5,00; 5,00

  Bei n = gerade, ist der Median das arithmetische Mittel der in der Mitte stehenden Werte:

$$Mz = \frac{1}{2}\left(\frac{x_n}{2} + \frac{x_{n+1}}{2}\right)$$

$$= (3{,}50 + 3{,}50) : 2 = 3{,}50$$

  Bei n = ungerade, z. B. bei einer statischen Reihe mit 11 Werten, ist der Median der in der Mitte stehende Wert:

  geordnete Reihe: 2,00; 2,00; 2,50; 3,50; 3,50; 3,50; 4,00; 4,00; 5,00; 5,00; 3,20

$$Mg = \frac{x_{n+1}}{2}$$

$$= 3{,}50$$

- **Modalwert (Mo)**
  Als Modalwert (= dichtester Wert; auch Modus genannt) bezeichnet man die Merkmalsausprägung innerhalb einer Häufigkeitsverteilung mit der größten Häufigkeit (so weit vorhanden):

Mo = 3,50

	x_i	n_i	$x_i \cdot n_i$	
	2,00	2	4,00	
	2,50	1	2,50	
	3,50	**3**	10,50	← n_i (max)
	4,00	2	8,00	
	5,00	2	10,00	
$\sum$		10	35,00	

- **Geometrisches Mittel**
  Bei Daten, die sich aus Wachstumsprozessen ergeben, ist dem arithmetischen das geometrische Mittel Mg vorzuziehen. Es ist die n-te Wurzel aus dem Produkt von n Merkmalswerten:

$$Mg = \sqrt[n]{x_1 \cdot x_2 \cdot x_3 \cdot \ldots \cdot x_{11}}$$

$$Mg = \sqrt[10]{171.500}$$

$$= \sqrt[10]{2{,}00 \cdot 2{,}00 \cdot 2{,}50 \cdot \ldots \cdot 5{,}00} = \sqrt[10]{171.500}$$

$$= 3{,}34$$

- **Harmonisches Mittel**
  Das (gewogene) **harmonische Mittel** x_H der Ausprägungen x_j ($j = 1, \ldots, k$) des Merkmals X mit den Häufigkeiten n_j (mit $\sum n_j = n$) ist definiert als

$$x_H = \frac{n}{\sum \frac{n_j}{xj}}$$

$$x_H = \frac{n}{\sum n_j : x_j}$$

= 100 : 1,65
= 60,6 km/h

Beispiel

Ein Fahrzeug fährt vier Teilstrecken mit folgenden Geschwindigkeiten. Gesucht ist die Durchschnittsgeschwindigkeit für die Gesamtstrecke (bei gleicher Zeit).

Teilstrecke	1	2	3	4	$\sum$
Länge der Teilstrecke in km	30	10	40	20	
Geschwindigkeit in km/h	40	50	80	100	
$\sum n_j$	30 + 10 + 40 + 20				100
$n_j : x_j$	30 : 40 = 0,75	10 : 50 = 0,20	40 : 80 = 0,50	20 : 100 = 0,20	
$\sum n_j : x_j$					1,65

- **Chronologisches Mittel**

Will man den Mittelwert von Bestandgrößen B_i über einen Zeitraum von t_0 bis t_n ermitteln, so verwendet man das chronologische Mittel. Die Formel ist ähnlich der des arithmetischen Mittels; allgemein gilt:

$$B_{0,n} = \frac{(B_1 : 2 + B_2 + ... + B_n : 2)}{n}$$

$= (B_1 : 2 + B_2 + B_3 + B_4 : 2) : 4$

$= 240 : 4 = 60$

Beispiel

Für die folgenden Bestände soll der Durchschnitt berechnet werden. Für n = 4 Bestände und dem Anfangsbestand B_0 gilt für den Durchschnittsbestand $B_{0,4}$:

Stichtage	t_0	t_1	t_2	t_3	t_4	$\sum$
Bestände B_i	60	50	70	50	80	
Berechnung	60 : 2 = 30	50	70	50	80 : 2 = 40	240

29.7 Statistische Streuungsmaße

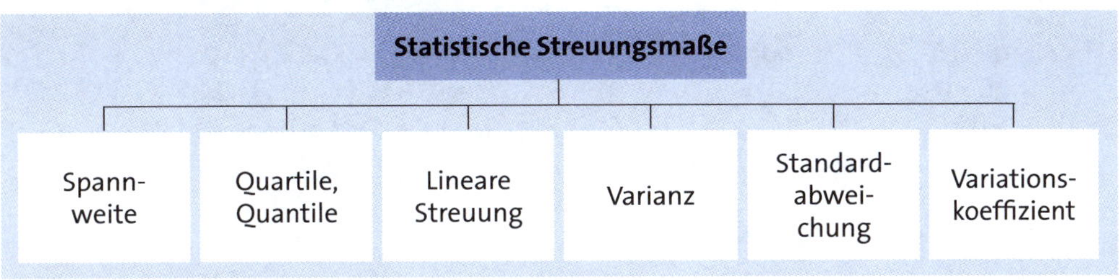

- **Spannweite (= Range; SP)**

Die Spannweite ist das einfachste Streuungsmaß. Sie wird als die Differenz zwischen dem größten und dem kleinsten Urlistenwert definiert.

$$SP = x_{max} - x_{min}$$

$= 5 - 2$

$= 3$

► **Quartile, Quantile**

Der Median (Zentralwert) teilt die geordnete Reihe der Urlistenwerte in zwei gleich große Teile. Analog kann man eine geordnete statistische Reihe in vier, zehn, 100 oder allgemein in k gleiche Teile zerlegen. Die Werte dieser Teilung nennt man

- Quartile
- Dezentile
- Perzentile oder allgemein
- k-Quantile.

Beispiel

2,00	2,00	2,50	3,50	3,50	3,50	4,00	4,00	5,00	5,00
x_1	x_2	x_3	x_4	x_5	x_6	x_7	x_8	x_9	x_{10}

| $Q_1 = 3,00$ | $Q_2 = 3,50$ | | $Q_3 = 4,50$ |

unteres Quartil:

$$i = n \cdot 0,25 = 10 \cdot 0,25 = 2,5 \approx 3,00$$

oder:

$$Q_1 = (x_i + x_{i+1}) : 2 = (x_3 + x_4) : 2 = (2,50 + 3,50) : 2 = 3,00$$

mittleres Quartil = Median:

$$i = n \cdot 0,5 = 10 \cdot 0,5 = 5,00$$

oder:

$$Q_2 = (x_i + x_{i+1}) : 2 = (x_5 + x_6) : 2 = (3,50 + 3,50) : 2 = 3,50$$

oberes Quartil:

$$i = n \cdot 0,75 = 10 \cdot 0,75 = 7,50$$

oder:

$$Q_3 = (x_i + x_{i+1}) : 2 = (x_8 + x_9) : 2 = (4,00 + 5,00) : 2 = 4,50$$

- **Lineare Streuung (l)**

Den Ausdruck „Summe der absoluten Differenzen zwischen der Merkmalsausprägung x_i und dem arithmetischen Mittel μ dividiert durch die Anzahl der Beobachtungen" nennt man die auf das arithmetische Mittel bezogene lineare Streuung. Je geringer die Streuung der Elemente ist, desto kleiner ist der Wert für l und umgekehrt.

$$l = \frac{\sum |x_i - \mu| \cdot n_i}{n}$$

i = 1, 2, ..., r

	x_i	n_i	$\|x_i - \mu\|$	$\|x_i - \mu\| \cdot n_i$
	2,00	2	1,50	3,00
	2,50	1	1,00	1,00
	3,50	3	—	—
	4,00	2	0,50	1,00
	5,00	2	1,50	3,00
$\sum$		10		8,00
	l = 8 : 10 = 0,80			

- **Mittlere quadratische Abweichung (Varianz; s^2)**

Die Varianz s^2 ist in der Berechnungsformel der linearen Streuung ähnlich. Statt der Absolutbeträge wird das jeweilige Quadrat der Abweichungen zwischen der Merkmalsausprägung x_i und dem Mittelwert μ berechnet. Durch den Vorgang des Quadrierens erreicht man, dass große Abweichungen stärker und kleine Abweichungen weniger berücksichtigt werden.

$$s^2 = \frac{\sum (x_i - \mu)^2 \cdot n_i}{n}$$

i = 1, 2, ... , r

	x_i	n_i	$(x_i - \mu)$	$(x_i - \mu)^2$	$(x_i - \mu)^2 \cdot n_i$
	2,00	2	1,50	2,25	4,50
	2,50	1	1,00	1,00	1,00
	3,50	3	—	—	—
	4,00	2	0,50	0,25	0,50
	5,00	2	1,50	2,25	4,50
$\sum$		**10**			**10,50**

s^2 = 10,50 : 10 = 1,05

- **Standardabweichung (s)**
  Die Standardabweichung als die positive Wurzel aus der Varianz ist das wichtigste Streuungsmaß:

$$s = \sqrt{\frac{1}{n} \sum (x_i - \mu)^2 \cdot n_i}$$

$$= \sqrt{1{,}05} = 1{,}024695 \approx 1{,}02$$

$i = 1, 2, \ldots, r$

- **Variationskoeffizient (v)**
  Die bisher dargestellten Streuungsmaße haben den Nachteil, dass sie gegenüber Maßstabsänderungen nicht invariant sind. Will man diesen Nachteil vermeiden, so benutzt man den Variationskoeffizienten v. Man erhält ihn, indem man die Standardabweichung durch das arithmetische Mittel dividiert:

$$v = \frac{s}{\mu}$$

$$= 1{,}02 : 3{,}5$$
$$= 0{,}2914$$

oder in % vom Mittelwert:

$$v = \frac{s}{\mu} \bullet 100$$

$$= 29{,}14\ \%$$

Symbole

A

B

C

D

E

F